WALTHER GERLACH

PHYSIK DES TÄGLICHEN LEBENS

EINE ANLEITUNG ZU PHYSIKALISCHEM DENKEN UND ZUM VERSTÄNDNIS DER PHYSIKALISCHEN ENTWICKLUNG

SPRINGER-VERLAG

BERLIN · GÖTTINGEN · HEIDELBERG

1957

PROFESSOR DR. WALTHER GERLACH
VORSTAND DES I. PHYSIKALISCHEN INSTITUTS
DER UNIVERSITÄT MÜNCHEN

ISBN-13:978-3-540-02144-5   e-ISBN-13:978-3-642-87841-1
DOI:10.1007/978-3-642-87841-1

VORWORT

Unübersehbar sind die wissenschaftlichen und die technischen, die wirtschaftlichen und die politischen, die sozialen und die philosophischen Entwicklungen, welche die ersten Einblicke in die innersten Bereiche der Materie eingeleitet haben. Die Physik des täglichen Lebens erschöpft sich nicht mehr in Kochtopf und Wasserleitung, Heizung und Beleuchtung, Fahrrad und Kleidung, allenfalls noch Radio und Musikinstrumenten; es gibt schlechthin *nichts* in unserem Leben, was nicht — sei es jedem erkennbar, sei es nur vom Fachmann durchschaubar — auf dem physikalischen Wissen aufbaut und mit seiner Erweiterung sich dauernd umgestaltet. Die Veränderungen in der letzten Vergangenheit, der Gegenwart und ganz sicher der nächsten Zukunft beschränken sich nicht auf das Materielle, auf die „Technisierung" und damit die sozialen Lebensbedingungen und Lebensformen. Während die physikalische Forschung die Grenze des Transzendenten dauernd verschob, hat sie auch eine neue Stellung zu den alten philosophischen Problemen — wie Raum und Zeit, Ursache und Wirkung — und neuartige philosophische Fragen gebracht; und heute verlangen die von der Physik dem Menschen in die Hand gegebenen technischen Möglichkeiten ethische Entscheidungen größter Tragweite: Es geht um Menschentum und Menschenwürde, Sein oder Nicht-Sein der Menschheit. —

Das hier der Öffentlichkeit übergebene Büchlein, aus Vorlesungen im Nachtstudio des bayerischen Rundfunks im Winter 1952/53 hervorgegangen, bringt von all dieser Problematik fast nichts. Es möchte aber dem Leser, der wenig, vor allem kein wissenschaftlich fundiertes physikalisches Wissen hat, zum Verständnis bringen, wie die Entwicklung zu dieser Problematik führte, eine Einsicht geben in die Folgerichtigkeit dieser Entwicklung und in die Einheitlichkeit des Systems der Physik. Die Behandlung noch ungeklärter Bereiche gehört in den „Elfenbeinturm", nicht in die Öffentlichkeit, wo sie nur zum Tummelplatz ungezügelter Phantasie werden. Das aber ist aus menschlichen Gründen nicht gut: Es führt zu falschen Vorstellungen, zu unfruchtbarer Kritik und einer noch unfruchtbareren Pseudophilosophie, woran an sich schon kein Mangel besteht.

In weiten Kreisen besteht heute das Verlangen nach einem tieferen Einblick in die Physik. Dieses zu erfüllen, soll mit einer einheitlichen Darlegung verschiedenartiger Bereiche der physikalischen Wissenschaft versucht werden. Keineswegs soll dem Laien ein „populäres Lehrbuch" gegeben werden, sondern so etwas wie eine Architektur des Gebäudes der Physik — so wie man herrliche Bauten einer großen Kunstperiode aus den bestimmenden Elementen und den großen Zügen ihrer Verbindungen analysieren und verstehen kann, ohne die einzelnen konstruktiven Gesetze und Maßnahmen aufspüren und kennen zu müssen.

Es wird so wenig als möglich vorausgesetzt — eigentlich nur die Bereitschaft, unvoreingenommen den Gedankengängen zu folgen. Auf jede abstrakte Darstellung — seien es schematische Abbildungen oder mathematische Formeln — wird verzichtet. Letztere sind heute noch zu vielen unverständlich, erstere bringen die Gefahr falscher Vorstellungen, weil die Übertragung des im Bild Dargestellten in die Wirklichkeit große Erfahrung verlangt. Muß man schon bei der schriftlichen Darstellung einer experimentellen Wissenschaft auf die Vorführung der Versuche verzichten, so soll man auch „Tafel und Kreide" fortlassen und alles zum Verständnis Notwendige mit Worten ausdrücken. — So sehr das Quantitative die Grundlage jeder physikalischen Forschung ist und bleiben muß, so wenig Bedeutung hat es für das Erkennen der großen Linien: Die Größenordnungen genügen durchaus, um sie von einem zum anderen Bereich verfolgen zu können.

Letzten Endes geht es dem Verfasser nicht einmal um die Physik als solche. Weil sie dank ihrer Methode zu so tiefen, bedeutungsvollen Einsichten in die Natur führte und zugleich trotz ihrer Geschlossenheit ein in stetiger Ausdehnung und Vertiefung begriffenes System ist, stellt die 350 jährige Geschichte der physikalischen Forschung einen integrierenden Teil der menschlichen Geistesgeschichte dar: Zu ihm soll suchenden Menschen der Weg geebnet werden.

München, Oktober 1956

           Walther Gerlach

INHALTSVERZEICHNIS

Kapitel I

Der atomistische Bau der Materie

Kapitel II

Die Atomistik der Elektrizität

Kapitel III

Bau und Energie der Atomkerne

Kapitel IV

Die elektromagnetische Strahlung

Kapitel V

Die Atomistik der Strahlung

KAPITEL I

DER ATOMISTISCHE BAU DER MATERIE

1. DIE WISSENSCHAFT ALS ALLGEMEINGUT DER MENSCHEN

„Die Naturforschung hat das Eigene, daß alle ihre Resultate dem gesunden Menschenverstand des Laien ebenso klar, einleuchtend und verständlich sind, wie dem Gelehrten, daß der letztere vor dem anderen nichts voraus hat, als die Kenntnis der Mittel und Wege, durch welche sie erworben wurden."

Diese Worte schrieb Justus Liebig, der große Münchener Chemiker aus der zweiten Hälfte des letzten Jahrhunderts — damals noch in Gießen — in der ersten Vorrede zu seinen „Chemischen Briefen". Dieses waren Berichte über alte und neue Probleme der Chemie, welche Liebig für die Augsburger Allgemeine Zeitung schrieb; sie erschienen gesammelt 1844 und wurden bis zu seinem Tode immer wieder ergänzt. Es war, soweit ich sehe, der erste Versuch, weitere Kreise für eine naturwissenschaftliche Disziplin zu interessieren, deren Ergebnisse für das Leben der Menschen eine ungemein große Bedeutung gewannen: Die Erhaltung der Fruchtbarkeit des Ackerbodens.

Aber dies war nicht der einzige Zweck, den Liebig mit seinen „Chemischen Briefen" erreichen wollte. Es kam ihm darauf an, schlechthin die Bedeutung der Natur*wissenschaft* für die geistige Entwicklung der Menschen darzulegen und fruchtbar zu machen. Soweit wir über diese unterrichtet sind, sehen wir, daß schon die größten Denker der ältesten Zeiten nach tieferer Einsicht in die Naturerscheinungen strebten. Aber es vergingen mehr als zweitausend Jahre, bis zur Erklärung der Naturerscheinungen die exakte Forschung an die Stelle der philosophischen Spekulation trat, bis die wissenschaftliche Messung und ihre gesetzmäßige Verarbeitung das Streiten mit Worten und allgemeinen Begriffen überwand, bis der Tatsache, dem Ergebnis der Experimente, der Vorzug vor der Meinung gegeben wurde.

Seit Liebigs Zeiten ist die Bedeutung der Naturwissenschaft dauernd gewachsen; unsere Lebensformen und unsere Denkweise, unser ganzes tägliche Leben werden durch die Ergebnisse der naturwissenschaftlichen Forschung in einem Umfang bestimmt, der sehr vielen Menschen gar nicht zum Bewußtsein kommt. Ohne die Wichtigkeit der biologischen oder chemischen Forschung einschränken zu wollen, muß doch erkannt werden, daß der Physik eine noch dauernd wachsende Bedeutung zukommt. Sie darf heute als die Grundlagenwissenschaft für alles materielle Geschehen bezeichnet werden. Ihre Methoden haben nicht nur die Grenzen des Erforschbaren in die Ferne der Fixsternwelten und die Bereiche der Elementarteilchen der Materie ausgeweitet; sie haben eine besondere Meßkunst entwickelt: feinste Waagen für die Mikrochemie, Mikroskop und Elektronenmikroskop für die Erforschung der Strukturen von Zellen, Bakterien und Viren, Verstärker für die Wahrnehmung minimaler Energien elektrischer Wellen, elektrische Methoden zur quantitativen Untersuchung einzelner Elementarteilchen. Die Physik hat mit Röntgen- und Radiumstrahlen der wissenschaftlichen und praktischen Medizin unschätzbare Hilfe geleistet, sie hat mit der Entdeckung des Elektromagnetismus die Energieversorgung zur Verbesserung der Lebensbedingungen der Menschheit ermöglicht und die Erkenntnisse der Quantentheorie zur Entwicklung von Lichtquellen ebenso wie zu biologischen Forschungen benutzt; und in unseren Tagen hat sie mit der künstlichen Freimachung der Atomenergie eine für die Zukunft bedeutungsvolle Energiequelle gefunden. Es gibt kaum eine physikalische Entdeckung, welche sich nicht in erhöhter Sicherheit des Menschen gegen Naturgewalten, in Verbesserung der Arbeitsbedingungen, in Erleichterung der Schwierigkeiten des täglichen Lebens auswirkt, die sich bei hinreichender und vernünftiger Verwendung noch viel segensreicher auswirken könnte. Vor allem aber hat die physikalische Forschung zu einer Neuorientierung des Menschen in der Welt geführt. Wenn Copernikus die Erde aus dem Mittelpunkt der Welt entfernte und an ihre Stelle die Sonne setzte, so hat der Mensch durch die Physik eine neue beherrschende Stellung gewonnen: von ihr aus sind die Einheit aller Erscheinungen, ihre Zurückführung auf Grundgesetze, auf Urphänomene zu erkennen — aber *auch* die Grenzen der physikalischen Erkenntnis. Von diesem zwiefachen Wesen der physikalischen Forschung soll in diesem Buch gesprochen werden. Ihre Ergebnisse führen uns zu immer tieferen Einblicken in die Geheimnisse der Materie; sie ermöglichen zugleich immer neuen Nutzen für ein geistig und materiell gesteigertes Leben. Von echtem Gewinn kann dieses aber nur sein, wenn die Menschen wissen, daß sie die technischen Möglichkeiten nur genießen können, wenn sie die Notwendigkeit ihrer Ausgestaltung durch erweiterte Forschung einsehen; und wenn sie einsehen, daß die zunehmende Macht über die Gewalten der Natur nur dem ethisch Starken zum Segen gereichen kann. Voraussetzung hierfür erscheint mir *ein Wissen um die Erkenntnisse*, welche zu solcher Umgestaltung „unserer Welt" führten und ein *Verstehen dieser Entwicklung* unseres Geistes, um die noch immer weitverbreitete Meinung *durch Einsicht* zu ändern, unsere Naturwissenschaft sei ein zufälliges, künstliches Gebäude oder ein Glasperlenspiel einer sich abschließenden Kaste.

Nur so ist diese innere Unsicherheit zu heilen, welche so viele Menschen bedrängt, weil sie keinen Einblick mehr in die geistigen Kräfte haben, welche ihr Leben bestimmen.

Das Wort, welches Liebig seinen „Chemischen Briefen" voranstellt, sei das Motto unseres Strebens: „*Die Wissenschaft soll ein Allgemeingut aller sein; sie soll allen Hilfsbedürftigen und Hilfesuchenden helfen und das geistige Vermögen der Armen und Reichen vermehren, die reinen Sinnes die Wahrheit wollen.*"

2. ALTE UND NEUE PHYSIK

Wir beginnen mit einem ganz einfachen Beispiel der Physik: Dem freien Fallen der Körper. Jeder kennt den Vorgang, jeder hat schon beobachtet, daß die Abwärtsbewegung eines fallenden Steines immer schneller erfolgt — aber auch, daß ein Blatt von einem Baum oder eine Schneeflocke langsam mit gleichmäßiger Geschwindigkeit herabsinkt. Es kann also gar nicht bezweifelt werden, daß es verschiedene Arten des Fallvorganges gibt. Man kann sogar noch mehr beobachten: Die Luft unserer Atmosphäre, die doch auch aus Materie besteht, fällt offenbar gar nicht; strömt aber aus einem undichten Ofen Kohlensäuregas aus, so sammelt es sich am Boden an; bekannt sind solche über dem Boden liegende Kohlensäureschichten in vulkanischen Grotten — Hunde fallen vergiftet um, während Menschen nichts davon merken. Das sieht doch ganz so aus, als ob Kohlensäuregas fällt. Aber umgekehrt steigt Leuchtgas, das aus einem undichten Gasofen ausströmt, sogar in die Höhe; und wir wissen ja alle, daß ein Freiballon, mit Wasserstoffgas gefüllt, nach oben steigt, sobald er aber das Gas verliert, nach unten fällt.

Es ist eine verwirrende Fülle von Erscheinungen, die sich bei den „gleichen Versuchsbedingungen" ergeben, nämlich dann, wenn Materie oberhalb der Erdoberfläche sich selbst überlassen wird.

Wir haben dieses Beispiel nicht nur seiner Anschaulichkeit wegen an die Spitze gestellt. Es enthält das Problem, mit dessen Bearbeitung das Altertum sich vergeblich quälte, mit dessen Lösung zu Ende des 16. Jahrhunderts die wissenschaftliche Physik im heutigen Sinne beginnt.

Der Unterschied in der Behandlung der Frage des freien Fallens — oder auch des Steigens — im Altertum, gegen die, welche Galileo Galilei erdachte, bestand zunächst in der *Fragestellung*: Für Aristoteles (um die einflußreichsten zu nennen) war die Grundfrage: *warum* fallen manche

Körper, andere nicht; für Galilei: *wie* bewegen sich die fallenden
Körper, welche Beziehungen bestehen zwischen Fallstrecke und
Fallzeit.

Es ist vielleicht ganz zweckmäßig, ein paar Worte über die natur-
philosophische Denkart des Aristoteles zu sagen — dann wird der entscheidende Fortschritt, welcher in der natur*wissenschaftlichen* Denkart
liegt, besonders gut zur Geltung kommen; auch darf nicht unbeachtet
für die geistige Entwicklung der Menschen bleiben, daß die Lehren des
Aristoteles 2000 Jahre lang das naturwissenschaftliche Denken be-
herrschten; erst als Galilei durch Fallversuche zeigte, daß Aristoteles'
Grundannahme den natürlichen Verhältnissen widersprach, entwickelte
sich die neue physikalische Wissenschaft in wenigen Jahrzehnten zu
einer *selbständigen geistigen Macht*.

Aristoteles, welcher im 4. Jahrhundert vor Christi Geburt in Griechen-
land lebte, lehrte, daß es zwei Arten von Bewegung gibt: die *erzwungene
Bewegung*, welche durch eine unmittelbare Kraftwirkung auf den bewegten Körper zustande kommt *und* die *natürliche Bewegung*, die bei den
Himmelskörpern kreisförmig ist, bei den fallenden und steigenden
Körpern geradlinig als Folge eines den Körpern innewohnenden *Triebes*;
dieser Trieb treibt sie an ihren *natürlichen* Ort, so die *schweren* Körper *zur
Erde*, das *leichte* Element, das Feuer, in die Höhe, zur Mondsphäre. Nur
die Reibung in der Luft bewirke, daß diese Bewegungen nicht mit unendlich großer Geschwindigkeit erfolgen; der Luftwiderstand verhindere, daß
die fallenden Körper ihren Falltrieb voll zur Wirkung bringen können;
je schwerer die Körper sind, desto größer ist der ihnen innewohnende
Falltrieb, er wird um so stärker, je mehr sich der fallende Körper der
Erde nähert.

Wir setzen dieser naturphilosophischen Ausdeutung die neue physikalische Lehre entgegen, welche in der Begründung der Bewegungslehre
der Mechanik — der Dynamik — durch den Engländer Isaak Newton
1687 in dem Werke: Philosophiae naturalis principia mathematica ihren
ersten Abschluß erhielt. (Philosophia naturalis ist das, was wir heute
Physik nennen; noch heute heißt die englische Physikalische Zeitschrift
„Philosophical Magazine".) Newtons System ist in drei Sätzen aussprech-
bar: 1. Solange auf einen Körper eine konstante Kraft wirkt, so wird seine
Geschwindigkeit dauernd gleichmäßig beschleunigt. 2. Hört die Wirkung
der Kraft auf, so bewegt sich der Körper mit der Endgeschwindigkeit
weiter; er behält sie bei, bis eine andere Kraft auf ihn wirkt. 3. Es gibt
keinen Falltrieb und keinen Steigtrieb, es gibt keinen Unterschied
zwischen erzwungener und natürlicher Bewegung; die Bewegung des
Mondes und der Planeten erfolgt nach den gleichen Prinzipien wie der
freie Fall; der Grund ist eine zwischen aller Materie wirkende Anziehungskraft.

Diese neue Lehre ist von ungeheuer großer Bedeutung für die menschliche Geistesgeschichte geworden — wir brauchen nur an eine der neuen Erkenntnisse zu denken: die Bewegung der Weltkörper in unserem Sonnensystem hat keine andere Ursache als das Fallen eines Steines — *ein* Gesetz in der Natur regelt *alle* Bewegungsvorgänge.

Diese neue Lehre war nun nicht etwa plötzlich da (schon in den Schriften des Altertums ist manches davon entstanden), aber die Macht der Autorität des Aristoteles (wie man gerne sagt) brachte jeden Widerspruch zu Fall. Daß solche Mächte sich nicht mehr bilden können, ist nicht das geringste Verdienst der Physik. Der erste, der bewußt und gleichzeitig mit der Tat (nicht nur durch Worte) den neuen Weg einschlug, war Nikolaus Copernicus (1473—1543), der Frauenburger Domherr im Ermelland an der Ostsee; der zweite war Galileo Galilei in Florenz (1564—1642); der dritte Johannes Kepler aus Weilderstadt bei Stuttgart (1571—1630). Wir holen uns aus den Werken dieser drei Männer Copernicus, Galilei und Kepler nur das heraus, was unmittelbar zu unserem Problem gehört. Copernicus erkannte, daß die Bahnen der Planeten, vor allem die des Planeten Mars, ganz anders verlaufen als nach dem alten Weltbild, welches nach Ptolemaeus genannt wird, gefordert wurde; in diesem stand die Erde im Mittelpunkt der Welt, um sie kreisten Sonne, Mond und Planeten. Copernicus entwickelte ein schon im Altertum erdachtes, aber durch den Geist des Aristoteles immer wieder unterdrücktes Weltbild: die Sonne ist der Zentralkörper, um sie kreisen die Planeten, auch die Erde ist ein Planet. Die Erde hat einen Mond, das ist ein Weltkörper, der um die Erde kreist. Wir nennen dieses Weltbild das *heliozentrische System*, weil die Sonne (griechisch Helios) der geometrische Mittelpunkt desselben ist. — Die Einfachheit und die Regelmäßigkeit dieser Weltkörperbewegungen deutet auf die Wirkung einer einheitlichen Kraft hin, die offenbar von der Sonne ausgeht; aber diese Schlußfolgerung lag Copernicus noch fern.

Galilei ging einen ganz anderen Weg: *wie* fallen die Körper? war seine Frage; und er fand durch Messungen, daß *alle* Fallvorgänge sich durch ein einziges Gesetz darstellen lassen: alle Körper, schwere und leichte fallen mit der gleichen *Beschleunigung*, d. h. ihre Geschwindigkeit nimmt von Sekunde zu Sekunde immer um den gleichen Betrag zu. Unter Geschwindigkeit versteht man in der Physik den Weg in Zentimeter (oder in Meter), welchen ein Körper in einer Sekunde zurücklegt; ändert sich diese Wegstrecke von Sekunde zu Sekunde nicht, so heißt die Geschwindigkeit gleichförmig. Ändert sie sich aber von Sekunde zu Sekunde immer um den gleichen Betrag, so nennt man die Bewegung eine gleichförmig beschleunigte (oder verzögerte) Bewegung.

Wird diese Bewegungsart einmal nicht durch das Experiment oder eine Beobachtung bewiesen, dann folgt, daß bei diesem eine störende Kraft gewirkt hat. Galilei zeigte, daß alle Fallvorgänge, aber auch die Schwingungen eines Pendels durch diese einzige Größe, die Beschleunigung, bestimmt sind. In der ersten Sekunde hat ein fallender Körper die mittlere Geschwindigkeit von 5 m in der Sekunde, das heißt, am Ende der ersten Sekunde hat er eine Geschwindigkeit von 10 m/sec erreicht, am Ende der zweiten von 20, am Ende der dritten von 30 m/sec, nach einer Minute Fallzeit von 600 m/sec; oder in einer geläufigeren Einheit: nach einer Sekunde hat er 36 km/Std, nach 10 sec schon 360 und nach einer Minute Fallzeit 2160 km/Std. Damit ein Körper 10 sec fallen kann, muß er 500 m über der Erde anfangen; in 1 min würde er schon 18 km fallen.

Diese konstante Fallbeschleunigung bezeichnet die Physik allgemein mit dem Buchstaben (klein) g. Zahlenmäßig ist g gleich einer Zunahme der Fallgeschwindigkeit um ziemlich genau je 10 m pro Sekunde von Sekunde zu Sekunde; man schreibt das $g = 9,81$ m/sec². Sie wird uns noch beschäftigen.

Nun zum dritten, zu Johannes Kepler. Ihm standen noch bessere Messungen über den Lauf der Planeten zur Verfügung als Copernicus; so erkannte er, daß die Planeten — auch die Erde — nicht Kreise, sondern Ellipsenbahnen um die Sonne ausführen, welche sich allerdings nur *sehr* wenig von einem Kreise unterscheiden. In einer kaum vorstellbaren Gedankenarbeit errechnete er auch die Geschwindigkeiten und die Abstände der Bahnen der Planeten Merkur, Venus, Erde, Mars, Jupiter und Saturn von der Sonne. Aber mit diesen geometrischen und kinematischen Ergebnissen ist Keplers Denkbereich nicht erschöpft: ihm schwebt schon die Idee einer Anziehungskraft vor, welche mit zunehmendem Abstand der Körper sich verkleinert, also der Begriff der Himmels*mechanik*; die Sonne wird vom geometrischen Zentrum zum Kraftzentrum des Sonnensystems. Es ist der Beginn der Astrophysik. Wie neu ein solches Denken war, erkennt man aus der Antwort, welche Keplers Lehrer in Tübingen, der berühmte Michael Mästlin (1550—1631) ihm auf die Mitteilung solcher Gedanken gab: er solle doch ja nicht Astronomie und Physik zusammenbringen, die nichts miteinander zu tun hätten!

Den Schlußstein setzte aber erst 150 Jahre nach Copernicus Isaak Newton: Alle Bewegungen rühren von einer einzigen Kraft her: von der Kraft, welche alle Körper, alle Massen *aufeinander* ausüben; *alle Massen ziehen sich an*. Wir nennen diese Kraft heute die allgemeine *Massenanziehung* oder die *Gravitation*. Ob Erde und Stein, ob Erde und Mond, ob Sonne und Planeten: es gibt nur diese einzige Massenanziehung.

1803 erkannte Wilhelm Herschel nach jahrelanger Beobachtung von Doppelsternen, daß diese je zwei zusammengehörige Sterne sind, welche ebenfalls nach dem Gravitationsgesetz sich um ihren gemeinsamen

Schwerpunkt bewegen, daß also auch in der Fixsternwelt das Gravitationsgesetz gilt.

Ein Weltgesetz war gefunden; es war die neue Wissenschaft begründet, welche nicht mehr Beobachtungen nach einem festgelegten System interpretiert, welche nicht mehr Thesen und Dogmen so ausdeutet, daß sie Beobachtungen richtig wiedergeben; es war die neue exakte Naturwissenschaft, die von der Beobachtung ausgeht und aus ihr die charakteristischen Naturkonstanten sucht, welche nur die „Ansichten" gelten läßt, die durch das Experiment geprüft sind. Ihre erste Leistung war ein Gesetz, das dem Anschein nach so verschiedenartige Vorgänge wie Auf- und Untergang des Mondes und das Fallen eines Steines oder das Hin und Her des Pendelschlages umfaßt.

In dieser Entwicklung ist eine Phase bedeutungsvoll — bedeutungsvoll in doppelter Weise, sowohl für die fernere Entwicklung der Physik wie für die Entwicklung unserer Denkweise bis in unsere Zeit. Sie sei daher erwähnt. 1608 hatte man in Holland das Fernrohr erfunden; Galilei baute sich ein verbessertes Instrument, richtete es auf den Himmel und sah am 7. Januar 1610, daß der Jupiter mehrere Monde hat, die ihn offenbar genau so umkreisen wie unser Mond unsre Erde. Galilei veröffentlichte diese Entdeckung als bedeutungsvollen Beweis für das Weltsystem des Copernicus; und die, welche es nicht wahrhaben wollten, weigerten sich, durch das Fernrohr nach den Jupitermonden zu sehen! „Wir sehen doch nicht nach etwas, von dem wir wissen, daß es nicht existiert" sagten die Gegner. „Ich hoffe, daß er sie auf seinem Weg zum Himmel gesehen hat", sagte Galilei, als einer seiner Widersacher gestorben war. Man muß sich das klar machen, wie unser heutiges Forschen, aber auch unser ganzes Denken sich von der Voreingenommenheit unterscheidet, die noch vor knapp 350 Jahren herrschte. Und auch das andere sei bemerkt: daß die Entwicklung eines neuen Instruments zu Fortschritten führt; Mit dem primitiven Fernrohr *mußte* die Entdeckung gemacht werden, und in der Tat gelang sie gleichzeitig mit Galilei Simon Morius in Gunzenhausen. Wir werden ähnliches des öfteren noch erkennen. Nur nebenbei: Kepler machte sofort eine Berechnung eines besseren Fernrohres, Christian Scheiner, Professor an der Ingolstädter Universität, baute ein solches Instrument, entdeckte damit am Ostermorgen 1611 die Sonnenflecken (wie gleichzeitig Johannes Fabricius und auch Galilei) und damit die Tatsache, daß auch die Sonne — wie die Erde — um eine Achse rotiert.

3. GRAVITATION UND FREIER FALL

Wir müssen uns noch etwas mit dem Newtonschen Gesetz der allgemeinen Massenanziehung befassen, welches ebensowohl den Fall des Steines auf die Erde als auch die Bewegung der Planeten um die Sonne regelt. Dieses Gravitationsgesetz sagt aus, daß alle Körper sich gegenseitig anziehen mit einer Kraft, welche nur von der Größe der beiden Massen und von ihrem Abstand abhängt, also vor allem gänzlich unabhängig davon ist, aus welcher *Art* Materie die Körper bestehen, ob sie fest, flüssig oder gasförmig sind; die Größe der Kraft ergibt sich aus dem Produkt der beiden Massen dividiert durch das Quadrat ihres Abstandes. Eine erste Folgerung ist also doch die, daß die Fallbeschleunigung eines Steines nahe der Erde größer sein muß als in der Höhe!

Wir wollen zunächst den Beweis kennen lernen, welcher für die Anerkennung der Newtonschen Gravitationsvorstellung entscheidend war. Der Mond macht eine (angenäherte!) Kreisbahn um die Erde wie ein Stein, der an einem Faden festgebunden ist und im Kreis herumgeworfen wird. Der Faden hält den Stein, wir spüren mit der Hand leicht die Kraft; je schneller wir den Stein herumfliegen lassen, eine desto stärkere Kraft spüren wir, desto fester müssen wir halten, damit der Stein mit dem Faden nicht fortfliegt. Diese Kraft, mit welcher wir durch die Hand über den Faden den Stein vor dem Fortfliegen bewahren, welche also von unseren Fingern auf den Stein ausgeübt wird, nennt man die zentripetale Kraft (die nach dem Mittelpunkt der Kreisbewegung gerichtete Kraft). Wird die Umlaufgeschwindigkeit zu groß, so kann der Faden ja sogar reißen: *dann* fliegt der Stein fort. Diese Fadenkraft entspricht der Massenanziehung Erde — Mond; *ohne* diese würde sich der Mond entfernen; *mit* dieser „fällt" der Mond gewissermaßen in jeder *Minute* 4,9 m auf die Erde hin — *deshalb* bleibt sein Abstand von der Erde konstant. Genau diese Fallstrecke errechnet sich nach dem Gravitationsgesetz aus der Fallbeschleunigung des Steines an der Erdoberfläche und dem Abstand Mond — Erde. Es ist die gleiche Massenanziehung, welche den Stein auf die Erde zieht und welche verhindert, daß der Mond in den Weltraum fortfliegt. Wir wollen das ganz speziell formulieren: Auf der Erde fällt ein Stein 4,9 m in einer Sekunde; dies ist die Folge der Anziehungskraft zwischen Erde und Stein; könnten wir den Stein in die Entfernung des Mondes bringen, so würde er 4,9 m in 60 sec fallen, weil die Anziehungskraft mit der größeren Entfernung so stark abgenommen hat. Und genau so viel wie der Stein im Abstand des Mondes „fällt" auch der Mond selbst, weil die Fallbeschleunigung unabhängig von der Masse ist.

Das heißt aber doch, daß ein Stein aus einem Flugzeug fallend in großer Höhe eine kleinere Beschleunigung haben muß als auf der Erde, als hier im Zimmer. Nun, genau das ist der Fall; allerdings ist der Unterschied nicht sehr groß, denn der Abstand von der Erdoberfläche bis zum Mittelpunkt der Erde ist rund 6300 km (und aus sehr einfachen mathematischen Überlegungen folgt, daß es so aussieht, als ob die Kraft vom Schwerpunkt, also vom Mittelpunkt der Erde ausgeht). 10 km Flugzeug-

höhe bringen nun den Abstand Mittelpunkt — Stein von 6300 nur auf
6310 — aber der Mond ist 60 mal 6300 km entfernt und das bedeutet, daß
die Anziehungskraft nur noch $^1/_{3600}$ ist.

Wenn die Erde den Mond anzieht, dann muß auch der Mond die Erde
anziehen — ja auch ein Stein muß die Erde anziehen; dann muß also
auch die Erde zum Mond, zum Stein hin „fallen". Genau das ist auch der
Fall. Das hat übrigens Kepler schon überlegt, eine für die Anfänge solchen
Denkens unerhört tiefe Überlegung. Wir drücken diese Tatsache so aus,
daß die Bewegungen der sich gegenseitig anziehenden Körper so erfolgen,
daß der mittlere Schwerpunkt der beiden erhalten bleibt. Die Masse der
Erde ist so groß gegenüber der Steinmasse, daß der gemeinsame Schwerpunkt mit dem Erdmittelpunkt „praktisch" zusammenfällt. Aber für die
Anziehungskraft der Planeten aufeinander gilt das nicht mehr, wie wir
bald sehen werden.

4. PRÜFUNGEN DES GRAVITATIONSGESETZES

Bei einer so wichtigen Frage wie einem physikalischen Gesetz muß jede
Prüfmöglichkeit ergriffen werden. Ein entscheidender Versuch wurde in
München gemacht; im Südhof der Münchner Universität steht noch der
Turm, welcher für diesen Versuch errichtet wurde. Professor Jolly hat in
ihm 1878—1881 nachgewiesen, daß die Fallbeschleunigung oben in 22 m
Höhe genau so viel kleiner ist als unten auf ebener Erde, wie das Newton-
sche Gesetz verlangt.

Machen wir uns nochmals ganz klar, was dieses Gesetz behauptet: alle
Körper ziehen sich an, die Anziehungskraft ist abhängig vom Produkt der
beiden Massen (und zwar diesem proportional) und dem Quadrat des
Abstandes ihrer Mitten (als Schwerpunkt) (und zwar diesem umgekehrt
proportional). Auf unserem Tisch liegen sicher allerhand Gegenstände —
warum ziehen sie sich denn nicht an? sie müßten ja — nein *alle* Körper
müßten ja infolge dieser Kraft aneinanderpappen! Wer hat das je beobachtet?! Nun, dies liegt nur daran, daß die Anordnung der Gegenstände
auf unserem Tisch, der Stühle und Schränke in unserem Zimmer für die
Durchführung dieses Versuches ungeeignet ist: Die Reibung ist viel zu
groß. Man weiß ja auch, daß wir einen Wagen auf einer ganz ebenen
Straße nicht mit kleiner Kraft beschleunigen können oder daß ein Stein
auf einem schräg gehaltenen Brett erst abrutscht, wenn die Steigung
genügend groß ist — beim Schilaufen machen wir die gleiche Beobachtung. Die Reibung ist eine Gegenkraft gegen die Anziehung. Man kann
diese allerdings sehr klein machen — mit einem Kunstgriff, welchen der
englische Physiker Cavendish im Jahr 1798 durchführte. Cavendish
hing einen horizontalen Balken an einem langen dünnen Faden auf, an

den Enden des Balkens waren zwei kleine Bleikugeln befestigt. Hielt er nun eine weitere Bleikugel vor eine der aufgehängten, so begann der Balken sich zu drehen, weil die beiden Kugeln sich anzogen! Der Versuch ist oft wiederholt und wird heute in jeder besseren Vorlesung über Experimentalphysik gezeigt. Erst 1798 war also der endgültige Beweis für das Newton'sche Gravitationsgesetz geliefert — über 100 Jahre nach seiner Aufstellung. Vielleicht interessiert noch ein Beweis, welcher zu den *aufregendsten Episoden* unserer Wissenschaft gehört. Wenn die Sonne die Planeten, die Planeten ihre Monde anziehen, dann müßten sich die Planeten *gegenseitig* doch auch anziehen. Und da diese bei ihrem Umlauf um die Sonne manchmal näher, manchmal ferner voneinander sind — das wissen wir ja aus der Betrachtung des Nachthimmels, daß die Planeten in ganz verschiedenen Abständen voneinander stehen können —, deshalb müssen sie sich einmal mehr, einmal weniger anziehen und deshalb müssen ihre beiden Ellipsenbahnen kleine Unregelmäßigkeiten haben. Das war alles schon lange geklärt und in Ordnung. Nur nicht in Ordnung war die Bahn des äußersten Planeten Uranus; warum? Das Vertrauen in das Gravitationsgesetz war so stark, daß die Astronomen schlossen: es muß noch einen Planeten geben, welcher die Bahn des Uranus durch seine Massenanziehung stört. Diese Hypothese stellte der Königsberger Astronom Bessel in den zwanziger Jahren des letzten Jahrhunderts auf. Der französische Astronom Leverrier berechnete aus den Unregelmäßigkeiten der Uranusbahn, wo der unbekannte Planet sich befinden muß und teilte dem Berliner Astronomen Johann Gottfried Galle seine berechnete Voraussage mit: schon in der nächsten Nacht (23. 9. 1846) fand dieser ganz nahe der angesagten Stelle einen schwachen Stern, den man wie viele tausend andere noch nicht näher beachtet hatte. Es war in der Tat ein Planet, der genau die von Leverrier nach dem Gravitationsgesetz berechnete Bahn hatte; er wurde Neptun getauft. —

Die Abhängigkeit der Gravitation von der *Masse* ist der Grund dafür, daß die Fallbeschleunigung g nicht an allen Stellen der Erde gleich ist. Liegt unter der Erdoberfläche an einer Meßstelle für g ein Erzlager bzw. ein Öllager, so wird im ersten Fall g größer, im zweiten g kleiner als normal sein. Hierauf beruht die Verwendung der g-Bestimmung für Geologie und Geophysik.

Wir wollen diese Gelegenheit benutzen, um wenigstens ein paar Zahlen über die Abmessungen der Weltkörper zu sagen. Unsere Erde ist angenähert eine Kugel mit 6378 km Halbmesser. Der Mondabstand ist ungefähr 60 mal so groß. Das Mondlicht braucht also 1,3 sec vom Mond zur Erde, denn Licht legt in 1 sec 300 000 km zurück. Der Halbmesser der Sonne ist ungefähr so groß wie der Durchmesser der Mondbahn (fast 700 000 km); die Erde ist 150 Millionen Kilometer von der Sonne entfernt, so daß das Sonnenlicht 500 sec = 8,3 min unterwegs ist, ehe es zur

Erde kommt. Die Entfernungen der Fixsterne sind so groß, daß die Angabe in Kilometer zu ganz unvorstellbaren Zahlen führt. Vom nächsten Fixstern braucht das Licht schon einige Jahre, von den entferntesten Millionen von Jahren bis zur Erde. Deshalb gibt man die großen astronomischen Entfernungen in *Lichtjahren* an. Die Masse der Sonne ist 2×10^{27} t, die der Erde ist 6×10^{21} t, die des Mondes nur $^1/_{81}$ der Erdmasse; der Planet Jupiter ist 320mal so schwer wie die Erde.

5. DIE FALLBEWEGUNG

Wir müssen nun nochmals zum Fallgesetz von Galilei zurückkehren; so ganz einfach und widerspruchsfrei, wie wir bisher sagten, waren die Ergebnisse der Fallversuche ja nun doch nicht. Wir erinnern uns, daß alle Körper, ob groß oder klein, ob schwer oder leicht, die gleiche Beschleunigung g erhalten, also kurz gesagt gleich schnell fallen sollen. Nach dem Gravitationsgesetz wird ein schwerer Stein von der Erde stärker angezogen als ein leichter; das entspricht durchaus unserer Erfahrung, nur aus diesem Grunde wissen wir ja, was „schwer" oder „leicht" ist: weil wir beim Halten eines schweren Steines eine größere Kraft gegen die Erdanziehung aufwenden müssen als beim Halten eines leichten Steines. *Aber*: damit ein *schwerer* Körper sich in Bewegung setzt, braucht man ja auch eine größere Kraft. Stellen wir einen Schlitten mit glatten Kufen auf spiegelblankes Eis: es genügt ein leiser Druck, um ihn zu beschleunigen. Wir wollen nun einmal die — niemals vollkommen zu realisierende — Annahme machen, es sei alles so glatt, daß man von der Reibung absehen kann. Wenn jetzt jemand auf den Schlitten gesetzt wird, so wird dieser durch die gleiche Kraft, die vorher angewandt wurde, auch beschleunigt — aber viel weniger stark. Um die gleiche Beschleunigung wie beim nicht-beladenen Schlitten zu erreichen, braucht man eine um so größere Kraft, je stärker er beladen ist. Ganz genau so beim Fall: die gleiche Beschleunigung verlangt eine um so größere Kraft, je größer die Masse des fallenden Körpers ist; gerade dieses ist aber das Wesen der Gravitationskraft, daß sie um so größer ist, je größer die Masse.

Und nun machen Sie bitte mit mir einen Versuch. Vielleicht haben Sie ein Messer oder einen Bleistift oder irgend einen schweren Gegenstand zur Hand (nur bitte kein Glas oder Porzellan) — und außerdem ein *Blatt* Papier — irgend eines, ein Stück Zeitung oder irgend sonst was. Nehmen Sie den schweren Gegenstand in eine, das Papierblatt in die andere Hand — und lassen Sie beides zu gleicher Zeit fallen: es ist ganz deutlich, daß das Papierblatt viel langsamer fällt. Wenn es genügend leicht ist, „fällt" es eigentlich gar nicht, es flattert mit angenähert *gleicher* Geschwindigkeit, während der feste Gegenstand beschleunigt fällt. Also ein krasser Widerspruch zu unserem Gesetz, daß alle Körper mit derselben

Beschleunigung fallen. Nun knäueln Sie bitte das Papier zusammen zu einer Kugel — und lassen Sie wieder beide Dinge fallen: Jetzt haben sie gleiche Geschwindigkeit. Die Masse kann also keinen Einfluß haben, denn sie hat sich beim Zerknäulen ja nicht geändert! Es muß an der Form liegen — an einer Gegen*kraft*, die *von der Form* abhängt: das ist die *Reibung* in der Luft.

Das *gilt nun natürlich ganz allgemein*: denn jeder Körper unterliegt ja bei der Bewegung durch die Luft einer Reibungskraft. Es wirkt also immer nur die Differenz von Schwerkraft und Reibungskraft. Ist die Masse groß, so ist auch die Anziehungskraft groß, die Reibung macht nicht viel. Ist die Masse aber sehr klein, so ist der Einfluß der Reibung groß.

Das ist das Fallen der Schneeflocken, auch das Fallen von kleinen Regentropfen. Wir wissen alle, daß die Schneeflocken bei Windstille mit ganz konstanter Geschwindigkeit absinken. Nehmen wir an, daß sich irgendwo in der Atmosphäre ein Schneekriställchen aus Wasserdampf bildet; durch die Erdanziehung fällt es beschleunigt, seine Geschwindigkeit nimmt zu, gleichzeitig aber auch der Reibungswiderstand. Die Reibungskraft vermindert die Wirkung der Gravitationskraft, die *Beschleunigung* wird immer kleiner, die Fall*geschwindigkeit* nimmt zwar noch zu, aber immer langsamer, bis endlich die Reibungskraft so groß geworden ist wie die Schwerkraft, daß also keine *weitere* Beschleunigung mehr eintritt; der fallende Körper *fällt mit konstanter Endgeschwindigkeit*; er „fällt" nicht mehr, er „sinkt" ab.

Wer etwas vom Autofahren oder vom Segeln oder Skilaufen weiß, dem ist bekannt, daß die Reibung in der Luft mit großer Geschwindigkeit immer mehr zunimmt. Die Folge ist, daß auch schwere Körper nur anfangs beschleunigt fallen — je größer die Fallstrecke geworden ist, je größer also die Geschwindigkeit, desto größer wird die Reibungs*gegen*kraft: schließlich fallen *alle* Körper mit konstanter Geschwindigkeit. Man kann ausrechnen, daß nach einer Fallstrecke von einigen hundert Meter immer die Beschleunigung wegen der Reibung aufhört.

Hier haben wir ein ganz charakteristisches Beispiel für die neue Forschungsart der „exakten Naturwissenschaft". Vor Copernicus, Galilei, Newton brauchte man für jede dieser Fallerscheinungen besondere Kräfte, welche in diesen Gegenständen lagen. Man mußte das Wort „fallen" für den Stein und für die Schneeflocke anders interpretieren, anders für das flache und für das zur Kugel geknüllte Papier. Jetzt haben wir *nur ein* Gesetz: die Massenanziehungskraft. Die bei jeder Bewegung auftretende *Reibung* bewirkt, daß sich diese Kraft — wie die Kraft der Hand oder einer Lokomotive oder eines Automobilmotors bei der Bewegung eines Wagens — mehr oder weniger voll auswirkt.

Die konstante Absinkgeschwindigkeit kleiner (leichter) Körperchen infolge der Reibung hängt nur von der „inneren Reibung" des Mediums, in dem die Bewegung erfolgt, und von der Form des Teilchens ab, bei Kügelchen nur von deren Radius. Dieses Stokes'sche Gesetz wird uns bei der Größenbestimmung der Atome noch beschäftigen (Teil 36).

6. TRÄGHEITSGESETZ UND IMPULSGESETZ

Wir wollen uns das noch einmal mit einem Automobil klar machen. Der Wagen soll auf einer horizontalen Straße stehen, der Motor werde (um das Beispiel einfacher zu machen) sofort „mit Vollgas" eingeschaltet. Der Wagen wird beschleunigt, fährt zwar immer schneller; aber trotz der dauernd gleichen Kraft, die der Motor doch auf den Wagen ausübt, wird die Geschwindigkeitszunahme immer kleiner, bis der Wagen seine Endgeschwindigkeit erhalten hat. Das jetzt dauernd weiter aufgewendete Benzin wird nur noch dazu gebraucht, um die Reibung zu überwinden, den Wagen also auf konstanter Geschwindigkeit zu halten. Wird der Motor jetzt abgeschaltet, so wirkt nur noch die Reibungskraft, sie verzögert den Wagen immer mehr, bis er wieder stillsteht.

Wäre *keine* Reibung vorhanden, so würde der Wagen nach Abstellung des Motors seine jeweilige Geschwindigkeit unverändert beibehalten, ganz gleichgültig wie groß diese ist und wie schwer er beladen ist. Das ist das *Trägheitsgesetz*, das wir oben als Punkt 2 der Newtonschen Mechanik formulierten. Galilei hat wohl als erster dieses Gesetz erkannt, aber selbst für einen Kepler war es schwer zu verstehen, daß eine Bewegung einer Masse vor sich gehen kann, ohne daß *dauernd* eine Kraft auf diese wirkt. Heute haben wir diese Schwierigkeit nicht mehr, die Denkkraft hat sich fortentwickelt. *Damit* eine Masse in Bewegung *kommt*, muß sie aus dem Ruhestand beschleunigt werden, dieses geschieht durch eine Kraft: *wenn* eine Masse in Bewegung *ist*, so muß durch eine gleich große Kraft ihr Bewegungszustand wiederum gleichviel geändert werden. Wirkt aber keine Kraft mehr, so muß die Masse eben ihren einmal erhaltenen Bewegungszustand beibehalten.

Auch diese Reibung ist eine Kraft, und zwar eine Gegenkraft gegen eine Bewegung. Da eine Bewegung ohne jede Reibung nicht besteht, kann man den Trägheitssatz als ein „ideales" Gesetz bezeichnen; dennoch ist seine Bedeutung sehr groß. Wer von einer fahrenden Straßenbahn abspringt, hat deren Geschwindigkeit im Augenblick des Abspringens; kommt er mit den Füßen auf die Erde, so wird wegen der Reibung auf dem Boden deren Geschwindigkeit, nicht aber die der übrigen, mit den Füßen ja durch alle möglichen Gelenke verbundenen Körperteile abgebremst: sie bewegen sich weiter, der Körper fällt in der ursprünglichen Fahrtrichtung um. Beim Aufspringen tritt das Gegenteil ein. — Setzt man ein gefülltes Glas schnell in horizontale Bewegung, so behält die *Flüssigkeit* ihren „Bewegungszustand", d. h. die Ruhe, bei, denn die Kraft greift nur am Glas an; also bleibt die Flüssigkeit zurück, d. h. sie schwappt nach rückwärts aus dem Glas. Dasselbe geschieht, wenn man das Glas schneller, als dem freien Fall entspricht, nach unten beschleunigt. Fährt ein Eisenbahnzug mit konstanter Geschwindigkeit, so kann man im verdunkelten Abteil auf keine Weise seine Bewegung und deren Richtung wahrnehmen; alles was wir fühlen, beruht auf der Wirkung einer Kraft, ist also Beschleunigung oder Verzögerung, sei es in Fahrtrichtung, sei es durch Stöße in vertikaler Richtung.

In diesem Zusammenhang sei noch eine auf den ersten Blick überraschende Erscheinung erwähnt, die leicht nachprüfbar ist. Man macht aus einem Stahldraht eine Wendelfeder, hält das eine Ende mit der Hand und hängt an das andere irgend eine Masse an. Dann wird die Feder ein Stück gedehnt, zufolge der Kraft, mit welcher die Erde diese Masse anzieht. Läßt man jetzt die Feder los, so daß angehängte Masse *und* Feder frei fallen, so zieht sich die Feder augenblicks auf ihre ungedehnte Länge zusammen: die Erde beschleunigt Masse und Feder, also kann von der Masse keine Kraft auf die Feder wirken; vorher hatte die Hand die Wirkung der Schwerkraft auf Masse und Feder aufgehoben; man sagt: actio = reactio, die Kraft ist gleich der Gegenkraft. In diesem Prinzip liegt auch der Grund dafür, daß man sich selbst nicht an den Haaren in die Höhe ziehen kann. — Stellen sich zwei Menschen auf eine Personenwaage, und zieht der eine den anderen mit aller Kraft an den Haaren in die Höhe, so zeigt die Waage nichts von dieser Kraftanstrengung, die doch gegen die Schwerkraft gerichtet ist, an; denn der Ziehende wird um genau so viel stärker auf die Waage drücken, als der Gezogene sie entlastet hat. „Gebt mir einen festen Punkt und ich werde die Welt aus ihren Angeln heben" hat Archimedes gesagt. Wenn man schräg von einem Stuhl springt, so fliegt der Stuhl zurück: die gleiche Kraft, mit welcher der Abspringende sich abstößt, wird in der entgegengesetzten Richtung auf den Stuhl ausgeübt. Die umlaufenden Wasserzerstäuber in Gärten und Feldern und die „Raketen" (ebenso wie die „Strahl"antriebe von Flugzeugen) beruhen auf dem gleichen Prinzip: bei einer Brennstoffexplosion entweichen die Gase durch ein Auspuffrohr nach hinten, die Rakete fliegt also nach vorne. Für ihre Geschwindigkeit gilt der sogenannte *Impulssatz*: das Produkt aus der Masse und der Geschwindigkeit der ausströmenden Gase ist gleich groß wie das Produkt aus Masse der Rakete und ihrer (durch den Rückstoß erhaltenen) Geschwindigkeit. Da die Raketenmasse groß ist gegenüber der ausgestoßenen leichten Gasmasse, muß die Geschwindigkeit der letzteren *sehr* groß sein, damit die schwere Rakete eine genügend große Geschwindigkeit erhält. Wenn die berechneten Geschwindigkeiten nicht stimmen, so hat wiederum nicht das Gesetz, sondern die Nichtbeachtung der Reibung schuld.

Unter diesen Erkenntnissen begann die für alle Technik so wichtige Forschung über die Reibung: aus *einem* Fallversuch, der bei allen möglichen Variationen der Versuchsbedingungen wirklich quantitativ vermessen ist, folgt ein Gesetz *und* ein neues Forschungsgebiet, welches mit diesem Gesetz gar nichts mehr zu tun hat; so entwickelt sich stets physikalische Forschung.

Die Reibungsforschung aber führte unmittelbar zu einer Grundanschauung über die Materie: zu dem Prinzip der *Atomistik*.

7. ATMOSPHÄRE UND LUFTDRUCK

Doch gehen wir zu einer Frage zurück, auf welche wir schon kurz hinwiesen: Warum fällt eigentlich die *Luft* nicht auf die Erde herunter? Aristoteles tat sich leicht: die Luft (ebenso wie der Wasserdampf, die Wolken) steht zwischen den schweren Körpern, die einen Falltrieb haben, und den leichten, welche einen Steigtrieb zur Mondsphäre hin haben; deshalb fällt sie nicht, verläßt aber auch nicht die Erde wie die Flamme — sondern bleibt eben als Atmosphäre um die Erde herum —, weil sie nicht recht weiß, was sie tun soll!

Die Lösung des Problems der Atmosphäre gehört schon zu der modernen Entwicklung der Physik. Daß sich aber bezüglich der Massenanziehung die Gase nicht anders verhalten als Steine, haben zwei Nachfolger von Galilei schon bewiesen: sein Schüler Torricelli und der berühmte Bürgermeister von Magdeburg aus der Zeit des dreißigjährigen Krieges: Otto von Guericke. Sie haben bewiesen, daß auch die Atmosphäre ein Gewicht hat, also der Wirkung der Schwerkraft unterliegt. Wenn wir heute an dem Barometer den Luftdruck ablesen, so wiederholen wir den Versuch von Torricelli; und wenn aus Büchsen, in welchen kondensierte Milch, Kaffee, Tabak, viele Lebensmittel zur sicheren Konservierung aufgehoben werden, die Luft herausgepumpt wird, so macht man den ersten Luftpumpenversuch von Otto von Guericke. Er hat schon erkannt und berechnet, daß solche Dosen genügend fest sein müssen, damit sie vom Luftdruck — wie man sagt — nicht zusammengedrückt werden; er hat schon angegeben, daß eine *Kugel*, wie wir sie bei der luftleeren Glühlampe kennen, dem äußeren Luftdruck besser widersteht als ein Gefäß mit flachen Wänden.

Die Atmosphäre übt deshalb einen Druck auf die Unterlage aus, weil sie genau so wie alle andere Materie von der Erde angezogen wird. Stellen wir uns einmal einen Quadratzentimeter vor und denken uns über diesem ein Gefäß mit vier senkrechten Wänden aufgerichtet, so hoch, daß es bis in den Weltraum hinaufgeht. Dann wiegt die Luft in diesem Kasten ungefähr *ein* Kilogramm. Woher weiß ich das? Durch den Versuch von Torricelli: in einem mit Wasser gefüllten Topf steht ein langes Glasrohr mit dem Querschnitt von 1 cm² und sagen wir etwa 20 m Höhe; wird nun an dem oberen Ende die Luft mit einer Pumpe herausgepumpt, dann steigt das Wasser im Glasrohr in die Höhe — immer weiter bis zu etwa 10 m — und *dann nicht mehr.* Das Wassergewicht in diesem Rohr ist dann ein Kilogramm. Das Wasser stieg im Rohr, weil auf seine Oberfläche im Topf der Druck der Luft wirkt, innerhalb des Rohres aber durch die Wirkung der Pumpe ein luftleerer Raum, ein „Vakuum" entstand. Das Wasser wurde also in das leere Rohr gedrückt, und es steigt so hoch, bis Gleichgewicht zwischen Luftdruck und dem Druck der Wassersäule besteht.

Das ist der Torricelli-Versuch. Nimmt man statt Wasser das bei Zimmertemperatur flüssige Metall Quecksilber, so steigt dieses nur einige 70 cm hoch, weil es „spezifisch" 13,6 mal schwerer ist als Wasser; wieder wiegt die Quecksilbersäule von 1 cm² Querschnitt 1 kg. Das ist das Quecksilberbarometer. Die Oberfläche eines Menschen mittlerer Größe betrage 20 000 cm²; dann wird er durch die Atmosphäre mit 20 000 kg = 20 Tonnen belastet; daß wir hiervon nichts merken, kommt daher, daß infolge der vielen Körperöffnungen der gleiche Druck auch innerhalb des Körpers wirkt. Manchmal fühlt man aber dennoch sogar kleine Druck*änderungen,* wenn diese schnell erfolgen, z. B. bei den relativ schnellen Höhenänderungen in einer Bergbahn oder bei einer Ski-abfahrt. Es gibt nämlich im Kopf zwei kleine Höhlen, die eustachischen Röhren (tuba eustachii). Diese sind nach außen durch das Trommelfell abgeschlossen und haben nur eine enge Verbindung zur Mundhöhle, welche durch Aneinanderlegung der Schleimhäute normalerweise verschlossen ist. Ändert sich nun der Außendruck, so entsteht am Trommelfell eine Druckdifferenz, welche zur Aus- oder Einbuchtung desselben führt und damit Ohrenschmerz, Unbehagen und geänderte Schallempfindlichkeit (Schwerhörigkeit) erzeugt. Dieses ist sogar ein sehr empfindliches Nachweisinstrument für stetige Druckänderungen! Durch Schlucken und dergleichen öffnet sich die Verbindung zum Mund, so daß wieder Druckausgleich eintritt.

Wenn man ein Stückchen Papier, so groß wie eine Briefmarke, sagen wir 5 cm² etwas anfeuchtet und auf eine glatte Platte so auflegt, daß zwischen Papier und Unterlage keine Luft mehr ist, so wird dieses durch eine Gesamtbelastung von 5 kg auf die Platte aufgedrückt! Nicht das Wasser „klebt", sondern die Atmosphäre belastet das Papier.

Die Erfahrung hat gezeigt, daß die Quecksilber-Höhe (und damit der Luftdruck) nicht immer gleich ist, er ändert sich — wie wir wissen hängt dies mit dem Wetter zusammen. Die im täglichen Gebrauch verwendeten

Barometer benutzen ein etwas anderes Prinzip: eine luftleere Metalldose wird mehr oder weniger zusammengedrückt, je nach der Größe des Luftdrucks. Diese Deformation der Dose wird auf den Zeiger übertragen. Macht man solche Versuche auf hohen Häusern oder gar auf Bergen, so ergibt sich, daß der Luftdruck immer kleiner wird, je größer die Höhe. In einem Liter ist um so weniger Luft, je höher wir sind. Das heißt aber doch: Die Anziehungskraft der Erde sorgt schon dafür, daß die Luft herunterfällt — es muß aber noch etwas anderes da sein, was bewirkt, daß sie nicht *ganz* herunterfällt, sondern daß sich nur ein bestimmter Druckabfall mit der Höhe einstellt. Wieder ist es die gleiche Denkweise, die wir bei der Entdeckung der Reibungskraft verwendeten: nicht das Anziehungsgesetz wird für einen bestimmten Fall geändert, sondern es muß zuerst gesucht werden, warum sich die Anziehungskraft bei einem Gase scheinbar nicht voll auswirkt. Daß dieses ganz generell geschieht, sieht man leicht daran: bringt man in ein geschlossenes Gefäß durch einen Hahn etwas Flüssigkeit, so setzt sich diese am Boden ab, sie geht infolge der Schwerkraft so tief, als sie nur kann. Bringt man aber etwas Gas in das Gefäß hinein, so verteilt sich dieses im *ganzen* Gefäß. Was ist daher der Unterschied zwischen Flüssigkeit und Gas — und fügen wir gleich dazu zwischen Flüssigkeit und festem Körper? Daß er durch die *Art* der Materie bedingt sei, können wir sofort ausschließen: Verdampfen wir das Wasser, so verhält es sich wie ein Gas. Lassen wir das Wasser gefrieren, so ist es ein fester Körper wie ein Stein.

8. DIE AGGREGATZUSTÄNDE

Das Problem, welches wir zuerst zu lösen haben, ist das Problem der *Aggregatzustände*, so nennt man die drei Formarten eines Stoffes — fest, flüssig, gasförmig. Zunächst steht uns nur eine Erfahrungstatsache zur Verfügung: alle festen Körper sind durch Erwärmen zu schmelzen und durch weitere Erwärmung zu verdampfen, in Gase überzuführen (Dampf und Gas ist in der Physik das gleiche); und alle Gase — wie Luft — können durch Abkühlung verflüssigt und durch weitere Herabsetzung ihrer Temperatur zu festen Körpern gemacht werden (für die Kohlensäure ist das ja sehr bekannt: das „Trockeneis" ist feste Kohlensäure; es hat eine Temperatur von — 80° C) (näheres Teil 22).

Aber wenn wir etwas nachdenken, so fällt uns noch einiges andere ein, was bei diesen Aggregatzuständen bemerkenswert ist. Um ein Stück Zucker mit einem Messer zu zerspalten, braucht man ziemliche Kraft. Setzt man aber einen Tropfen Wasser auf eine Glasplatte: schon mit ganz geringer Kraft kann man ihn aufteilen. Um die Luft zu zerschneiden — nun, man wird fast gar keinen Widerstand fühlen. *Im* festen

Körper wirken offenbar die größten Kräfte, welche ihn zusammenhalten. Dasselbe erfahren wir aus einem anderen Versuch: An einem Stahldraht hängen wir ein paar Kilo an: er dehnt sich. Wenn auf den Stahlträger einer Brücke ein Wagen fährt, so biegt er sich durch, d. h., er wird länger. Nehmen wir das Gewicht vom Stahldraht fort oder die Belastung des Brückenträgers, so geht die Dehnung, die Biegung, die Verlängerung wieder zurück. Man nennt das die *Elastizität* der festen Körper. Bitte, überlegen wir genau, was geschehen ist: Durch die Belastung des Brückenträgers, d. h. durch das Gewicht des Wagens (infolge der Erdanziehung auf diesen) wird jener ein bestimmtes Stück gedehnt — und dann nicht weiter; obwohl doch die Kraft der Belastung dauernd weiter wirkt, tritt keine weitere Verlängerung ein. Es muß also in dem verlängerten Träger eine *innere Gegenkraft* entstanden sein, welche genau so groß ist wie die Kraft, die der Wagen ausübt; dann besteht das beobachtete Gleichgewicht; wird aber der Wagen fortgefahren, so besteht die innere Gegenkraft weiter — und diese wirkt sich nun so aus, daß sie den Träger wieder zusammenzieht. Das ist mit physikalischer Klarheit die Analyse dieser Beobachtung.

Wir wollen es noch besser formulieren: Wirkt an einem festen Körper eine äußere Kraft, so leistet diese eine Dehnungsarbeit, bis die im Innern auftretende *elastische* Kraft so groß geworden ist, daß sie der äußeren Kraft das Gleichgewicht hält. Entferne ich die äußere Kraft, so leistet die nunmehr freigewordene elastische Kraft die gleiche Arbeit, indem sie den Draht wieder zusammenzieht.

Die Bausteine des festen Körpers sind also durch Kräfte miteinander verbunden, welche diese Bausteine an festen Plätzen halten. Um sie zu verlagern, muß eine Arbeit geleistet werden. Nun weiß man, daß durch Temperaturerhöhung, durch Wärmezufuhr das Gefüge aufgelockert wird — die Wärme*ausdehnung* — ja es kann zum Schmelzen oder zum Verdampfen, zum Übergang in das Gas kommen. Also schließen wir: Das, was wir Wärme nennen, ist eine Arbeit, die sich gegen die Bindungskräfte auswirkt.

Noch ein entsprechender Versuch mit einem *Gas.* Nehmen wir eine Fahrradpumpe; je mehr Luft schon in den Schlauch hineingepumpt ist, desto mehr müssen wir arbeiten; in dem Schlauch ist ein Druck entstanden, den man spürt und mit einem Druckmesser messen kann. Einen erhöhten Druck erhält man aber auch durch Erwärmung des Gases — ein heiß gelaufener Fahrradschlauch zeigt einen höheren Druck — mit dem Manometer wieder meßbar —, *ohne* daß Luft hineingepumpt ist. Warum ist das der Fall? Wo kommt diese Druckkraft her?

Bei dem Gas können wir offenbar *nicht* von solchen elastischen Kräften reden wie bei festen Körpern; denn der feste Körper reißt, bricht, wenn die angreifende Kraft zu groß ist, ein Gas kann man aber immer weiter ausdehnen oder auch zusammendrücken — hier muß nur das Gefäß halten! Offenbar ist es also am einfachsten, die Verhältnisse zunächst am Gas zu überlegen.

Die Frage ist wieder ganz einfach: Woher kommt der Druck, warum wird er durch Wärmezufuhr größer? Druck heißt doch eine Kraft auf die Gefäßwand. Eine solche kann nur ausgeübt werden, wenn das Gas gegen die Gefäßwand stößt — also muß das Gas etwas sein, was in Bewegung ist. Und mit höherer Temperatur muß diese Bewegung heftiger werden, *weil* der Druck stärker wird.

Wenn eine Flüssigkeit oder ein fester Körper verdampft, d. h. in Gas übergeht, so entsteht über diesem ein Druck; beides — Verdampfen wie Druck — setzt offensichtlich voraus, daß von der Flüssigkeit oder von dem festen Körper Teilchen fortfliegen und auf die Gefäßwand prallen. Und da dieser Dampfdruck mit steigender Temperatur sehr schnell größer wird, so heißt das, daß mit Wärmezufuhr die Verdampfung zunimmt — genau gesagt: daß immer mehr Teilchen von der Oberfläche fortfliegen — also daß es sich auch hier um Bewegungsvorgänge handelt.

So entstand ganz allmählich eine Hypothese, daß ein Gas aus Teilchen besteht, welche in Bewegung sind, daß auch flüssige und feste Körper aus Teilchen bestehen, welche sich bewegen, daß diese Bewegung mit Wärmezufuhr zunimmt — und mehr und mehr verdichteten sich die Argumente, *daß das, was wir Wärme nennen, eine Bewegungsenergie der Bausteine aller Materie ist.* Die Physik nahm dabei eine von der Chemie seit 1800 besonders gestützte Hypothese auf, daß alle Materie aus einzelnen festen, unveränderlichen Bausteinen, den „*Atomen*", bestehe. Das Wort Atom (und auch der Begriff) stammt aus dem Griechischen, es heißt „unteilbar"; die griechische Naturphilosophie hatte sich schon solche, allerdings recht vage Vorstellungen über den Aufbau der Materie gemacht, noch ohne jede physikalische Einsicht in ihr Inneres. Die Atomforschung, die Atomistik im naturwissenschaftlichen Sinn begründet erst 1808 John Dalton mit chemischen Tatsachen.

9. DIE BROWNSCHE MOLEKULARBEWEGUNG

Eigentlich hatten wir nach dem Fallen der Luft gefragt — und hierbei waren wir zu dem Aufbau der Materie aus Atomen gekommen — zunächst eine Arbeitshypothese.

Aber niemand hatte die Atome gesehen, niemand von ihrer Bewegung unmittelbar etwas wahrgenommen. Deshalb lehnten sich viele Physiker gegen eine solche Annahme auf, während andere nur in ihr eine Möglichkeit sahen, Erscheinungen, wie Druck, Wärme, Verdampfung usw., *einheitlich* zu verstehen als Bewegungsvorgänge, als einen Teil der Mechanik.

Wer mit diesen Hypothesen nicht einverstanden war, der mußte — wenn er überhaupt mit der Möglichkeit rechnete, die Beobachtungen deuten zu können — sehr komplizierte Annahmen über einen Wärmestoff mit sonderbaren Eigenschaften machen. Dagegen konnten die Verfechter der Bewegungslehre z. B. darauf hinweisen, daß die Ausbreitung eines Geruches in einem Zimmer ohne jede Luftströmung nach allen Seiten hin doch die *selbständige* Fortbewegung von Teilen des Riechstoffes unmittelbar demonstriere! Und wenn man sich fragt, warum der ganze Inhalt einer Kaffeetasse süß wird, wenn auf dem Boden sich Zucker auflöst, so muß man doch vermuten, daß die gelösten Zuckerteilchen sich selbständig im Kaffee verteilen! Auch hier erfolgt eine Bewegung *gegen* die Schwerkraft! *Diffusion* wird diese Erscheinung genannt.

Die Aufklärung kam von einer ganz anderen Seite. Im Jahre 1827 machte der englische Botaniker Robert Brown eine merkwürdige Beobachtung. Er beobachtete im Mikroskop Wassertröpfchen, in welchen feinste Samenkörnchen sich befanden. Diese bewegten sich hin und her, nach links und rechts, nach oben und unten; es war ein ständiges Tanzen, angetrieben durch unerklärliche Kräfte. Es konnte keine Flüssigkeitsströmung sein, die Bewegung hatte auch nichts mit der Art der Gegenstände zu tun: irgendwelche Staubpulverteilchen machten genau die gleiche Hin- und Herbewegung. Je schwerer die Teilchen waren, desto träger war ihre Bewegung. Wer ein Mikroskop besitzt, kann sich ganz leicht diese Erscheinung ansehen. Ihre Entdeckung gehört zu den Beispielen, welche die Fortschritte in der wissenschaftlichen Erkenntnis durch Verbesserung an Apparaten zeigen: als ein bestimmter Entwicklungsstand des Mikroskops erreicht war, *mußte* diese Entdeckung gemacht werden. Tatsächlich ist sie auch schon von Brown beobachtet worden; aber es war damals noch nicht sicher, ob es sich nicht um ganz gewöhnliche Strömungen im Präparat handelte. Es muß also eine bestimmte Bewegungsenergie in dem Wasser vorhanden sein, welche sich auf die festen Teilchen überträgt und so die kleinen zu schnellerer, die großen zu langsamerer Bewegung antreibt. Diese als *Brownsche Bewegung* bezeichnete Erscheinung war nun zwanglos zu deuten durch das Bild der Materie und der Wärme, welches wir gerade entwickelt hatten: die kleinsten Bausteine des Wassers, die Wassermoleküle, sind in dauernder, unregelmäßiger Bewegung und stoßen gegen die Staubteilchen — genau so wie sie gegen die Wand stoßen und damit den Druck auf die Wand hervorrufen. Und die spätere Forschung hat dann auch bewiesen, daß dieselbe Erscheinung auch Staubteilchen im Gase zeigen und daß dies Hin- und Hertanzen mit steigernder Temperatur immer lebhafter, mit abnehmender Temperatur immer langsamer wird — daß also die Bausteine der Flüssigkeit oder des Gases eine von der Temperatur abhängige Bewegungsenergie haben.

Und auch im festen Körper sind die Bausteine nicht in Ruhe, sie bewegen sich um eine mittlere Ruhelage hin und her, können allerdings auch gelegentlich einmal an eine andere Stelle kommen: auch im festen Körper gibt es eine Diffusion. Vor hundert Jahren — 1856/57 — fand diese molekular-kinetische Theorie der Materie *und* der Wärme ihre erste systematische Begründung durch A. Krönig und R. Clausius.

Nun wissen wir endlich, warum die Gase der Luft nicht auf die Erde fallen: die Bausteine der Gase, die Moleküle bewegen sich. Zwar werden sie von der Erde angezogen, aber wenn sie gerade durch Stöße anderer nach oben gestoßen werden, so wird die Fallbewegung gebremst oder sogar in eine Steigbewegung umgewandelt. Fallbewegung und Wärmebewegung überlagern sich so, daß die beständige Atmosphäre resultiert, deren Dichte mit der Höhe immer mehr abnimmt.

Ich will noch einen ganz einleuchtenden Beweis nennen: Unsere Luft besteht aus Stickstoff und Sauerstoff. Die Chemie ermittelte, daß die Sauerstoffmoleküle schwerer sind als die Stickstoffmoleküle, daß also Sauerstoff von der Erde stärker durch die Gravitationskraft angezogen wird als der Stickstoff. In der Tat nimmt die Sauerstoffkonzentration mit der Höhe schneller ab als die Stickstoffkonzentration. Wenn wir sagten, daß die Kohlensäure fällt und etwa in einer Grotte eine Schicht über den Erdboden bildet, so ist diese Schicht nicht wie eine Wasserschicht mit einer definierten Höhe zu denken; auch in ihr nimmt die Konzentration der Kohlensäure von unten nach oben ab, sobald Gleichgewicht eingetreten ist. Und das aus dem Hahn austretende Leuchtgas steigt *zunächst* in die Höhe, breitet sich aber nach einiger Zeit durch Diffusion im ganzen Raum aus und hat im Gleichgewichtszustand dann wegen der Schwerkraft am Boden die höchste Konzentration. Aber das Mengen*verhältnis* Leuchtgas zu Luft ist in der Höhe größer als am Boden. Warum es zuerst steigt, warum der mit Wasserstoffgas gefüllte Ballon zuerst steigt, warum ein Holz an die Oberfläche des Wassers steigt und dann schwimmt — auch das sind Probleme der Schwerkraftwirkung, auf die wir gleich zu sprechen kommen.

10. DIE KINETISCHE ATOMISTIK

Die Erscheinung der Brownschen Bewegung läßt uns auf eine sonderbare Art Vorgänge erkennen, welche sich in Dimensionen abspielen, die unseren Sinnen ihrer Kleinheit wegen nicht zugänglich sind. Es ist ganz ausgeschlossen, etwa auf ein zukünftiges Mikroskop zu hoffen, welches unserem *Auge* ein Bild von Atomen oder Molekülen darbietet oder auf eine kinematographische Aufnahme-Apparatur, welche die Bewegungsvorgänge der Atome oder Moleküle im Film aufnimmt. Mit unseren

Sinnen erkennen wir immer nur die Folgen der Bewegungsenergie der Atome oder Moleküle — also das Hin- und Hertanzen größerer Teilchen, die wir noch sehen können, durch die unregelmäßigen Stöße der unsichtbaren Moleküle *oder* den Druck der Gase und seine Änderung mit der Temperatur *oder* die Diffusion *oder* die Verdampfung und noch manches andere mehr. Und hieraus entwickelt unser *Verstand das Bild*, aber auch die Gesetzmäßigkeit der Bewegung der Moleküle oder Atome. Wir können sogar eine Aussage über die Eigenschaft der Teilchen machen, die wir hier Atome oder Moleküle nennen. Da sie sich bewegen, müssen sie in einem Gase nicht nur mit der Wand, sondern auch mit anderen zusammenstoßen; sie müssen also auch von der Wand wieder reflektiert werden, und ebenso bei Zusammenstößen mit ihresgleichen, so wie Billardbälle. Alle diese Zusammenstöße müssen vollständig elastisch sein, sonst würde die Bewegung ja nach einiger Zeit aufhören wie das Springen eines Gummiballs. *Für* die Erscheinungen von Druck, Diffusion, Wärme *sind* also die materiellen Bausteine *elastische* Körper; man sagt oft *Kugeln* — aber das ist gar nicht nötig, eine bestimmte Form anzunehmen, und wir wollen das auch nicht tun, weil wir genau wissen, daß manche Eigenschaften der Moleküle und Atome zeigen, daß sie keine Kugeln sind. Man soll nie einem Bild mehr hinzufügen, als erforderlich ist.

Diese Auffassung über das Wesen der Materie ist so wichtig, daß wir noch einen Augenblick dabei verweilen sollen. Wir sagten, daß die Gasmoleküle auf die Wände des sie umschließenden Gefäßes aufprallen und dabei elastisch reflektiert werden; da sie auch im Innern mit ihresgleichen zusammenstoßen, fliegen sie in allen möglichen Richtungen und mit allen möglichen Geschwindigkeiten durcheinander — aber *im Mittel* haben *alle* die gleiche Bewegungsenergie, welche nur von der Temperatur abhängt. Änderung der Temperatur bedeutet Änderung der *mittleren Bewegungsenergie — und umgekehrt*: Änderung der mittleren Bewegungsenergie bedeutet Änderung der Temperatur.

Ist die Gefäßwand wärmer als das Gas, so erhalten die Gasmoleküle bei der Reflexion von den Molekülen der Wand eine zusätzliche Bewegungsenergie: das Gas erwärmt sich, aber die Wand kühlt sich ab — *so lange*, bis die mittlere Bewegungsenergie der Moleküle von Wand und Gas gleich, also bis Temperaturausgleich erfolgt ist. Das nennen wir die Wärmeübertragung durch Wärmeleitung.

Noch ein Beispiel: Wir wissen aus Erfahrung, daß ein nasser Körper allmählich trocknet — weil die Feuchtigkeit verdampft; dabei beobachtet man eine Abkühlung. In der Medizin benutzt man schnell verdampfende Flüssigkeiten wie Äther und Chloräthyl zur schnellen, starken Abkühlung. Warum tritt diese auf? Die Verdampfung besteht darin, daß Moleküle aus der Flüssigkeit in den Dampfraum eintreten, sie brauchen dazu eine hinreichende Bewegungsenergie, um sich aus dem

Zusammenhalt zu lösen, um die Barriere der Oberfläche zu durchbrechen. Es ist selbstverständlich, daß die Moleküle, welche gerade einmal größere Bewegungsenergie haben, dies besser können, also eher fortfliegen als die gerade langsameren. Wenn aber die schnelleren Moleküle fortfliegen, so wird die *mittlere* Geschwindigkeit der in der Flüssigkeit verbleibenden kleiner — d. h. aber, die Flüssigkeit kühlt sich *durch Verdampfung* ab.

Wenn wir aus dem Bad steigen, frösteln wir meistens — und zwar besonders stark am heißen trockenen Sommertag, wenn etwas warmer Wind weht, dagegen am wenigsten, wenn die Luft kalt und feucht ist. Warum? Das auf dem Körper sitzende Wasser verdampft, es bildet sich also eine Dampfwolke. Je wärmer die Luft ist, desto mehr Feuchtigkeit kann sie aufnehmen, desto größer wird also die verdampfte Menge und damit die Temperaturabnahme sein. Streicht nun auch noch Wind über den Körper, so nimmt dieser die Dampfwolke weg und die Verdampfung und damit die Abkühlung geht immer weiter. Ist dagegen die Luft kalt, so nimmt sie nur wenig Dampf auf und die Abkühlung des Körpers bleibt klein. — Es gibt eine ganze Anzahl bekannter Erscheinungen, welche nach den gleichen Prinzipien ihre physikalische Deutung finden. Wann empfinden wir im Sommer die unangenehme Schwüle? Wenn es heiß ist *und* die Luft einen hohen Gehalt von Wasserdampf hat; denn dann kann der aus den Poren austretende Schweiß nicht mehr verdampfen, weil die Luft keine weitere Feuchtigkeit aufzunehmen vermag; „Schwüle" ist immer die Folge hoher atmosphärischer Feuchte. Umgekehrt ist trockene Hitze leicht zu ertragen: der Schweiß verdampft und kühlt dabei die Haut ab; unter diesen Verhältnissen ist daher die „Erkältungsgefahr" groß, nicht aber bei Schwüle. — Im Treibhaus entsteht die warme, schwüle Luft dadurch, daß das Sonnenlicht durch die Glasscheiben einfällt und nun Boden und Pflanzen erwärmt. Die Folge ist eine Verdampfung des Wassers so lange, bis die Treibhausluft gesättigt ist; da weder die Feuchtigkeit noch die am Boden erwärmte Luft durch die geschlossenen Fenster entweichen kann, wird die Luft warm und mit Wasserdampf gesättigt und bleibt es bei weiterer Erwärmung durch die eingestrahlte Sonne. Auch die Fensterscheiben erwärmen sich, weil sie nicht alle Sonnenstrahlen hindurchlassen, sondern einen Teil derselben absorbieren. Verschwindet die Sonne, so kühlen sich die Scheiben ab, an ihnen kondensiert sich der Wasserdampf zu Tropfen.

Nebenbei bemerkt: warum ist die *Luft* denn warm, wenn die Sonne scheint? Die Luftgase Sauerstoff und Stickstoff sind für die Sonnenstrahlung vollständig durchsichtige Körper, können sich also nicht durch diese erwärmen. Ihre hohe Temperatur kommt nur vom erwärmten Boden, von Häuserwänden oder Bäumen, welche durch Sonnenstrahlung erwärmt werden und Wärmeenergie an die über ihnen liegende Luft abgeben. Ehe dies in genügendem Maße geschehen, ist trotz starker Sonnenstrahlung die „Luft noch kühl".

Vielleicht ist zum Abschluß dieser Beobachtungen noch eine Bemerkung über die Atmosphäre zweckmäßig: weil die einzelnen Luftmoleküle einmal größere, einmal kleinere Bewegungsenergie haben, so können sie mehr oder weniger gegen die Schwerkraft steigen. Dieses gibt genau die beobachtete Abnahme des Drucks mit der Höhe.

Von einem Ende der Atmosphäre kann man nicht sprechen, sie geht kontinuierlich in den Weltenraum über. Wir sind durch die laufend verbesserten Forschungen *über unsere Atmosphäre* bis zu einigen hundert Kilometer Höhe schon ganz gut, bis zu etwa 30 km sogar sehr genau unterrichtet. Ein sehr sonderbares Ergebnis war, daß bis zu etwa 15 km Höhe die Zusammensetzung der Luft sich nicht ändert, obwohl doch der schwerere Sauerstoff sich unten anreichern sollte; das ist in größeren Höhen auch der Fall: aber in den Schichten bis zu 15 km deshalb nicht, weil durch weit ausgedehnte Luftbewegungen die Luft immer wieder durchmischt wird. Ehe man dies wußte, mußte man mit Schwierigkeiten beim Höhenflug rechnen, weil nämlich die Verbrennungsmotoren nicht genügend Sauerstoff hätten. Die Analyse der Luft — man holt mit kleinen Freiballonen Luftproben zur Erde — hat uns von dieser Sorge befreit, erst oberhalb 25 km beginnt sich die Entmischung auszuwirken.

11. ROBERT MAYER UND DER ENERGIESATZ

Die hier entwickelte Atomistik wird oft als die klassische physikalische Atomistik bezeichnet. Sie beruht auf der Annahme selbständiger materieller Bausteine der Materie, welche in Bewegung sind. Ihre Bewegungs*energie* bedingt die Zustandsgröße, welche wir *Temperatur* nennen. Die *Änderung der Temperatur* wird also durch *Änderung der molekularen Bewegungsenergie* erreicht oder, wie man kurz sagt, durch Wärme oder Wärmeenergie. Genau das gleiche gilt auch makroskopisch: Durch Änderung der Bewegungsenergie makroskopischer Körper bei der Reibung wird Wärme erzeugt, die erste Grundlage für das *Gesetz der Erhaltung der Energie*; in der Tat hat dieses Gesetz auf die Begründung der physikalischen Atomistik einen entscheidenden Einfluß gehabt.

Es wurde 1842 durch den Heilbronner Arzt Julius Robert Mayer aufgestellt. Er war der erste, welcher das *Prinzipielle* bei den Umwandlungen aller Energieformen ineinander erkannte und zum Ausdruck brachte: Es kann keine Arbeit, welcher Art sie auch immer sei, *geleistet* werden, ohne einen gleichgroßen Betrag von Arbeit zu *verwenden*.

Dieser J. R. Mayer gehört zu den interessantesten Gestalten der Geistesgeschichte. Er war Arzt — ohne jede tiefere physikalische oder mathematische Vorbildung: mit 26 Jahren fährt er als Schiffsarzt nach Ostindien, studiert auf der Reise die Physiologie des Blutes. Auf der Reede von Surabaya durchfahren ihn „einige Gedankenblitze": „ich fühlte mich in manchen Stunden gleichsam inspiriert, wie ich mich zuvor oder später nie an etwas ähnliches erinnern kann". Er kehrt zurück mit einem „System der Physik". Nun beginnt die Ausarbeitung seiner Idee, „daß nichts aus Nichts werden kann, daß nichts zu Nichts werden kann". Noch ehe er völlige Klarheit hat, schickt er dem Chemiker Justus Liebig eine kurze Abhandlung mit dem Titel „Bemerkungen über die Kräfte der unbelebten Natur", in welcher das Prinzip „causa aequat effectum" — „die Ursache ist so groß wie der Effekt" — dargelegt und der Umsatz von Wärmeenergie in mechanische Bewegungsenergie, den wir heute das „mechanische Wärmeäquivalent" nennen, zahlenmäßig berechnet wird. Da Liebig sich kurz vorher gegen die geheimnisvolle „Lebenskraft" der damaligen Physiologie gewendet hatte, so glaubte Mayer bei ihm Verständnis für seine Idee zu finden. Die Arbeit blieb (und war auch!) lange Zeit unverständlich. Jetzt erst studiert Mayer mit Hilfe von Freunden Physik; 1845 veröffentlichte er das nach wenigen Jahren berühmt gewordene Buch mit dem völlig unverständlichen Titel: „Die organische Bewegung in ihrem Zusammenhang mit dem Stoffwechsel." Mayer machte es den anderen reichlich schwer, seine Gedanken zu verstehen; er machte es damit sich selber schwer, sich durchzusetzen. Aber schon 1850 begründet der berühmte Clausius seine Wärmetheorie in erster Linie mit dem Prinzip von J. R. Mayer. Drei Jahre vorher hatte Hermann Helmholtz „das Gesetz von der Erhaltung der Kraft" unabhängig von Mayer physikalisch-mathematisch abgeleitet — zunächst auch ohne Anerkennung. Seit nunmehr 100 Jahren ist „das Gesetz der Erhaltung der Energie" (wie wir heute sagen) die Grundlage für die Physik, man kann fast sagen: alle Gebiete, in denen dieses Gesetz gilt, gehören in den Bereich der Physik. Es ist wahrscheinlich nicht zu viel gesagt: diese Erkenntnis wurde die Grundlage des physikalischen Weltbildes, des physikalischen Denkens. Es hat einen nicht geringeren Einfluß auf unsere „Weltanschauung" ausgeübt, als das heliozentrische Weltbild des Copernikus und seine Begründung durch Kepler und Newton.

Auf dem Gebiet der Mechanik war dieses Prinzip schon längere Zeit als richtig erkannt worden; die Übertragung auf die Erzeugung von Wärme durch *Reibung* — also durch Verlust von kinetischer Energie — hatte sich aber trotz umfassender Versuche, welche Graf Rumford um 1800 in München anstellte, — nur langsam durchsetzen können: Man konnte nicht verstehen, daß zwei so verschiedenartige Vorgänge wie die Bremsung eines Wagens und die Erwärmung der Bremsen sich ineinander umsetzen sollen — und zwar gesetzmäßig, so daß durch die gleiche Bremsarbeit immer die gleiche Wärmemenge erzeugt wird, ganz gleichgültig wie, wo, welcher Stoff oder in welchem Medium! Schon Rumford hatte gefolgert, daß eben auch die Wärme *kein* Stoff sei, wie man dachte, sondern ein innerer Bewegungsvorgang sein müsse; aber erst Krönig und Clausius brachten 1856—57 mit der kinetischen Atomistik und ihren von uns besprochenen Beweisen diese Vorstellung zu einem ersten Abschluß.

Über den Grafen Rumford, einen ungewöhnlichen Menschen, müssen wir ein paar Worte sagen. Er stammte aus einer nach Amerika ausgewanderten englischen Familie, er hieß ursprünglich Benjamin Thompson, geboren in Rumford. Er war Autodidakt; er mußte aus politischen Gründen aus Amerika fliehen, wurde schon in jungen Jahren in England Staatssekretär für die Kolonien, kam mit militärischen Aufgaben 1784 nach München zum Kurfürst Karl Theodor. Hier machte er seine hervorragenden wissenschaftlichen Arbeiten; daneben machte er Erfindungen für Heizung, Beleuchtung und Kochgeräte, um das Leben der Armen zu verbessern, er erfand das „Eintopfessen", die sogenannte Rumfordsuppe, er führte die Kartoffel als Volksnahrungsmittel in Bayern ein und schuf den Münchener Englischen Garten. 1802 mußte er wieder aus politischen Gründen auch Bayern verlassen und ging nach Paris zu Napoleon.

Nun ist aber der Satz der Erhaltung der Energie, oder wie man kurz sagt, der Energiesatz nicht auf mechanische Vorgänge beschränkt. Denken Sie nur wieder an die Bremse: wird eine sehr große Bewegungsenergie abgebremst, so wird die Bremse glühend, d. h. so heiß, daß sie Licht aussendet, daß sie strahlt. Diese Strahlung zeigt aber auch ein stark geheizter Ofen, mindestens einmal die (wie man sagt) brennenden Kohlen; auch sie sind heiß — und woher? Weil bei der Verbrennung von Kohle, d. h. bei der Verbindung von Kohlenstoff mit dem Sauerstoff der Luft, also bei einem chemischen Vorgang, Wärmeenergie entsteht: sie ist aus chemischer Energie entstanden. Die Strahlung des Ofens fühlt man aus der Ferne als Wärme: weil unser Körper für diese Strahlung undurchsichtig ist, wird sie von ihm aufgenommen und in ihm wieder in Wärmeenergie umgesetzt. Diese Strahlung ist nun *kein* materieller Vorgang mehr; zwar entsteht sie *in* Materie und wirkt *auf* Materie — aber sie selbst hat keine materiellen Eigenschaften. Sie ist eine neue Energieform.

In unseren Glühlampen erzeugt der elektrische Strom Wärme und Licht; die elektrische Energie wird in Wärmeenergie und Lichtenergie umgesetzt. Die elektrische Energie wird in der Dynamomaschine aus Bewegungsenergie erzeugt, diese kann in der Antriebsturbine durch die Bewegungsenergie des fallenden Wassers oder eines Dampfstromes erzeugt werden; mit der elektrischen Energie kann ich aber auch einen Elektromotor antreiben und somit diese elektrische Energie wieder in Bewegungsenergie umformen.

12. KRAFT UND ENERGIE

Vielleicht lohnt es sich, noch etwas über diesen Satz der Erhaltung der Energie zu sprechen; denn er ist von vielen noch immer nicht recht verstanden, obwohl er doch auch das Grundgesetz für alle Arbeitsvorgänge darstellt; nur so ist verständlich, daß sich immer noch Menschen mit der Konstruktion eines „perpetuum mobile" befassen und Geisteskraft, Geld und allzuoft auch Lebensglück opfern. Nehmen Sie sich einmal eine Schnur, befestigen Sie am unteren Ende einen Stein und hängen Sie das obere Ende an einen Nagel. Heben Sie jetzt den Stein an und lassen ihn los, so fällt er wieder nach unten: die Schwerkraft zieht ihn herab. Nun ziehen Sie den Stein zur Seite, so daß der Faden dauernd gespannt bleibt: dann wird der Stein auch gehoben; lassen Sie ihn los, so machen Stein und Faden eine *Pendelbewegung*; der Stein „fällt", „schwingt" aber über die vertikale Fadenlage hinüber, steigt auf der anderen Seite ziemlich genau so viel hoch, wie er vorher gehoben war; dann schwingt er wieder zurück und das Spiel geht so weiter. Man sagt, die Energie der (höheren) Lage — die „potentielle "Energie — hat sich in Bewegungsenergie — die „kinetische Energie" — umgesetzt, wenn er zum tiefsten Punkt gekommen ist; dann verwandelt sich diese beim Steigen wieder in Energie der Lage usw. Christian Huygens hat hiermit 1657 die erste Penduluhr gebaut. — Aber nach einiger Zeit schwingt das Pendel immer weniger bis es schließlich zur Ruhe kommt: ein Teil der Bewegungsenergie verwandelt sich bei jeder Schwingung durch Reibung des Steines in der Luft, durch Reibung des Fadens am Nagel in Wärme. Mit feinsten Instrumenten kann man das messen. Diese Reibungswärme verteilt sich dann immer mehr auf die Umgebung; und wenn schließlich das Pendel zur Ruhe gekommen ist, hat das ganze Weltall so viel Zuwachs an Energie erhalten, als zum ersten Anheben des Pendels aufgewendet wurde: die anfängliche im Stein enthaltene potentielle Energie ist über riesige Räume verteilt, zerstreut worden.

Wir können nun das Galilei-Newtonsche Trägheitsgesetz, daß ein Körper seinen Bewegungszustand beibehält, wenn nicht eine neue Kraft auf ihn wirkt, auch energetisch fassen. Durch die Wirkung einer Kraft, welche eine Masse über eine bestimmte Strecke beschleunigt und dann aufhört, erhält diese Masse Bewegungsenergie. Diese ist gleich dem Produkt *Kraft* und Beschleunigungs*strecke*. Sie kann nur geändert werden durch die erneute Arbeitsleistung einer Kraft; die Änderung der Energie tritt dann in irgend einer anderen Energieform in Erscheinung. Steht der Bewegung der Masse eine Reibungskraft entgegen — wir wollen gleich ein praktisches Beispiel nehmen — etwa durch die an eine Wagenachse angelegte Bremse, so kommt der Wagen in Ruhe, wenn er einen so langen Weg noch gelaufen ist, daß dieser mal der Reibungs-(Brems-)Kraft gleich der ursprünglichen Bewegungsenergie des Wagens ist;

diesen Weg bezeichnet man in der Technik als den *Bremsweg* des Wagens.

Allein schon wegen der nicht vermeidbaren Reibung kann also eine einmal in Gang gebrachte Maschine nicht dauernd weiterlaufen. So „verliert" auch das aus einem Stausee in die im Tal stehende Turbine fallende Wasser einen Teil seiner Energie durch Reibung, nur die Differenz ist „nutzbare" Energie.

Aber nehmen wir einmal an, es gelänge, die Reibung durch einen besonderen Mechanismus immer kleiner und kleiner zu machen: *grundsätzlich* ist gar nichts damit gewonnen. Wenn ein Automobilmotor angelassen, aber noch nicht an das Getriebe des Wagens angekuppelt ist, so muß man ihm ein *wenig* Brennstoff zuführen, damit er weiterläuft: eben gerade so viel, als die Überwindung der Reibung erfordert. Kuppelt man ihn jetzt ein, setzt sich nicht der Wagen in Bewegung, sondern der Motor bleibt stehen. Die Verbrennungsenergie genügt nicht, um auch dem Wagen kinetische Energie zu erteilen. — Eine gut gebaute Dynamomaschine, einmal angelassen, läuft wegen ihrer kleinen Reibung lange weiter; schaltet man aber eine Glühlampe ein, so bleibt sie stehen! Denn jetzt fließt ein elektrischer Strom durch die Lampenleitung, in ihr wird elektrische Energie verbraucht, also der Dynamomaschine entnommen; soll sie dauernd Energie abgeben, so muß ihr dauernd Energie zugeführt werden, z. B. durch einen Elektromotor oder durch die vom fallenden Wasser angetriebene Turbine — nicht anders als beim Mühlrad, welches das Korn auch nur dann über die Mühlsteine mahlt, wenn genügend „Wasserenergie" auf das Rad übertragen wird, so daß die Zerkleinerungsarbeit und die Reibungsarbeit zwischen den Steinen geleistet werden kann.

Was an diesen Beispielen uns anschaulich vor Augen steht — weil wir die makroskopischen Bewegungen sehen, die Reibungswärme spüren können — das gilt auch für Vorgänge, deren Ablauf nicht unseren Sinnen, wohl aber unseren Instrumenten oder unserem geschulten Verstand wahrnehmbar ist. Wenn wir heute die langen, hellweißen Leuchtröhren sehen, so ist dieses Energie, die in elektrischer Form zugeführt, sich in ultraviolette Lichtenergie des Quecksilberdampfes innerhalb der Röhre umsetzte, worauf diese wieder in der weißen Belegung (Kristalle besonderer Art) sich in sichtbares Licht „verwandelt", durch einen als Fluoreszenz bezeichneten Vorgang. Die Röhre wird ein wenig warm: also geht ein Teil der zugeführten elektrischen Energie in Wärmeenergie über und damit für die Beleuchtung verloren; es ist ein *technisches* Problem, Materialien, Bau und Betriebsart so zu wählen, daß möglichst wenig in Wärme und möglichst viel in Licht umgesetzt wird. Hundertprozentig ist dieser Umsatz *nie*; d. h. nicht, daß der Energiesatz nicht gilt, sondern daß ein Teil der hineingesteckten Energie in die (in diesem Fall unerwünschte) Form der Wärmeenergie umgesetzt wird.

13. DAS MECHANISCHE WÄRMEÄQUIVALENT

Wenn wir hier und noch an vielen anderen Stellen die Bedeutung des Energieerhaltungssatzes betonen, so könnte ich mir denken, daß die Frage gestellt wird, auf welchem Wege denn der Arzt Robert Mayer zu dieser tiefen Erkenntnis kam. Man muß drei Schritte seines Weges unterscheiden. Der erste war jener „Gedankenblitz", ausgelöst durch seine Beobachtung über die Veränderung des Blutes seiner Matrosen beim Übergang in die tropischen Zonen, daß sich die äußere Wärme in einen physiologischen Vorgang im Körper umsetzte, daß dieses nur ein Fall eines allgemeinen Gesetzes sein müßte; daß jeder Vorgang eine Ursache habe, war ja wohl keine neue physikalische Idee; aber daß in jeder *Ursache* ein *Wert* stecke, welcher in der *Folge* zwar in anderer Erscheinung, aber wertmäßig in gleicher Bedeutung enthalten sei, das war das Neue, was ihn faszinierte. Der zweite Schritt war die zahlenmäßige Berechnung eines solchen Umsatzes; hierfür wählte Mayer die bekannteste Umsetzung von Wärme in mechanische Arbeit, von (wie wir heute sagen) Calorien in Meterkilogramm (oder in Kilowattstunden); anders ausgedrückt: er berechnete die in jeder Zeiteinheit, „laufend", aufzuwendende Heizungsenergie, um eine Maschine zu haben, welche laufend eine bestimmte mechanische Arbeit liefert. Man kannte ja die Dampfmaschine, das Dampfschiff, die Lokomotive; aber die Vorgänge waren zu kompliziert, um sie einzeln zu erfassen. So suchte und fand er eine solche Umsetzung, die wirklich einfach war. Um z. B. einen Liter eines Gases um $100°$ C zu erwärmen, braucht man eine gewisse Wärmemenge. Das Gas muß dazu in einem Gefäß eingeschlossen sein; es ist ja bekannt, daß sich dabei der Druck des Gases erhöht (ein zu stark geheizter abgeschlossener Kessel explodiert!). Macht man aber eine Wand dieses Gefäßes beweglich — so wie es der Kolben in einem Automobilzylinder ist —, so wird bei der Erwärmung des Gases dieser Kolben fortgedrückt, der Druck steigt nicht, aber das Volumen des Gases vergrößert sich; der Kolben drückt gewissermaßen die äußere Atmosphäre zurück. Nun wußte man, daß in diesem Fall erheblich mehr geheizt, mehr Wärmeenergie zugeführt werden mußte, um die gleiche Temperaturerhöhung zu erhalten; warum — das war nicht verstanden. Robert Mayer schloß: diese Ausdehnungsarbeit gegen die äußere Atmosphäre braucht ebensowohl Wärmeenergie wie die Temperaturerhöhung. Was in Calorien mehr zugeführt, erscheint in der Form der mechanischen Wärmeausdehnung in mechanischer Bewegungsarbeit. Und hiermit berechnete er den Umsetzungsfaktor, das *mechanische Wärmeäquivalent* oder das Arbeitsäquivalent der Wärmeeinheit. Das war der entscheidende Schritt, der immer ein Musterbeispiel für eine klare, alle Bedingungen überschauende quantitative physikalische Überlegung sein wird.

Der dritte Schritt war die Folgerung, daß das, was hier für Wärme und mechanische Arbeit gezeigt wird, für alle Umsetzungen von Energien gelten muß. Jetzt war wieder die Phantasie, die Intuition vorherrschend, aber gezügelt durch das Gesetz der Erhaltung als Energie. Eine der interessantesten Fragen, die er stellte, war die nach der Herkunft der Sonnenenergie. Schon trat in jenem sonderbaren Geiste die Frage auf, ob mit der dauernden Abgabe von Strahlungsenergie sich nicht die Masse der Sonne ändern würde! Mayer konnte das alles nur qualitativ machen; die quantitative Begründung des allgemeinen Energiesatzes für die „klassische" Physik hat Hermann Helmholtz in seiner Schrift „Über die Erhaltung der Kraft" 1847 gegeben.

Zahlenmäßig kann das mechanische Wärmeäquivalent so ausgedrückt werden: Wenn eine mechanische Arbeit von 427 mkg vollständig zur Erwärmung von Wasser gebraucht wird, so wird 1 Liter Wasser gerade um 1° C erwärmt. Diese Wärmemenge bezeichnet man als 1 große Calorie. 427 mkg entspricht der Arbeit, welche das Fallen von 427 kg über einen Meter leistet.

14. ENERGIESATZ UND SONNENSYSTEM

Alle Energieformen lassen sich also durch geeignete Vorrichtungen ineinander umsetzen — aber es kann dabei keine Energie gewonnen und keine Energie verloren werden. Es gibt kein perpetuum mobile, keine Vorrichtung, die Arbeit leistet, Energie abgibt, ohne daß *mindestens* die gleiche Energie hineingesteckt ist. Es ist ein durch die Erfahrung immer wieder bestätigtes Prinzip; jeder Versuch, es zu umgehen, ist zwecklos.

Bei der Behandlung des Gravitationsproblems zeigten wir, daß die *Gravitationskraft* in gleicher Weise zwischen Massen auf unserer Erde wie zwischen Sonne und Planeten und zwischen Planeten und ihren Monden wirkt. Gilt das *Energiegesetz auch* außerhalb unserer „Maschinen" — gilt es in der Welt? Anders gefragt: Woher erhält die Sonne ihre Energie, welche sie uns zustrahlt, so daß aus Sonnenenergie auf der Erde die Erwärmung, die Verdampfung des Wassers, die Winde und somit auch die Bewegungsenergie des fallenden Wassers entsteht; denn das Wasser wird ja vom Meere aus durch die Sonnenenergie verdampft, in die Höhe gehoben; es erhält also von ihr seine potentielle Energie, welche dann in unseren Maschinen in elektrische, Wärme-, Lichtenergie umgesetzt wird. Und Sonnenenergie läßt unsere Pflanzen wachsen, sie hat also die Kohlenvorräte geschaffen, mit denen wir wieder andere Energieformen herstellen.

Gilt auch für die Sonnenwärme der Energiesatz, ist auch dort eine „Energiequelle"? Eine solche Frage war sinnlos, ehe das irdische Energiegesetz erkannt war — und in der Tat hat Robert Mayer diese Frage als erster als eine physikalische Frage gestellt. Es war eine ähnliche Lage, wie sie zu Keplers Zeit für das Problem der Kräfte der Himmelskörper aufeinander bestand. Kepler war zu der Überzeugung gekommen, daß die Sonne die Quelle einer Zentralkraft sein müsse, welche die Planeten auf ihre Bahn hält. Ihm war es nur vergönnt, die Gesetze der Bewegung derselben zu ergründen, nicht aber diese Kraft. Diese Frage wurde erst durch Newton mit dem Gravitationsgesetz gelöst. Und wie diese Klärung von Kepler bis Newton fast 80 Jahre brauchte, so vergingen ebenfalls rund 60 Jahre, bis die Robert Mayersche Frage durch Einstein prinzipiell beantwortet und in unserer Zeit auch experimentell geklärt wurde: — es ist Massenenergie oder Kernenergie, welche die Sonne heizt, und das Energieäquivalent der Sonnenstrahlung ist eine Abnahme der Sonnenmasse (s. Teil 60).

Wir berühren hiermit schon die moderne Entwicklung der Atomtheorie, für deren Behandlung wir noch nicht vorbereitet sind. Aber die grundsätzliche Frage der Massenenergie ist *nicht* mit dieser verbunden; sie hat nur eine sichere Methode zu ihrer Bestimmung und Wege zu ihrer technischen Ausnutzung geliefert. Die *Erkenntnis*, daß auch das, was wir Massen nennen, eine bestimmte Form der Energie darstellt, ist *unabhängig von der atomistischen Theorie*; sie ist ein — vielleicht *das* wichtigste — Ergebnis der speziellen Relativitätstheorie. In der Sonne verwandelt sich dauernd ein Teil ihrer Masse in die Wärmeenergie, welche als Strahlung von der Sonne ausgeht.

Wir wurden bei unseren bisherigen Betrachtungen zu einer bestimmten Anschauung über die Materie geführt; sie besteht — ganz unabhängig, ob fest, flüssig oder gasig — aus einzelnen Bausteinen, Atomen oder Molekülen, welche in steter Bewegung sind; die Bewegungsenergie liefert die Temperatur; die Bausteine aller Sorten von Materie haben bei gleicher Temperatur die gleiche kinetische Energie.

Ehe wir nun die weitere Entwicklung der Atomistik behandeln, müssen wir noch einige Probleme und Erscheinungen besprechen, welche wir bisher nur angedeutet hatten: in Sonderheit Fragen der Wärme.

15. TEMPERATUR UND WÄRMEENERGIE

Wir hatten eine Anzahl von Wärmeerscheinungen nach der atomistischen Betrachtungsweise besprochen, weil nur diese uns zu grundsätzlichen Ergebnissen führt. Bei vielen *makroskopischen* Erscheinungen genügt aber schon eine allgemeine energetische Betrachtung. „Makroskopisch" heißt nämlich, daß sich die Überlegung auf das gemeinsame *mittlere* Verhalten einer sehr großen Anzahl von Molekülen beschränkt; deshalb braucht das individuelle Verhalten einzelner Moleküle, etwa ihre

Stöße oder die zeitlichen Schwankungen ihrer Geschwindigkeit und damit ihrer Bewegungsenergie um einen Mittelwert gar nicht berücksichtigt
zu werden. Hierin kommt übrigens ein allgemeines Prinzip zur Geltung:
*eine energetisch-richtige Betrachtung ist unabhängig von den Annahmen,
welche man über die Einzelprozesse macht; sie führt aber natürlich auch
nur zu energetischen Mittelwertaussagen.*

Der Zustand eines Körpers, welchen wir seine „Temperatur" nennen,
kann durch Zufuhr (oder Abfuhr) von Energie geändert werden. Die
Energieform sei Wärmeenergie in folgendem Versuch: Wir führen zwei
gleichen Massen verschiedener Körper, z. B. 1 kg Aluminium und 1 kg
Blei durch Heizen die gleiche Wärmeenergie zu; beide erwärmen sich,
aber (in runden Zahlen!) das Kilogramm Aluminium 7mal weniger als
das Kilogramm Blei —; 1 kg Wasser erwärmt sich noch 5mal weniger,
also 35mal weniger als 1 kg Blei. Wenn die Temperaturerhöhung des
Wassers gerade 1° C ist, so ist die des Aluminiums 5° C und die des
Blei 35° C — alles durch die gleiche Wärmemenge. Die sich hier zeigende
Materialabhängigkeit der Erwärmung unter gleichen Bedingungen wird
als die spezifische Wärme eines Körpers bezeichnet. Da sie auf die
speziellen Unterschiede, welche in den Materialien liegen, gar nicht ein-
geht, nennt man eine Größe wie die spezifische Wärme eine „phänomenologische Größe". Die spezifische Wärme von Wasser wird (willkürlich) als Einheit genommen: es ist die berühmte Calorie, das Maß
für Wärmeenergie; so ist die spezifische Wärme von Aluminium $^{1}/_{5}$
(genau 0,214) und die von Blei $^{1}/_{35}$ (genau 0,03).

Ich kann es nun doch nicht unterlassen, diese sonderbaren Unterschiede in der spezifischen Wärme „atomistisch" zu erklären. Wodurch
unterscheidet sich denn 1 kg Aluminium von 1 kg Blei rein physikalisch-
atomistisch? Das *Atomgewicht* (also auch die Masse *eines* Atoms) von
Blei ist rund 7mal größer als das von Aluminium. Also enthält 1 kg
Aluminium etwa 7mal mehr Atome als 1 kg Blei (so wie 1 Pfund Kirschen
mehr Stücke als 1 Pfund Äpfel!). Und damit ist das Rätsel gelöst und
gleichzeitig eine wunderschöne Stützung der atomistischen Wärme-
betrachtungen gefunden: ein Grad Temperaturänderung bedeutet nach
den früheren Ableitungen eine bestimmte Änderung der mittleren kinetischen Energie jedes Atoms; um 1 kg um 1° C zu erwärmen, muß also
um so mehr Energie zugeführt werden, je mehr Atome im Kilogramm
sind.

Wir wollen Wasser in einem Topf erwärmen und seine Temperatur
mit dem Thermometer messen; dieses Gerät ist ja bekannt: die im
unteren Vorratsgefäß befindliche Quecksilber- oder auch (meist rot gefärbte) Alkoholmenge dehnt sich bei Erwärmung aus und steigt deshalb
im Glasrohr in die Höhe. Das Wasser wird wärmer — jedes Kilogramm
um 1° C per zugeführte Calorie — und beginnt bei etwa 100° C zu sieden;

es steigen Dampfblasen aus dem Innern auf, der Wasserdampf verdrängt die Luft oberhalb der Oberfläche. Wir heizen weiter, *aber die Temperatur steigt nicht* mehr, dafür verwandelt sich die Flüssigkeit in Dampf. Das ist wieder die Verdampfungswärme, zu der uns schon atomistische Betrachtungen geführt hatten, — hier einfach als die Energiedifferenz zwischen flüssigem und dampf- (oder gas-)förmigem Zustand des Wassers in Erscheinung tretend. Kondensiert sich der Wasserdampf wieder zu Nebeltröpfchen, so wird diese Energie wieder abgegeben — das Prinzip der Dampfheizung: im Kessel wird die Verdampfungswärme aus der Feuerung zugeführt, im Zimmerheizkörper wird sie abgegeben, das gebildete Kondenswasser fließt zurück.

Die Verdampfungswärme des Wassers ist außerordentlich groß, über 500 Calorien werden gebraucht, wenn 1 kg Wasser bei 100° C in Dampf umgewandelt wird, und genau so viel wird auch abgegeben bei der Kondensation. Wir wollen uns diese anormale Eigenschaft des Wassers merken.

Nun kühlen wir Wasser ab, z. B. indem wir es in eine Kältemischung setzen; das Thermometer sinkt bis 0° C und dann nicht mehr, so stark wir auch kühlen. Dafür beginnt das Wasser zu kristallisieren, sich in Eis von 0° C zu verwandeln. „Kühlen" heißt Wärmeenergie entziehen; das Eis hat also weniger Wärmeenergie als Wasser; deshalb wird zum Schmelzen des Eises Wärme benötigt, verbraucht. Erst wenn alles Wasser gefroren ist, kühlt das Eis wie jeder Körper bei Wärmeentzug sich ab. Schnell eine atomistische Bemerkung: die geordnete Anordnung der Atome im festen Körper geht durch Energiezufuhr in die wenig geordnete, aber noch zusammenhängende Flüssigkeit über, diese wieder durch Energiezufuhr in den vollständig ungeordneten Dampfzustand. Beim umgekehrten Vorgang Dampf—Flüssigkeit—Kristall werden die gleichen Energien oder Wärmemengen abgegeben. — Auch die Schmelzwärme des Eises (oder die zu entziehende Gefrierwärme des Wassers) ist abnorm groß, sie beträgt pro Kilogramm 80 Calorien.

16. GEFRIEREN UND SCHMELZEN

Beobachtet man den Gefriervorgang genauer, so sieht man wieder eine ganz anormale Erscheinung: schon beim Unterschreiten von 4° C fängt das Wasser an, sich auszudehnen und beim Gefrieren tut es das noch viel stärker. Es ist ja wohl bekannt, daß Felsen gesprengt werden, wenn Wasser in seinen Spalten gefriert; das ist der Grund für das „Verwittern" von Steinen und für die „Frostausbrüche" schlecht gebauter Landstraßen; eine gefüllte Flasche platzt, wenn das Wasser in ihr gefriert. Bei dem Gefrieren beobachtet man, daß die gebildeten Eisstücke auf der Oberfläche schwimmen: wegen der Ausdehnung ist das Eis „spezifisch leichter" als das Wasser. Wir wollen gleich noch eine hiermit ursächlich verbundene Erscheinung erwähnen: drückt man mit einem Holzstempel fest auf ein Stück Eis, so schmilzt es oder — in bekannterer Form dargestellt —: drückt man Eiskristalle, z. B. auch Schnee fest zusammen, so schmelzen sie aneinander, weil an den Druckstellen sich Wasser bildet, seitlich entweicht und dann wieder gefriert. In dieser Erscheinung kommt ein wichtiges Prinzip zur Geltung. Wenn man einen Körper unter Druck setzt, so wird sein Volum verkleinert; für das Eis bedeutet das: es wird mechanisch auf *das* kleinere Volum zusammengedrückt, welches es hatte, ehe es gefroren war (denn dabei hatte es sich ja ausgedehnt). Das Eis sperrt sich also nicht gegen den Druck, sondern gibt nach dadurch, daß es einfach schmilzt. Das ist *das „Prinzip des kleinsten Zwanges"* oder — der Klügere gibt nach! Auch das ist ein Naturgesetz.

Ich habe diese merkwürdigen Eigenschaften des Wassers auch deshalb etwas breiter behandelt, weil sie uns mancherlei Aufschlüsse über Naturerscheinungen geben. Es ist doch eigentlich merkwürdig, daß es tagelang recht kalt sein kann, ehe ein See beginnt zu gefrieren. Die Abkühlung erfolgt durch die über die Oberfläche streichende kalte Luft. Da die spezifische Wärme des Wassers sehr groß ist, muß diese Luft viel Wärme fortnehmen, ehe das Wasser sich merklich abkühlt; aus gleichem Grunde kann sich viel kalte Luft über warmem Wasser erwärmen: in Seegebieten, am Meer sind die Temperaturschwankungen kleiner, das Winterklima ist mild und „gemäßigt". Hat sich die Oberfläche auf 4° C abgekühlt, so sinkt das spezifisch schwere Wasser in die Tiefe; das in ihr noch nicht gekühlte warme Wasser steigt nach oben, das in die Tiefe sinkende Wasser erwärmt sich erneut am Seeboden. Und wenn dann endlich irgendwo 0° C erreicht wird, so steigt das sich bildende Eis an die Oberfläche, bildet zuerst dort eine geschlossene Decke, die nun ganz langsam nach unten wächst, falls oben weiterhin durch Abkühlung Wärme abgeführt wird. Organismen in der Tiefe des Sees bleiben im allgemeinen vor dem Einfrieren bewahrt.

Das Entsprechende gilt im Sommer: die über die noch kältere See streichende warme Luft heizt nur sehr langsam das Wasser wegen seiner großen spezifischen Wärme auf und kühlt sich selbst dabei stark ab; und weil auch für die mit steigender Temperatur zunehmende Verdampfung die sehr große Verdampfungswärme gebraucht wird, tritt eine weitere Verlangsamung des Temperaturanstiegs des Wassers ein. Es dauert lange bis die See wärmer wird und die Luft über und am Wasser ist kühl: das Sommerklima ist frisch und wiederum „gemäßigt".

Die über das Wasser streichende Luft sättigt sich mit Feuchtigkeit; sie gibt diese bei der nächtlichen Abkühlung über dem Land ab, weil dann der Wasserdampf zu Wassertröpfchen kondensiert und als Nebel, Regen oder Tau sich niederschlägt. Da aber bei dem Übergang von Dampf in Flüssigkeit die vorher aufgenommene Verdampfungswärme frei wird, erwärmt sich bei der Kondensation die Luft, wieder ein wichtiger Faktor für das „gemäßigte" Klima beim Tag-Nachtwechsel.

Noch ein Wort zum Schlittschuhlaufen und Skifahren; dieses sind eminent physikalische Vorgänge; man kann zwar nicht besser laufen oder abfahren, wenn man ihre Physik kennt, aber man versteht dann wenigstens, warum man überhaupt laufen kann und warum es nicht immer gleich gut geht. Warum kann man nicht auf glatter Betonfläche oder auf Glasboden Schlittschuhlaufen? Entweder ist die Reibung zu groß oder zu klein; im ersten Fall geht es nur langsam vorwärts, im zweiten Fall gar nicht, weil „der feste Punkt" fehlt, weil nichts da ist, was den Rückstoß aufnimmt. Deshalb kann man auf Glatteis nicht mit Ledersohlen, wohl aber auf rauhem Gummi oder auf Wollstrümpfen gehen — oder aber auf Schlittschuhen. Denn diese haben eine schmale Kufe, auf welcher das ganze Gewicht des Menschen liegt. Wiegt dieser 80 kg und haben die beiden Kufen eine das Eis berührende Fläche von 4 cm², so entspricht dieses einem Druck von 20 Atmosphären, unter welchem das Eis schmilzt. Der Schlittschuh sinkt ein, es entsteht eine mit Wasser gefüllte Rinne, an deren Rand der Abstoß erfolgt; und der Schlittschuh läuft nicht auf Eis, sondern im Wasser. Das Schmelzwasser ist das Schmiermittel, welches die gleitende Reibung zwischen festen Körpern auf einen kleinen Bruchteil herabsetzt. Wenn der Schlittschuh fort ist, bleibt eine ganz schmale Rinne — das Wasser gefriert wieder zu Eis, vorausgesetzt, daß es nicht zu warm ist. Ist es aber sehr kalt, so genügt der Druck nicht zum Schmelzen (wie sich dann auch der Schnee nicht mehr „ballen" läßt) — und die Reibung bleibt groß. Und ganz analog ist es beim Skilauf. Nur ist hierbei noch zu beachten, daß der Vorgang mit viel kleineren Drücken schon abläuft, denn die Schneekriställchen — „Pulverschnee" — haben äußerst schmale Kristallflächen, so daß das darauf liegende Gewicht auf diesen lastend einen sehr hohen Druck gibt. Deshalb gefriert eine unter 0° C gefallene Schneeschicht auch schon unter ihrem *eigenen* Druck zusammen.

Dieser letzte Vorgang hat übrigens gar nichts mit dem heute technisch sehr wichtigen „Sintern" von Metallen zu tun. Hierzu werden feinkörnige Metall- oder Salzpulver fest zusammengepreßt, sie wachsen dann entweder schon bei Zimmertemperatur oder bei hohen Temperaturen zusammen. Hier bewirkt der Druck *kein* Schmelzen, denn dieser Vorgang ist ja mit der anormalen Vergrößerung des Volumens beim Kristallisieren verbunden, während andere Körper beim Festwerden sich zusammenziehen. Das Sintern beruht vielmehr auf einer so großen Annäherung der Pulverteilchen, daß sie stellenweise auf molekulare Abstände sich nähern — und damit *sind* sie ja *ein* Körper geworden.

3*

Und woher kommen alle diese sonderbaren Eigenschaften des Wassers? Ganz sicher kennt man die Gründe noch nicht; aber man weiß, daß sie darauf beruhen, daß „Wasser" nicht, wie der Chemiker sagt, ein Molekül aus 2 Atomen Wasserstoff (H) und einem Atom Sauerstoff (O) ist, geschrieben H_2O, sondern daß mehrere solcher Moleküle sich zu größeren Teilchen vereinigen („polymerisieren") und daß sowohl das einzelne Molekül wie die polymerisierte Molekülgruppe sehr merkwürdige elektrische Eigenschaften hat, welche die Quelle für besondere Kräfte sind.

17. WÄRMEVORGÄNGE IN DER ATMOSPHÄRE

Bei den Betrachtungen über die Atmosphäre hatten wir die Konkurrenz zwischen der geordneten Fallbewegung durch die Schwerkraft und der ungeordneten Wärmebewegung besprochen. In den vorangehenden Ausführungen war mehrfach von Abkühlung und Erwärmung der Luft gesprochen; diese muß doch dann zu zusätzlicher makroskopischer Bewegung von Luftmassen führen. In der Tat entsteht ja schon durch Temperaturdifferenzen in *horizontaler* Richtung („horizontal" bedeutet ohne Wirkung der Schwerkraft!) ein Wind: das „Ziehen" bei offenen Türen und Fenstern ist eine Folge solcher Temperaturdifferenzen innerhalb und außerhalb des Raumes; und in den *starken* abendlichen „Talwinden" an Gebirgsrändern — z. B. dem regelmäßig bei Sonnenuntergang einsetzenden „Höllentäler" in Freiburg i. Br. — haben wir ein Beispiel aus größeren Naturverhältnissen. Nebenbei: wie erwärmt sich eigentlich die reine Luft? *Niemals* durch die Strahlung der Sonne, denn Luft ist für diese durchsichtig. Erwärmt wird der Boden, an ihm erwärmt sich die unterste Luftschicht durch Wärmeleitung. Die warme Luft dehnt sich aus, wird also spezifisch leichter, erfährt damit einen *Auftrieb* und wird durch die aus der Höhe von allen Seiten zuströmende kältere Luft ersetzt. Dieser „thermische Aufwind" ist die bewegende Kraft des Segelflugzeuges; er führt an heißen Tagen zu der starken Aufwärtsbewegung der Atmosphäre, die sich oft in den mächtigen Wolkentürmen zeigt; er ist es auch, welcher verhindern kann, daß kalte Luft aus hohen Schichten nach unten fällt, welcher die aus Eiskriställchen (Schnee) oder Wassertropfen bestehende Wolke trägt.

Diesen thermischen Aufwind bezeichnet man in der Physik auch als „Konvektion". Sie tritt nur in gasförmigen und flüssigen Körpern auf; sie ist eine makroskopische, keine atomistische Erscheinung. Alles Kochen beruht auf ihr: unten wird durch die Flamme oder die elektrische Heizplatte dem Kochtopf die Wärme zugeführt; das unten erwärmte Wasser steigt in die Höhe, das obere, noch kalte „fällt" nach unten; es tritt durch diese Konvektion eine dauernde durchmischende Vertikalbewegung innerhalb des Kochtopfes auf. Auch unsere *normale Zimmer-*

heizung beruht auf Konvektion: am Heizkörper steigt die warme Luft auf — an die Decke! deshalb muß ein Heizkörper unter dem Fenster angeordnet sein. Dort dringt nämlich die kalte Luft ins Zimmer; sie wird dann sofort angeheizt und verteilt sich durch Konvektion und Wirbelung. Steht der Ofen aber an der Wand gegenüber dem Fenster, so fällt die kalte Luft auf den Fußboden, streicht über ihn zum Heizkörper, von dem die warme Luft nach oben steigt — und der Raum ist „fußkalt".

Auf der *Vermeidung der Konvektion* beruht der Wärmeschutz unserer Kleidung; am besten wirken Felle (Pelze), weil durch die Haare jede Luftströmung, also das Abströmen der vom Körper erwärmten Luft vermieden wird — wenn man den Pelz nach *innen* und die glatte Lederhaut nach außen trägt. Es sieht zwar vielleicht nicht so schön aus wie die umgekehrte Mode, zeigt aber dem Wissenden sofort, daß der Pelzträger etwas von Physik versteht! —

Die Wirkung des Schornsteins, das „Ziehen" des Ofens beruht auf dem gleichen Phänomen, doch wollen wir es zur Abwechslung etwas anders darstellen. Vom Ofen führt durch die Hauswand bis zum Dach der Kamin, seitlich gut abgedichtet; oder noch einfacher zu übersehen: von einer Fabrikfeuerung führt ein Schornstein in die Höhe, über dem Raum, über dem Feuer eine ringsum seitlich abgeschlossene Luftsäule bildend. Eine zweite Luftsäule, die freie äußere Atmosphäre liegt über die Ofenklappe auf dem Feuerraum. Brennt das Feuer, so wird die Luft im Schornstein erhitzt, also spezifisch leichter als die äußere Atmosphäre, welche nicht so warm wird. Folglich entsteht im Feuerraum eine Druckdifferenz, also auch eine Kraft, indem die *schwere* äußere kalte Luftsäule die *leichte* innere warme Luftsäule hebt. Hierdurch steigt letztere aus dem Schornstein, und frische Luft dringt in den Feureraum ein: „der Ofen zieht". Er zieht um so besser, je größer die Temperaturdifferenz zwischen den beiden Luftsäulen und je größer die Höhe des Schornsteines ist. Zweck der ganzen Vorrichtung ist, den beim Verbrennen der Kohle verbrauchten Sauerstoff aus der freien Atmosphäre zu ersetzen, sonst „erstickt" der Ofen, d. h. die chemische Reaktion Kohlenstoff + Sauerstoff = Kohlensäure, welche die „Verbrennungswärme" liefert, kommt zum Erliegen.

Die treibende Kraft ist also die Erdanziehung auf die Luft, in gar nichts anders als bei einer Waage: auch hier geht die schwere Masse nach unten, die leichtere nach oben, weil erstere von der Erde stärker angezogen wird als letztere. Jeder *Auf*trieb, auch das Schwimmen eines Schiffes, ist eine Folge der nach *unten* wirkenden Schwerkraft. Auf dem Mond müßte ein Schornstein 81 mal höher sein als auf der Erde, um die gleiche Wirkung zu erhalten, denn die Mondmasse ist nur $^1/_{81}$ der Erdmasse.

Das Aufsteigen warmer und das Fallen kalter Luftschichten führt zu den eigenartigen *Flimmer*erscheinungen, die uns oft über sonnenbestrahlten Dächern, über Straßen und Kornfeldern auffallen. Man spricht oft treffend von ,,unruhiger Luft" oder *Schlieren*. Man kann die Erscheinung schon leicht sehen, wenn man über ein brennendes Zündholz, mit ausgestrecktem Arm gehalten, gegen ein helles Fenster sieht: das Fensterkreuz oder Bäume außerhalb des Fensters scheinen hin- und herzutanzen; d. h. das Licht wird in den Schlieren abgelenkt. Das ist genau die gleiche *Brechung des Lichtes*, welche es bewirkt, daß hinter einer schlechten Fensterscheibe die Gegenstände verzerrt aussehen: das Glas hat Schlieren — sagt man; es ist ungleichmäßig gegossen, so daß gewissermaßen verschiedene Glasarten oder Glasdicken durcheinander laufen, welche das Licht verschieden ablenken oder brechen. Derselbe Grund bewirkt das Flimmern oder Flackern der Fixsterne, das wohl jeder schon bei der Betrachtung des Sternenhimmels gesehen hat; es wird um so auffälliger, je tiefer die Sterne stehen; es kommt durch die Brechung in Luftströmungen und ärgert besonders die Astronomen, weil sie auf den photographischen Platten unscharfe Sternbilder erhalten oder weil sie bei Festlegung der Zeit nicht genau feststellen können, wenn ein Stern gerade durch die Meridianlinie hindurchgeht. Deshalb legt man die großen Sternwarten fern von Städten auf hohe Berge, am besten in Wüstengegenden.

Ich will Ihnen einen schönen Versuch verraten, den Sie mit einem kleinen Feldstecher machen können; richten Sie ihn auf einen flackernden Fixstern und bewegen Sie dann den Feldstecher etwas hin und her, aber so, daß Sie immer den Stern im Gesichtsfeld behalten: dann sehen Sie: manchmal ist der Stern hell, manchmal dunkel, er ist manchmal rot oder grün, manchmal ist er ganz fort. Sie sehen einen Perlenkranz — mit ein klein wenig Geduld werden Sie Freude an dem Bild haben. Mit Planeten gelingt der Versuch nur selten — die geben ein zu großes Bild, so daß sich die Einzelbilder überdecken.

Wie kommt es denn, daß die Planeten, im Fernrohr betrachtet, kleine Scheibchen sind, die Fixsterne aber nur Lichtpunkte — wo wir doch wissen, daß die Fixsterne viel, viel größer sind? Sie sind eben so sehr weit fort. Je besser, je größer das Fernrohr, desto punktförmiger werden die Bilder der Fixsterne. Warum macht man denn die Fernrohre dann immer größer? *Nur, damit sie lichtstärker werden*, damit wir Kenntnis von der Existenz kleinster und fernster Sterne und Nebel erhalten.

18. DIE CHEMISCHEN ELEMENTE

Wir kehren wieder zu unserer Grundfrage, der Entwicklung der Atomistik, zurück.

Neben der Entwicklung der physikalischen Atomistik läuft in den Jahren 1750—1850 die Entwicklung der chemischen Atomlehre; beide sind zwar nicht unabhängig voneinander, aber sie sind noch lange nicht so eng miteinander verbunden, wie in der zweiten Phase der Atomistik zu Beginn unseres Jahrhunderts, welche ja die Trennung von Chemie und Physik im Grundsätzlichen ganz aufgehoben hat.

Auch die chemische Atomtheorie hat eine lange *Vor*geschichte — an ihrem Ende steht die Formulierung des Engländers John Dalton: Jeder chemische Grundstoff, jedes chemische Element besteht aus Atomen; alle Atome eines chemischen Elementes sind in allen ihren Eigenschaften gleich; die Atome der verschiedenen Elemente unterscheiden sich vor allem durch ihre Massen. Wir wollen beachten: bisher haben wir nur über Atome als Bausteine der Materie allgemein gesprochen, jetzt sprechen wir über die *Art dieser Bausteine.* Die chemischen Reaktionen, die Bildung chemischer Verbindungen oder Moleküle erfolgen durch Aneinanderlagerung von Atomen verschiedener Elemente, anscheinend ohne daß dabei die Atome irgendeine Veränderung erfahren; denn es gelingt, alle Verbindungen wieder aufzulösen, zu analysieren, und dann erhält man die gleichen Elemente, aus welchen die Verbindung gebildet, synthetisiert wurde. Deshalb nannte Dalton diese Urbestandteile der Elemente *die Atome, die Unteilbaren* — dachte aber gleichzeitig „die Unveränderlichen, die Unveränderbaren". Alle Materie besteht aus so viel Atomsorten, als es chemische Elemente gibt; zu Beginn des letzten Jahrhunderts kannte man nur an die 30, heute kennt man rund 100. Jedes Element hat einen wissenschaftlichen Namen und eine abgekürzte Bezeichnung: Wasserstoff (die deutsche Form für das lateinische Wort hydrogenium, Wasser erzeugend, weil Bestandteil des Wassers, abgekürzt H), Quecksilber (hydrargyrum, nach seinem Aussehen „Wasser-Silber" genannt, abgekürzt Hg), Eisen, Kupfer, Gold (lateinisch ferrum, cuprum, aurum, Fe, Cu, Au), Kobalt (von Kobold, Co), Nickel (von „Nickel", ähnlich unfreundlichen kleinen Geistern wie die Kobolde, Ni), Uran (nach dem zu gleicher Zeit entdeckten Planeten „Uranus", U); Neptunium und Plutonium (zwei der neuen aus dem Uran künstlich hergestellten Elemente, genannt nach den Planeten Neptun und Pluto, Np und Pu) sollen einige Beispiele sein. Die heute gültige Darstellung aller *chemischen* Elemente im „periodischen System der Elemente" wird in Teil 26 gegeben.

19. DIE CHEMISCHE ATOMISTIK

Der Übergang von der Alchemie — die keineswegs nur „Goldmacherei" und Betrug war — zur wissenschaftlichen Chemie erfolgte durch die Einführung der Waage als Meßinstrument. Das für die nun schnell erfolgende Entwicklung maßgebliche Resultat war die Erkenntnis: In den chemischen Verbindungen oder Molekülen vereinigen sich die Atome nicht in

willkürlichen Mengen, sondern in ganz bestimmten Gewichtsverhält-
nissen. So besteht die Salzsäure aus Salzsäuremolekülen, in jedem ist ein
Atom Wasserstoff und ein Atom Chlor. In dem Molekül des Kochsalzes
ist ein Atom Natrium mit einem Atom Chlor verbunden, im Wasser-
molekül 2 Atome Wasserstoff mit einem Atom Sauerstoff. In einem
Stück Eisen oder Gold sind aber *nur* Eisen- bzw. *nur* Gold-Atome miteinander verbunden.

Dalton gelang es, das *Verhältnis* der Massen der Atome der chemischen
Elemente zu bestimmen; er fand, daß Wasserstoff das leichteste Atom
sein muß. Er setzte daher das Atomgewicht des Wasserstoffs als Einheit
fest. Wenn wir das Atomgewicht des Quecksilbers mit 200 angeben, so
heißt das, daß ein Atom Quecksilber 200mal schwerer ist als ein Atom
Wasserstoff. Erst in unserem Jahrhundert ist es gelungen, die Massen
einzelner Atome zu wägen, freilich nicht mit der Waage, aber doch mit
sehr großer Genauigkeit nach anderen Prinzipien der Massenbestimmung:
schreiben Sie o Komma, dann noch 23 Nullen und dann 166, so haben
Sie die Masse eines Wasserstoffatoms in Grammen: $1,66 \times 10^{-24}$ g ist die
physikalische Schreibweise. Es ist für spätere Betrachtungen wichtig,
daß die Masse einzelner Atome heute auf weniger als $^1/_{100}$% genau gemessen werden kann. — Für die Physik gleicherweise wie für die Chemie
war eine Folgerung bedeutungsvoll, welche der Italiener Amedeo Avogadro kurz nach der Aufstellung der Dalton'schen Atomtheorie zog: Füllt
man in gleiche Volumina, z. B. 1 l verschiedenste Atome oder Moleküle in
gas- oder dampfförmigen Zustand bei gleicher Temperatur bis zum gleichen Druck, so ist die Zahl der Atome oder Moleküle die gleiche. Die ein-
gefüllten Gasmengen verhalten sich wie ihre Atom- bzw. Molekulargewichte.
wichte. Es ist dies das berühmte Avogadro'sche Gesetz; ich wiederhole: es
war aus der Gesetzmäßigkeit der chemischen Verbindungen abgeleitet —
und die physikalische kinetische Atomtheorie, die wir in Teil 10 behandelten, führte 45 Jahre später zum gleichen Gesetz: Gleiche Temperatur
bedeutet gleiche mittlere kinetische (Bewegungs-)Energie des Gasatome;
gleicher Druck heißt, daß die Stöße auf die Wand die gleiche Wirkung
haben: Das kann bei gleicher mittlerer Bewegungsenergie des einzelnen
Atoms nur dann der Fall sein, wenn die Anzahl der Atome in beiden
Gasen die gleiche ist. Man soll sich immer vergegenwärtigen, daß unsere
Kenntnisse über die atomaren Bereiche auf vielen Beinen stehen!

Auch diese Anzahl ist heute genau bekannt: Unter normalem Atmosphärendruck und bei Zimmertemperatur befinden sich in jedem Kubikzentimeter jedes Gases — ganz gleich, welcher Art — (ich gebe nur die
runde Zahl) $2,7 \times 10^{19}$, d. h. 27 mit 18 dahinter gesetzten Nullen (oder
27 Milliarden Milliarden). Man nennt das die Avogadrosche Zahl. So viel
Sauerstoff- und Stickstoffmoleküle sind in jedem Kubikzentimeter
unserer Atemluft enhalten! Bei dem höchsten Verdünnungsgrad, welcher

durch das Auspumpen der Luft in den Röntgen- oder den Radioröhren erreicht wird, den man kurz „Vakuum" nennt, befinden sich im Kubikzentimeter noch immer etwa 10 Milliarden Gasmoleküle; und für den Weltenraum schätzen wir 1 Molekül je Kubikzentimeter. Nimmt man so viel Gramm einer Substanz, wie ihr Atom- bzw. Molekulargewicht beträgt, also 2 g des Wasserstoffgases, dessen Elementarbestandteil ein Molekül H_2 aus 2 Atomen H des „Atomgewichts" 1 ist, oder 200 g Quecksilber oder 108 g Silber, so enthalten alle diese Mengen die gleiche Zahl von Partikeln, nämlich 6 mit 23 Nullen, 6×10^{23}; das ist die Loschmidtsche Zahl.

20. DIE GRÖSSE DER ATOME

Wie groß sind denn die Atome? Diese Frage ist naheliegend — aber sie ist in dieser allgemeinen Form unbeantwortbar und somit physikalisch nicht sinnvoll, nicht erlaubt. Die Physik ist zu dem Ergebnis gekommen, :aß es unmöglich ist, die Grenze zwischen einem Atom und dem umgebenden Raum zu messen, etwa so, wie man die Größe einer Stahlkugel oder eines Balkens mißt; aber die Größe einer Kugel mit einer Oberfläche aus Samt können wir ja auch schon makroskopisch nicht messen; Samt hat keine definierte Begrenzung. Und doch können wir sogar in ganz bestimmter Weise die oben gestellte Frage beantworten — vielleicht würde besser gesagt: *nur* in ganz bestimmter Weise, wenn wir nämlich definieren, was wir unter Atomgröße verstehen wollen. Wir können z. B. fragen, wieviel Atome in einen Raum bekannter Größe hineingehen. Eine bestimmte Zahl von Atomen zu erfassen, ist ja nicht schwierig. Wir haben gerade die Loschmidtsche Zahl kennen gelernt, die Zahl von Atomen, welche in so viel Gramm enthalten sind, als dem Atomgewicht der betreffenden Substanz entspricht. Das Atomgewicht des Silbers ist 107,9; diese 107,9 g Silber bestehen aus 6×10^{23} Atomen und nehmen ein Volum von 10,26 cm³ ein. Also ist das Volum von *einem* Atom $1,7 \times 10^{-23}$ cm³ — unter der Voraussetzung, daß dieser R um wirklich *vollständig* mit Materie ausgefüllt ist. Das hängt aber von der *Form* der Atome und ihrer Zusammendrückbarkeit ab. Man braucht nur an eine mit Eiern gefüllte Kiste zu denken; man kann sie so packen, daß man noch von nebeneinanderliegenden Eiern sprechen kann, oder so, daß es ein Eibrei ist! Man nimmt nun im allgemeinen an, daß man die Atome als nichtzusammendrückbare Kugeln betrachten darf. Aber dann übersieht man, daß im Metall die Atome keineswegs unversehrt zusammengepackt sind, sondern daß ein Teil ihrer Elektronen abgespalten ist, welche ja die elektrische Leitfähigkeit des Metalls liefern.

In einfachen Salzen, z. B. dem Kochsalz, bestehend aus Natrium und Chlor in der „Verbindung" Natriumchlorid NaCl sind nicht Atome, sondern Ionen der genannten Elemente verbunden. Warum das sein muß, werden wir noch erkennen (Teil 25): die sehr feste Bindung des ganz regelmäßig gebauten Kristalls kann nur auf elektrischen Kräften beruhen, welche nicht zwischen Atomen, sondern nur zwischen positiv geladenen Natrium- und negativ geladenen Chlor-Atomen (die man Ionen nennt) wirken. So liefert die Zählung der Ionen in einem Kristall bestimmter Größe das „mittlere Ionenvolumen", wieder unter der Voraussetzung, daß die Ionen Kugeln sind, die undeformiert in „dichtester Kugelpackung" angeordnet sind *und* daß sie beide gleichgroß sind. Dieses ist aber sicher *nicht* der Fall; denn bei dieser Ionenbildung wird das Natriumatom kleiner, das Chloratom größer; und Ionen, die aus mehreren Atomen bestehen, wie das Schwefelsäureradikal SO^4, sind viel größer als die einfachen Metallionen. Aus der Geschwindigkeit, mit welcher sich Ionen verschiedener Art durch Wasser unter einer elektrischen Kraft bewegen (bei der „Elektrolyse") kennt man aus dem Fall- (oder Bewegungs-)Gesetz kleiner Teilchen bei großer Reibung (Teil 5 u. 36) deren Größe: generell sind die leichten Ionen kleiner als die schweren.

Ich hielt es für wichtig, diese doch naheliegende Frage nach der Größe der Atome etwas näher zu behandeln; begnügt man sich mit der *Größenordnung*, so kann der Atomradius r zu $2 \times 10^{-8} = 0{,}00000002$ cm, das Atomvolumen also zu $^4/_3\, \pi n^3 = 32 \times 10^{-24}$ cm³ angegeben werden.

21. „ATOMSTRAHLEN"

Es gibt noch eine ganz andere Methode, die wir im Prinzip auch besprechen wollen, weil sie die Methode kennen lernen läßt, nach welcher viele neue Erkenntnisse über die Atome unmittelbar ermittelt wurden, z. B. auch die bei der Brownschen Bewegung und der Wärmeenergie „theoretisch", d. h. ohne *un*mittelbaren experimentellen Beweis eingeführte mittlere Geschwindigkeit der Atome und deren Abhängigkeit von der Temperatur. Es ist die *Methode der Atomstrahlen*. „Atomstrahlen" hat man Atome genannt, welche z. B. von einer heißen Oberfläche oder aus einer kleinen Öffnung eines mit Dampf erfüllten Raumes durch ihre Temperaturbewegung austreten und dann in einem sehr hoch evakuierten Raum *gradlinig* fortfliegen, weil in diesem keine Zusammenstöße der Atome des „Strahls" mit Gasatomen stattfinden. Die Geschwindigkeit dieser Atome wird genau so gemessen wie die Geschwindigkeit eines Geschosses; die mittlere Geschwindigkeit eines Silberatoms, welches aus einem 1000° C heißen Silberdampf herausfliegt, beträgt nach den Messungen von Otto Stern, der 1920 solche Versuche machte und damit die 60 Jahre alte kinetische Theorie der Gase erstmals der experimentellen Prüfung unterwarf, 600 m in der Sekunde (entsprechend 2150 km/Std). Die mittlere Geschwindigkeit eines Wasserstoffmoleküls H_2 bei Zimmertemperatur ist 1900, die des rund 16 mal schwereren Sauerstoffmoleküls O_2 nur 450 m in der Sekunde. Die kinetische Energie der beiden ist bei gleicher Temperatur genau die gleiche. Und die Versuche ergaben auch, daß es immer langsamere und schnellere Moleküle bei gleicher Temperatur gibt und daß die *mittlere* Bewegungsenergie streng der (absoluten) Temperatur proportional ist.

So wie ein Geschoß nicht gradlinig, sondern wegen der Anziehungskraft der Erde in einer Geschoßparabel läuft, so ist auch die Bahn der Atome in gleicher Weise gekrümmt: *auch das freie Atom unterliegt der Gravitationskraft.* Durch direkten Versuch wird die Voraussetzung bewiesen, welche wir (Teil 9) zum Verständnis der Existenz der Atomsphäre machten.

Wenn nun der Raum, durch welchen die Atome laufen, mit Atomen, also einem Gase, erfüllt ist, so wird durch Zusammenstöße die gerade Bahn gestört, die Atome werden aus ihrer Richtung abgelenkt, „gestreut“, und zwar bei gleicher Anzahl derselben um so mehr, je größer die Atome sind. Da aber auch die Atome der Gasfüllung nicht in Ruhe sind, werden sie manchmal näher, manchmal weiter voneinander entfernt sein; das durch diese wirr durcheinander fliegenden Atome hindurchlaufende Atom wird einmal eine kleinere, einmal eine größere „freie Weglänge“ bis zu einem Zusammenstoß durchlaufen. Sie beträgt in normaler Luft $^1/_{100000}$ cm bei 5 Milliarden Zusammenstößen pro Sekunde. Deshalb geht die Fortbewegung eines Atoms, die „Diffusion“ durch ein Gas trotz seiner großen Geschwindigkeit so langsam.

Die diesen Versuchen zugrunde liegenden Gedankengänge sind von einfachster mechanischer Art; ihre experimentelle Durchführung ist nicht einfach und ihre Berechnung erfordert wegen der um eine mittlere Größe schwankenden Geschwindigkeit und freien Weglänge die mathematischen Wahrscheinlichkeitsgesetze. Aber alles das beherrscht man — und doch stimmen die Ergebnisse nicht genau mit der Rechnung überein: die Ablenkung der Atome beim Zusammenstoß geht etwas anders vor sich als die von Stahlkugeln oder von Billardbällen; es sind nach dem Stoß gewisse Richtungen unwahrscheinlicher, andere wahrscheinlicher! Hier liegt ein noch nicht durchgearbeitetes Gebiet der Atommechanik, ein Bereich, in welchem sich Atome anders benehmen als makroskopische Massen.

22. DIE AGGREGATZUSTÄNDE — ATOMISTISCH BETRACHTET: DIE VERFLÜSSIGUNG DER GASE

Wir kehren nochmals kurz zu der Frage der „Packung“ der Atome und damit dem schon einmal angeschnittenen Problem der drei Aggregatzustände zurück. Im Gas sind sie im Mittel weit voneinander entfernt, in der Flüssigkeit und vor allem im festen Körper sind sie wesentlich näher. Kann man ein Gas dadurch zu einer Flüssigkeit machen, daß man die Atome näher zusammenbringt, also das Volum verkleinert oder (was dasselbe ist) den Druck erhöht? Ja — und nein! Es kommt auf das Gas an und es kommt auf die Temperatur an, bei der man dieses versucht. Im gasförmigen Zustand laufen die Atome in vollkommener Regellosigkeit durcheinander; im festen Zustand besteht die Temperaturbewegung nur in einer Zitterbewegung um eine mittlere Lage, und diese mittlere Lage ist für alle Atome auf weite Strecken streng geordnet; das ist der Grund für das Auftreten der Kristallform. Tausende von Atomen liegen in fester Ordnung zueinander, es herrscht eine „Fernordnung"; ja, es *muß* eine gewisse Zahl — etwa 100 — geordnet liegen, damit ein erster Kristallkeim zustande kommt, eben weil die Bedingung einer Fernordnung dazu erfüllt sein muß. In der Flüssigkeit liegen die Atome viel näher als beim Gas, aber es besteht noch keine Fernordnung; und dennoch sind sie in ihr nicht regellos (wie im Gas) verteilt. Die benachbarten Atome haben vorzugsweise den gleichen Abstand. Die „Naheordnung" bedingt diesen flüssigen Zustand. Die *Energie* zur Zerstörung der Fernordnung und Überführung in die Naheordnung hatten wir als „Schmelzwärme", die Energie zur Aufhebung der Naheordnung als „Verdampfungswärme" kennen gelernt. Jegliche Ordnung kann nur hergestellt werden, wenn die Temperaturenergie nicht so groß ist, daß die Ordnung wieder zerstört wird. Folglich muß die Verflüssigung der Gase von zwei Faktoren abhängig sein: von den zwischen den Atomen (oder Molekülen) wirkenden Kräften und von der Temperatur. Je kleiner die ersteren, bei desto tieferer Temperatur kann die Verflüssigung erst eintreten; oberhalb einer bestimmten Temperatur, die man die „*kritische Temperatur*" eines Gases (oder Dampfes) nennt, ist auch unter höchsten Drucken eine Verflüssigung unmöglich, weil die Temperaturenergie jede Ordnung zerstört. Die kritische Temperatur des Wasserdampfes ist 350° C — oberhalb *gibt* es kein flüssiges Wasser. Die kritische Temperatur der Kohlensäure beträgt + 31° C — deshalb ist bei nicht zu hoher Außentemperatur (nämlich *unter* 31° C) in den käuflichen Kohlensäureflaschen flüssige Kohlensäure enthalten, über welcher ein Dampfdruck (je nach der Außentemperatur) von 50—71 Atm. (letzterer bei 31° C, der kritischen Temperatur) herrscht. Die kritische Temperatur des Sauerstoffs liegt erst bei — 114° C, die des Wasserstoffs bei — 250° C und die des Edelgases Helium bei — 268° C. *So tief muß man diese Gase erst abkühlen, damit sie sich dann durch Druck verflüssigen lassen.* Und wie bewirkt man diese Abkühlung? Das Technische ist uns gleichgültig. Physikalisch: man muß das Gas irgend eine Arbeit leisten lassen, dann muß es nach dem Gesetz der Erhaltung der Energie seine innere Wärmeenergie verringern, also sich abkühlen. — So wird die Verflüssigung selbst des

Heliums erreicht, weil dieses als Edelgas die kleinsten Naheordnungskräfte hat, die also schon durch *sehr* kleine Temperaturenergie wirkungslos werden.

Wenn die Luft verflüssigt ist und in ein offenes Gefäß gefüllt wird, so siedet sie bei einer Siedetemperatur von etwa — 190° C, d. h. sie geht wieder in den gasförmigen Zustand über. Alle aus der wärmeren Umgebung zugeführte Wärme wird als Verdampfungsarbeit verbraucht. Um das Sieden, also den Verlust der Flüssigkeit klein zu halten, wird dieselbe in sogenannte Dewargefäße gefüllt; das sind doppelwandige Gefäße, die bekannten „Thermosflaschen", voneinander durch einen hochevakuierten Raum getrennt, durch welchen die Wärmezufuhr von außen sehr klein ist. Da diese aber nie ganz vermieden werden kann, siedet die flüssige Luft stets etwas; sie darf also niemals im geschlossenen Gefäß aufbewahrt werden; dieses würde explodieren.

Flüssige Luft, insbesondere flüssiger Sauerstoff, ist deshalb ein Sprengmittel; er wird ferner zur Erhöhung der Verbrennungsgeschwindigkeit gebraucht: ein glimmender Spahn, *über* flüssigen Sauerstoff gehalten, flammt durch die große Sauerstoffmenge hell auf. Versuche mit flüssiger Luft sind nicht ungefährlich; Kohle (Asche u. dgl.) mit flüssiger Luft getränkt ist ein ungeheuer heftiger Explosionsstoff, der durch Schlag entzündet wird.

Durch Temperaturerniedrigung (Entzug von Wärmeenergie) werden die verflüssigten Gase zur Kristallisation gebracht. Dies geschieht am einfachsten so, daß man mit einer schnell pumpenden Luftpumpe das aus der Flüssigkeit heraussiedende Gas wegpumpt, so daß dieselbe zur verstärkten Verdampfung *gezwungen* ist (Herabsetzung des Siedepunktes durch Verminderung des Druckes über der Flüssigkeit).

Die Meinung, daß flüssige Luft wegen ihrer tiefen Siedetemperatur von rund — 190° C eine ausgezeichnete Kühlflüssigkeit sein müßte, ist insofern falsch, als wegen der kleinen Verdampfungswärme sehr große Mengen flüssiger Luft verbraucht würden; wendet man diese auf, so kann man allerdings bis auf die Siedetemperatur der flüssigen Luft abkühlen. — Die *Kühlwirkung des „Trockeneises"*, der festen Kohlensäure beruht auf ihrer großen *Sublimations*wärme. Die Kohlensäurekristalle haben bei — 80° C einen Dampfdruck von 1 Atm.; sie gehen also bei dieser Temperatur, ohne zu schmelzen, unmittelbar in gasförmige Kohlensäure über, man nennt dieses *Sublimation*. Die hierzu erforderliche Wärmeenergie entziehen sie der Umgebung, kühlen diese also ab. Die Herstellung der festen Kohlensäure ist sehr einfach: läßt man aus der mit flüssiger Kohlensäure gefüllten „Bombe" diese ausfließen, so tritt eine heftige Verdampfung auf, weil sie einen Dampfdruck (bei normalen Zimmertemperaturen) zwischen 50 und 65 Atm. hat; hierbei tritt eine so starke Abkühlung ein, daß der Flüssigkeitsstrahl gefriert und als „Kohlensäureschnee" (Kristalle der Kohlensäure, so wie gewöhnlicher Schnee Kristalle von Wasser sind) niederfällt.

KAPITEL II

DIE ATOMISTIK DER ELEKTRIZITÄT

23. REIBUNGSELEKTRIZITÄT UND ELEKTROLYSE

Auf dieser Atomtheorie entwickelte sich das mächtige Gebäude der Chemie, der anorganischen und der organischen. Man lernte, in welchen Verhältnissen die Atome sich miteinander verbinden, die sogenannte Wertigkeit, und man lernte, welche Vereinigungen leicht oder schwer erfolgen, welche Verbindungen leicht oder schwer zu trennen sind. Aber unbekannt blieb der Elementarvorgang der Vereinigung, die Kraft, welche die Atome im Molekül oder gar im Kristall mehr oder weniger fest zusammenhalten.

Mit der Behandlung dieses Problems beginnt die zweite Phase der physikalischen Atomistik. Auch sie hat eine lange Vorbereitungszeit — bis genügend Dinge entdeckt waren, welche eine einheitliche Behandlung, die Aufstellung einer „Theorie" ermöglichten. Die Teile 23—26 geben zunächst in großen Zügen einen Überblick. Die Einleitung der Forschung erfolgte wieder von einem ganz anderen Gebiet aus. Im Jahre 1800 hatte der italienische Graf Alessandro Volta (1745—1827) die erste sogenannte Voltasche Säule gebaut, einen Erzeuger von elektrischem Strom, der Vorläufer des Akkumulators und der Trockenbatterie: In eine Salzlösung tauchen zwei verschiedene Metallplatten, z. B. Kupfer und Zink; verbindet man diese *außen* miteinander durch einen Draht, so fließt durch diesen ein sogenannter elektrischer Strom. Es war das erste Mal — vor 150 Jahren! —, daß man einen relativ langdauernden elektrischen Strom erzeugen konnte.

Bis dahin kannte man nur den durch Reibung „elektrisch" gemachten Bernstein oder Schwefel oder Glas oder die alte, von Otto von Guericke stammende Elektrisiermaschine, mit welchen man Körper aufladen und elektrische Funken (zum erstenmal von Leibniz 1672 beobachtet!) erzeugen konnte. Man lernte, daß man die durch Reibungsarbeit erzeugte Ladung auf einen anderen Körper, z. B. eine Metallkugel übertragen konnte, wenn man den geriebenen Körper durch eine *feuchte* Schnur oder einen *Metall*draht mit ihr verband; oder daß der geriebene Schwefel oder Bernstein nur an der Reibungsstelle elektrische Ladung trägt, eine an einer Stelle geriebene Metallkugel aber überall. Die „elektrische Ladung" kann sich also durch oder über Metall ausbreiten — solche Stoffe nannte man die *Leiter* für Elektrizität —, nicht aber über Bernstein und auch nicht über Quarz und Porzellan — man nannte sie „*Isolatoren*". Will man also eine Metallkugel aufladen, so muß man sie an einem Isolator halten. Der menschliche Körper, Wasser, besonders Salzlösungen erwiesen sich als Leiter für Elektrizität. — Franklin hatte den Blitz als elektrischen Funken angesehen und mit den eben genannten Erkenntnissen den Blitzableiter gebaut: ein in die Höhe gerichteter (z. B. mit einem Drachen in die Höhe gezogener) Draht leitet die Elektrizität zur Erde, hierdurch den Gang des Blitzfunkens über Bäume und Häuser verhindernd. Wenn aber der Blitz wie der Funken ein elektrischer Strom ist, so müßte ja die Luft ein Leiter für die Elektrizität sein: das widerspricht doch unserer Erfahrung, daß zwischen den freien Enden einer Steckdose *kein* Strom übergeht! Also müssen die Atome oder Moleküle der Gase Eigenschaften haben, welche sie unter bestimmten Bedingungen zu Überträgern von Elektrizität machen lassen!

Noch etwas hat man aus den Versuchen des 17. und 18. Jahrhunderts über die Reibungselektrizität erkannt: Beim Reiben des Bernsteins wird keine Elektrizität *erzeugt*, sondern nur gewissermaßen „frei gemacht"; denn nicht nur der Bernstein, sondern auch das Reibzeug (ein Seidenkissen etwa) wird elektrisch geladen, aber offensichtlich mit entgegengesetzter Polarität: während des Reibens ist keine elektrische Ladung nachweisbar; werden dann Reibzeug und Bernstein getrennt, so sind beide geladen, aber ihre Ladungen können durch einen Funkenübergang von einem zum andern sich wieder vernichten, „aufheben" oder „neutralisieren". Man machte sich früh das Bild, daß in der Materie an sich vorhandene Ladungen (aus vorerst unbekannten Gründen) durch den Reibungsvorgang getrennt werden. Wir müssen also mit der atomistischen Anschauung über die Materie zu der Aussage kommen, *daß in den Atomen oder Molekülen elektrische Ladungen beiderlei Vorzeichens vorhanden sind.*

Das sind alles sehr komplizierte Verhältnisse; mit der Voltaschen Säule wurde ein einfaches experimentelles Hilfsmittel zur Herstellung eines elektrischen Stromes geschaffen. Und da in dieser die Salzlösung zwischen den Metallplatten ein unentbehrlicher Bestandteil war, untersuchte man die in solchen vor sich gehenden Veränderungen, wenn ein Strom durch sie geleitet wird: *Elektrolyse* nennen wir diese Vorgänge heute. Es ist bemerkenswert, daß es, wie wir heute wissen, elektrolytische Vorgänge waren, welche erstmals auf die Existenz eines „elektrischen Stromes" schließen ließen: das Zucken des Froschschenkels und der „Geschmack" auf der Zunge, wenn Drähte von den beiden „Polen" des Voltaelementes zur Zunge führten: an dem einen Draht entsteht der Geschmack einer Säure, am anderen der einer Lauge. Schon Volta schloß hieraus, daß der „elektrische Strom" ein durch eine Richtung ausgezeichneter Vorgang sein muß.. Daß man diese Effekte „elektrisch" nannte, kommt daher, daß die gleichen chemisch-physiologischen Wirkungen von den Entladungen einer „Elektrisier"-Maschine hervorgebracht wurden. Das Wort selbst bildete William Gilbert 1600 aus dem griechischen Wort für Bernstein, Elektron.

24. DIE ENTDECKUNG DES ELEKTRONS

Die Entdeckung Voltas wurde von den Physikern begierig aufgenommen. Johann Wilhelm Ritter (der Freund Goethes in Jena, der ihn „eine Erscheinung zum Erstaunen, einen wahren Wissenshimmel auf Erden" nannte, dann in München Professor an der Akademie der Wissenschaften) und vor allem Humphry Davy in London machten die wichtigsten Entdeckungen.

In den dreißiger Jahren des letzten Jahrhunderts untersuchte Michael Faraday — zuerst Buchbinderlehrling, dann Laboratoriums- und Reisediener bei Prof. Davy, schließlich der größte Experimentalphysiker, der Entdecker des Elektromagnetismus und damit der Grundlage für die Dynamomaschine — die Erscheinungen beim Durchgang des elektrischen Stromes durch Salzlösungen, die *Elektrolyse*: Wird ein elektrischer Strom über zwei in eine Silbersalzlösung tauchende Metallplatten (die man „Elektroden" nennt) durch diese Lösung geleitet, so wird an der einen Stromzuführung Silber abgeschieden. Es ist die technisch so vielfach benutzte galvanische Versilberung, Verkupferung, Vergoldung, Verchromung usw.

Es sieht also so aus, als ob aus einer Lösung von Metallsalzen die Metallatome durch den elektrischen Strom herausgeholt werden. Schon Faraday erkannte, daß dieses nur möglich ist, wenn aus den gelösten Metallsalzen die Metallatome frei werden und wenn diese Metallatome elektrisch geladen sind; er nannte diese elektrisch geladenen Metallatome *Ionen. Die Wanderung dieser Ionen durch den Elektrolyten ist der elektrische Strom.* Aber auch die anderen Bestandteile der Salze, z. B. Chlor, wenn Kupferchlorid gelöst war, schieden sich ab, und zwar an der anderen Stromzuführung, der anderen in die Salzlösung tauchenden Elektrode. Es mußte also auch das Chlor eine Ladung haben, ein Ion sein; aber beide wandern in entgegengesetzter Richtung, die Chlorion-Ladung mußte entgegengesetzt zu der des Metallions sein; wir erkennen schon mehr: „Positive" *und* „negative" Ionen wandern gegeneinander als Strom durch die Salzlösung. Die chemischen Atome treten als elektrisch geladene Atome auf!

Fünfzig Jahre später wußte man, daß auch in der Gasentladung, z. B. in einem elektrischen Funken *geladene* Atome oder Moleküle (die man auch Ionen nannte) auftreten und daß ein elektrischer Strom durch ein Gas nur dann übergehen kann, wenn in demselben Ionen vorhanden sind. Wieder wie bei der Elektrolyse bilden die durch das Gas laufenden Ionen den elektrischen Strom. Vor allem Wilhelm Hittorf hatte sich sowohl mit den Ionen bei der Elektrolyse wie mit den Ionen in Gasentladungen befaßt und dabei eine wichtige Entdeckung gemacht.

Ich will wieder von einer bekannten Erscheinung ausgehen: den langen Leuchtröhren, die zu Reklamezwecken benutzt werden. Es sind Glasröhren, in welchen irgend ein Gas unter niederem Druck enthalten ist. An den Enden sind zwei Drahtstücke in das Glas eingeschmolzen, die man auch Elektroden nannte. Solche Röhren werden noch heute Geislerröhren genannt, nach dem Bonner Glasbläser Geisler, welcher sie für den Physiker Plücker herstellte. Legt man an die Elektroden eine elektrische Spannung geeigneter Größe, so geht ein Strom durch das Gas, wobei dieses in helles Leuchten kommt — die Farbe hängt von der Art des Gases ab; so leuchtet Stickstoff fleischrot, Helium gelb, Wasserstoff rot-violett, Neon grell-orange, Quecksilber weißlich-blau. Das was ich jetzt beschrieb, sind in etwa auch die Hittorfschen Versuche aus den sechziger Jahren. Nun verband er die Leuchtröhren mit einer Vakuumpumpe und pumpte dauernd das Gas aus: Der Strom blieb, wurde schwächer, das Leuchten wurde schwächer und setzte schließlich fast ganz aus: *aber noch immer floß ein Strom*, es ging also noch Elektrizität durch das Innere des Rohrs von der einen Zuführung zur anderen. Weil kein Leuchten mehr da war, schloß er, daß das Gas sich an dem Strom *nicht* mehr beteiligen kann. Aber er sah etwas: gegenüber der einen Stromzuführung, der negativen Elektrode oder „der Kathode" leuchtete die *Glaswand* hellgrün auf (während das Innere des Rohrs fast dunkel blieb), und diese Stelle der Glaswand wurde sehr heiß. Brachte er einen Magneten in die Nähe des Rohres, so wurde eine andere Stelle leuchtend und heiß. Er schloß: es geht wirklich ein elektrischer Strom von der Kathode aus, denn auch ein Draht, durch den ein Strom fließt, wird vom Magneten abgelenkt. Und so kam er zu der Ansicht: *dieser Kathodenstrom oder Kathodenstrahl ist ein von jeder Materie losgelöster elektrischer Strom.* Erst 1896/97 wurde die Richtigkeit dieser kühnen Hypothese erkannt.

Einige Jahre später fand W. Hallwachs bei der Analyse einer überraschenden Entdeckung von Heinrich Hertz beim Funkenübergang, daß man durch die gewöhnliche Zimmerluft einen elektrischen Strom schicken kann, wenn man eine Metallplatte belichtet. Wiederum floß dieser Strom von dem negativen Pol, der Kathode aus: es ist die Entdeckung des lichtelektrischen Effekts. Elektrische Ladungen werden durch Licht von der

Materie losgelöst — negative Elektrizität geht fort, die zurückbleibende Materie muß also elektrisch positiv sein. Dasselbe geschieht bei Erhitzung von Metallen, aber auch von Gasen.

Es dauerte immerhin einige Jahrzehnte, bis alle diese Erscheinungen eine ganz einfache, *einheitliche* Deutung fanden: Alle Atome enthalten elektrische Ladungen, welche unter bestimmten Bedingungen abgetrennt werden können. Diese Ladungen sind immer negativ elektrisch, sie bewegen sich unter einer elektrischen Kraft genau so wie Atome unter der Schwerkraft; sie sind selbständige atomare Gebilde, sie haben sogar eine Masse, sie ist aber nur ungefähr $1/_{1850}$ der Masse des Wasserstoffatoms. Verliert ein Atom oder ein Molekül eine solche negative Ladung, so bleibt es als positiv geladenes *Ion* zurück. Vereinigt sich die freie negative Ladung mit einem normalen Atom, so entsteht ein negativ geladenes Ion. Die Bezeichnungen „negativ" und „positiv" sind natürlich willkürlich, konventionell; man nennt einfach die abtrennbare Ladung „negativ". Von größter Bedeutung ist die Einsicht, daß es zur Erklärung aller elektrischen Erscheinungen genügt, *eine* Art von Elektrizitätsteilchen anzunehmen.

Dieses Elektrizitätsteilchen nannte man *Elektron*, auf ihm allein beruhen alle elektrischen Wirkungen, es ist ein Bestandteil aller Materie, aller Atome. Die Faradayschen Ionen bei der Elektrolyse sind also Atome, welche ein Elektron verloren haben und solche, welche ein Elektron aufgenommen haben.

Faraday hatte aber schon gefunden, daß es auch Ionen mit doppelter und dreifacher Ladung gibt. Will man das so ganz einfache Bild erhalten, so muß man folgern: Es gibt auch Atome, welche 2 Elektronen abgeben bzw. aufnehmen, und solche, welche 3 Elektronen abgeben bzw. aufnehmen.

25. DIE ELEKTRISCHE NATUR DER CHEMISCHEN BINDUNG; DIE LADUNGSEINHEIT

Diese *einfachen, zweifachen, dreifachen Ionen* bilden nun solche Atome, welche die Chemiker auf Grund ihrer Erfahrungssystematik als *ein-, zwei- und dreiwertige Atome* bezeichnet hatten, d. h. etwa Metallatome, welche sich mit *einem, zwei* oder *drei* Atomen eines anderen einwertigen Elementes verbinden können. Als *einwertig* erkannten die Chemiker das Chlor*atom*, als ein *einfaches negatives Ion* Faraday das Chlor*ion. Ein* Natriumatom verbindet sich mit *einem* Chloratom zu Natriumchlorid, Kochsalz. Natrium nennt der Chemiker deshalb einwertig — Natrium ist nach Faraday bei der Elektrolyse ein einfaches positives Ion. Calcium bindet zwei Chlor ($CaCl_2$ Calciumchlorid) und ist bei der Elektrolyse zweifach geladen. Aluminium verbindet sich mit drei Chlor ($AlCl_3$ Aluminiumchlorid) — und Aluminium trägt bei der Elektrolyse 3 positive Ladungen.

Der elektrische Charakter, die Ladung des Ions zeigt sich in der chemischen Bindung: Kann diese nicht die *Folge* der Ladung der Atome sein? Das ist in der Tat so: Im Kochsalz sind nicht Natrium- und Chloratome, sondern positive Natriumionen und negative Chlorionen enthalten; die elektrischen Kräfte zwischen den positiven und negativen Ionen sind die Bindungskräfte im Molekül und im Kristall. Im $AlCl_3$ hat das Al-Ion drei positive Ladungen, es kann also drei einfache negative Cl-Ionen binden. Bei der Auflösung im Wasser werden die Ionen getrennt.

Chemisch gleichartig erwiesen sich die Elemente Lithium, Natrium, Kalium, Rubidium und Caesium; als *Ionen* waren sie sämtlich einfach positiv, im Elektrolyt gaben sie also ein Elektron ab. Deshalb nennt man sie „einwertig elektropositive Atome". — So wie Chlor benahmen sich auch Fluor, Brom und Jod, die einwertig elektronegativen Atome, weil sie bei der elektrolytischen Dissoziation ein Elektron aufnehmen.

Elektronen lagern sich nicht nur an Atome oder Moleküle an, dabei negative Ionen bildend, sondern ebenso wie diese Ionen auch an Staubteilchen, an Tröpfchen u. dgl. Legt man an einen Raum, in welchem solche geladenen, mit dem Mikroskop schon beobachtbare Teilchen sich befinden, eine elektrische Spannung an, so wandern sie genau wie die Ionen im Elektrolyten. Ihre Wanderungsgeschwindigkeit hängt nach mechanischen Grundsätzen ab von der Größe der Kraft, also von ihrer Ladung und der Spannung, und von ihrer Masse. Da sich letztere bei größeren Teilchen bestimmen läßt und die Größe der angelegten Spannung ja bekannt ist, ergibt sich aus ihrer Geschwindigkeit die Größe der Ladung. Solche Messungen ergeben dasselbe Resultat, welches wir schon für die Ladung der elektrolytischen Ionen fanden: *alle* Ladungen, welche überhaupt vorkommen, sind ganzzahlige Vielfache einer Einheitsladung, gleichgültig ob Ionen oder geladene Teilchen oder einzelne Elektronen Träger der Ladung sind. — Diese Betrachtung ist die Grundlage für die Messung der bis heute wichtigsten atomistischen Größe, der elektrischen Ladungseinheit.

26. DAS PERIODISCHE SYSTEM DER ELEMENTE

Die systematische Ordnung aller Elemente nach ihren chemischen und gleichzeitig elektrochemischen Eigenschaften unter Beachtung des Atomgewichts führte zum periodischen System der Elemente von Lothar

Meyer und Ivan Mendelejew, welches wir in der heute gültigen Form geben. Die Elemente umfassen eine ununterbrochene Reihe von 99 Atomsorten, die Zahlen 1—99 heißen die Atomnummern oder die *Ordnungszahlen*; wir werden die große physikalische Bedeutung derselben kennen lernen. Die Atomgewichte sind die heute gültigen Zahlen, sie sind nicht mehr auf die Masse des leichtesten Atoms, des Wasserstoffs bezogen, sondern auf $^1/_{16}$ des Atomgewichts des Sauerstoffs. Die Anordnung ist periodisch so geordnet, daß untereinander die chemisch gleichartigen Atome zu stehen kommen. So entsteht bei den Elementen Nr. 57—71 eine Störung der Regelmäßigkeit; dies sind die sogenannten „seltenen Erden", welche bezüglich ihres chemischen, aber ganz besonders ihres physikalischen Verhaltens Sonderheiten zeigen.

Die Regelmäßigkeit des ganzen Systems, vor allem die ununterbrochene Reihe der Ordnungszahlen deutet auf ein einfaches Aufbauprinzip hin, das man schon Anfang 1800 vermutete (Proustsche Hypothese des Aufbaus aller Elemente aus Wasserstoff), das sich aber in ganz anderer Weise erst in den dreißiger Jahren unseres Jahrhunderts erschloß: der *Aufbau aus den drei Elementarteilchen Proton, Neutron und Elektron.*

Die Erforschung der Elektrolyse führte aber noch zu weiteren Erkenntnissen.

Man lernte, warum die Atome in den Kristallen, in den Salzen so fest miteinander verbunden sind. Die Newtonsche Massenanziehung, die Gravitation, ist hierzu viel zu schwach; es sind die elektrischen Kräfte zwischen den geladenen Atomen oder Atomgruppen.

Für die physikalische Atomtheorie ergab sich, daß ein Atom nicht ein unteilbares Ganzes ist, sondern daß es Elektronen enthält, welche von ihm abgetrennt werden können — und zwar ergab sich dieses ganz allgemein. Besonders wichtig war die Feststellung, daß Wasserstoff nur ein einziges Elektron abgeben kann, das nächst schwerere Element Helium aber schon zwei. Auch gaben sich gewichtige Hinweise darauf, daß die schwereren Elemente um so mehr Elektronen enthalten, je schwerer sie sind. Aber es gelang immer nur die Abtrennung von einigen Elektronen — offenbar waren die anderen sehr fest gebunden — mehr können wir vorerst nicht erkennen.

Da ein normales Atom elektrisch-neutral ist, muß also außer den negativ-elektrischen Elektronen auch ein positiv-elektrischer Teil im Atom sitzen. Was ist das für ein Teil? Schließlich hat das Atom ja auch eine Masse, die irgendwo sitzen muß; daß die Elektronen nicht mit der Atommasse räumlich verbunden sind, hatte die Abtrennbarkeit derselben gezeigt. Eine Antwort war aus den vorliegenden Erfahrungen nicht zu erhalten.. Das war die Lage der Atomphysik um das Jahr 1900.

Periodisches System der Elemente

Die oberen ganzen Zahlen bedeuten die Ordnungszahlen der Elemente, die darunterstehenden geben die Atomgewichte an. Eckige Klammern bedeuten, daß das Atomgewicht dieses künstlich gewonnenen Elementes nur für das Produkt des derzeit wichtigsten Darstellungsprozesses gilt.

o. Gruppe	1. Gruppe		2. Gruppe		3. Gruppe		4. Gruppe		5. Gruppe		6. Gruppe		7. Gruppe		8. Gruppe	o. Gruppe
	Neben-gruppe	Haupt-gruppe	Neben-gruppe	Haupt-gruppe	Neben-gruppe	Haupt-gruppe	Neben-gruppe	Haupt-gruppe	Neben-gruppe	Haupt-gruppe	Neben-gruppe	Haupt-gruppe	Neben-gruppe	Haupt-gruppe		
		1 H *1,0080*		—		—		—		—		—		—		2 He *4,003*
1		3 Li *6,940*	4 Be *9,013*		5 B *10,82*		6 C *12,010*		7 N *14,008*		8 O *16,0000*		9 F *19,00*			10 Ne *20,183*
2 He *4,003*																
2		11 Na *22,997*	12 Mg *24,32*		13 Al *26,98*		14 Si *28,09*		15 P *30,975*		16 S *32,066*		17 Cl *35,457*			18 Ar *39,944*
10 Ne *20,183*																
3		19 K *39,100*		20 Ca *40,08*	21 Sc *44,96*			22 Ti *47,90*	23 V *50,95*		24 Cr *52,01*		25 Mn *54,93*		26 Fe 27 Co 28 Ni *55,85 58,94 58,69*	
18 Ar *39,944*	29 Cu *63,54*		30 Zn *65,38*			31 Ga *69,72*		32 Ge *72,60*	33 As *74,91*			34 Se *78,96*		35 Br *79,916*		36 Kr *83,80*
4		37 Rb *85,48*		38 Sr *87,63*	39 Y *88,92*		40 Zr *91,22*		41 Nb *92,91*		42 Mo *95,95*		43 Tc *[99]*		44 Ru 45 Rh 46 Pd *101,7 102,91 106,7*	
36 Kr *83,80*	47 Ag *107,880*		48 Cd *112,41*			49 In *114,76*		50 Sn *118,70*	51 Sb *121,76*			52 Te *127,61*	53 J *126,91*			54 X *131,3*
5		55 Cs *132,91*		56 Ba *137,36*	57 La *138,92*	58-71 Seltene Erden*	72 Hf *178,6*		73 Ta *180,88*		74 W *183,92*		75 Re *186,31*		76 Os 77 Ir 78 Pt *190,2 193,1 195,23*	
54 X *131,3*	79 Au *197,2*		80 Hg *200,61*			81 Tl *204,39*		82 Pb *207,21*		83 Bi *209,00*	84 Po *210*		85 At *[210]*			86 Rn *222*
6		87 Fr *[223]*		88 Ra *226,05*	89 Ac *227*		90 Th *232,12*		91 Pa *231*		92 U *238,07*					
86 Rn *222*																

* Seltene Erdne: 58 Ce *140,13* 59 Pr *140,92* 60 Nd *144,27* 61 Pm *[145]* 62 Sm *150,43* 63 Eu *152,0* 64 Gd *156,9* 65 Tb *159,2* 66 Dy *162,46* 67 Ho *164,94* 68 Er *167,2* 69 Tm *169,4* 70 Yb *173,04* 71 Lu *174,99*

Transurane: 93 Np *[237]* 94 Pu *[242]* 95 Am *[243]* 96 Cm *[243]* 97 Bk *[245]* 98 Cf *[246]*

27. ELEKTRISCHE UND MAGNETISCHE GRUNDERSCHEINUNGEN

Wir haben in den Teilen 23—26 einen Überblick über die zweite Phase der Atomistik gegeben, welche mit der Atomchemie beginnt und durch ihre Kombination mit elektrischen Vorgängen charakterisiert ist: sie führte zu der atomistischen Theorie der Elektrizität. Es ist nun notwendig, auf die Entwicklung der Elektrizitätslehre selbst etwas näher einzugehen, ihre wesentlichen Erscheinungen kennen zu lernen, um zu verstehen, wie es zu diesen Erkenntnissen kam, ja kommen mußte. Diese Forschung verläuft zunächst fern von jeder Atomistik, solange sie nur die Erscheinungen quantitativ zu erfassen sucht und vor allem das Gesetz der Erhaltung der Energie benutzt. Wir werden aber, wenn möglich und für die Erreichung unseres Zieles zweckmäßig, jeweils atomistische Deutungen und Folgerungen einfügen, welche zum Teil schon in früher Zeit bedacht wurden, zum Teil erst der neueren Entwicklung zugehören.

Wir gehen zurück zum Voltaschen Element und wiederholen: in irgend eine Salzlösung tauchen zwei verschiedene Metallbleche ein, z.B. Kupfer und Zink, ohne daß sie sich gegenseitig berühren; verbindet man ihre äußeren, nicht eintauchenden Enden mit einem Draht, so fließt durch diesen ein elektrischer Strom. Zwei Folgen treten in Erscheinung: der Draht wird warm, und um den Draht entsteht ein magnetisches Feld. Das erste heißt, daß in dem Voltaelement ein Energieumsatz erfolgen muß, welcher in dem Draht als „elektrische Energie" auftritt und sich in Wärme umsetzt. Die einfachste atomistische Hypothese war, daß der elektrische *Strom* in der Bewegung von Elektrizitätsträgern oder elektrischen Ladungen bestehe, welche von der „*elektromotorischen*" (d. h. die Elektrizitätsträger in Bewegung setzenden) *Kraft* gegen einen Reibungs*widerstand* im Leiter in Bewegung gesetzt werden. Der Energieumsatz im Voltaelement wurde als Folge eines chemischen Vorganges erkannt. Aus dieser allgemeinen, d. h. die speziellen materiellen Verhältnisse gar nicht in Betracht ziehenden Überlegung folgt, daß die elektromotorische Kraft U, welche in irgend einem Leiter gegen den Widerstand W einen Strom I erzeugt, durch die Beziehung $U = I \cdot W$ gegeben sein muß. Das ist das berühmte Ohmsche Gesetz für einen geschlossenen, elektrischen „Stromkreis" (Georg Simon Ohm, 1824).

Abgesehen von dieser Erwärmung kann man auf gar keine Weise dem Metalldraht ansehen, ob er von einem elektrischen Strom durchflossen ist oder nicht. Deshalb war die genannte zweite Folge eines Stromes, das magnetische Feld in der Umgebung des stromdurchflossenen Leiters, wohl die wichtigste Entdeckung; sie gelang Christian Oersted im Jahre 1820. Man kannte schon aus dem Altertum, besonders aber aus dem

1600 erschienenen Werk „De Magnete" von William Gilbert die Wirkungen, welche von einem Magneten auf einen anderen Magneten oder auch auf einen „magnetisierbaren" Körper wie Eisen, Nickel und Kobalt ausgeübt werden. Ein „Magnet" (in heutiger Ausdrucksweise) besteht aus den gleichen Elementen, enthält aber noch Zusätze, so z. B. Kohlenstoff zu Eisen (Kohlenstoffstahl) oder Eisen + Nickel oder Eisen + Chrom (Nickelstahl, Chromstahl) und viele andere mehr.

Man weiß heute, daß das Magnetisch-sein („Permanenter Magnet") oder das Magnetisch-werden („Magnetisierbarkeit") nicht unmittelbar mit den Eigenschaften der Atome des Eisen, Nickel, Kobalt zusammenhängt, sondern durch die bestimmten Verhältnisse, in welchen diese Atome im festen Zustand verbunden, d. h. kristallisiert sind, bedingt ist. Denn 1903 fand Fr. Heusler, daß auch Metallegierungen anderer Elemente die gleichen Eigenschaften wie das Eisen (daher die Bezeichnung „Ferromagnetismus") haben können, z. B. eine aus Aluminium, Kupfer und Mangan bestehende Legierung, wenn diese Atome in ganz bestimmten Mengen verbunden und in bestimmter Weise kristallisiert sind („Heuslersche Legierungen"). *In der Tat sind alle Magnete feste* (kristallisierte) *Stoffe*. Aber auch diese sind nur unter einer ganz bestimmten Bedingung magnetisch: wenn nämlich ihre Temperatur nicht zu hoch ist. Jeder ferromagnetische Körper verliert bei gewisser Temperatur seine Magneteigenschaft und auch seine Magnetisierbarkeit; man nennt das die *Curietemperatur*, nach Pierre Curie, welcher diese Entdeckung machte. So hören die ferromagnetischen Eigenheiten des Nickels bei 350° C, die des Eisens bei 770° C und die der Stähle (je nach ihrer Zusammensetzung) zwischen etwa 200 und 700° C auf.

Die Existenz dieser Curietemperatur führt uns sofort zu einer atomistischen Betrachtung. Hohe Temperatur heißt ja große molekulare Energie. Stellt man sich das Innere eines ferromagnetischen Körpers als zusammengesetzt aus zahllosen kleinen Magnetchen(„Molekularmagnete") vor, so würde ein permanenter Magnet entstehen, wenn alle diese Molekularmagnete gleichgerichtet sind und durch eine innere Richtkraft in dieser Lage gehalten werden; ein magnetisier*barer* Körper kann ebenso aufgebaut sein, wenn durch Berührung mit einem Magneten die Molekularmagnete ausgerichtet werden, nach Entfernung des Magneten aber wieder sich willkürlich verteilen, weil keine genügende innere Orientierungskraft mehr vorhanden ist. Diese Molekularmagnete müssen aber auch die ungeordnete Brownsche Molekularbewegung ausführen; und je größer diese ist, je höher also die Temperatur, desto mehr wird deren Ordnung gestört, desto schwächer wird also die permanente und auch die erzwungene Orientierung, d. h. die nach außen in · Erscheinung tretende Magnetisierung. Mit diesem Bild wird sofort verständlich, warum es keine flüssigen ferromagnetischen Körper geben kann: in der Flüssigkeit besteht keine Ordnung der Atome.

28. DAS MAGNETISCHE FELD EINES MAGNETEN

Im Außenraum um einen Magneten herrscht ein „magnetisches Kraftfeld". Es geht aus von den Enden, den Polen des Magneten. Man kann sich leicht einen Versuch improvisieren, mit dem man die Art dieses Kraftfeldes erkennen kann: Legt man einen kleinen Magnetstab oder einen „Hufeisenmagneten" in ein Häufchen von kleinen Eisennägeln und hebt ihn dann hoch, so bilden die Nägel eine geschlossene Kette, welche nur an den Polenden ansitzt. Dieses kommt so zustande: Von dem einen Pol des Magneten wird ein Eisennagel angezogen und magnetisiert, das freie Ende des Nagels zieht einen anderen an, dessen freies Ende einen dritten usw., bis schließlich das freie Ende des letzten Nagels zu dem anderen Pol hingezogen wird. Zwischen den beiden Polen eines Magneten herrscht ein „magnetisches Kraftfeld", so wie zwischen zwei Massen ein „Gravitationsfeld", nur mit dem Unterschied, daß letzteres zwischen allen Massen, ersteres nur zwischen Magneten und magnetisierbaren Körpern zu einer Anziehung, also einer Beschleunigung führt.

Man wird oft gefragt, ob ein Magnet nicht ein „perpetuum mobile" sei: kann dieser doch in der Tat immer wieder etwa eine Eisenplatte vom Tisch aus in die Höhe ziehen, also gegen die Schwerkraft bewegen, damit also eine Arbeit leisten; die gehobene Platte hat dann potentielle Energie erhalten, die sich beim Wiederfallen in Bewegungsenergie umwandelt. Das ist schon richtig: aber sie fällt ja gar nicht, sie wird ja vom Magneten festgehalten; und zum Halten braucht man eine Kraft, aber keine Energie; letztere wird nur einmal beim Heben aufgewendet. Will man die Platte vom Magneten losmachen, damit sie wieder fallen kann, so muß man eine Arbeit leisten, z. B. indem man die Platte *gegen* die magnetische Anziehungskraft horizontal vom Magnetpol abzieht oder indem man sie festhält und den Magneten nach oben oder nach der Seite abzieht und dann den Magneten so weit fortbewegt, bis er auf die Platte keine Kraft mehr ausübt. Hier liegt die Lösung des Rätsels: die Magnetisierung des Magneten wird bei der Anziehung geändert, weil ja die angezogene Platte „magnetisiert" wird. Diese Magnetisierungsänderung beginnt in dem Augenblick, in dem die Eisenplatte sich dem Magneten nähert, und ist beendet, wenn die Platte angezogen ist. Das ist das Energieäquivalent für die Hebungsarbeit gegen die Schwerkraft.

Wenn wir mit unseres Armes Kraft nun Platte und Magnet voneinander entfernen, so leisten wir mechanische Arbeit (oder Energie), welche den ursprünglichen Zustand des Magneten wieder herstellt. Deshalb kann ein Magnet immer wieder Eisen heben, weil wir die von ihm hierfür aufgewendete Energie zurückgeben, wenn wir das Eisen wieder wegnehmen. Der Satz der Erhaltung der Energie gilt ganz genau!

Eine Kompaßnadel ist ein kleiner, drehbar aufgehängter Stabmagnet, welcher sich immer in einer bestimmten geographischen Richtung einstellt, ziemlich genau von Nord nach Süd. Die Erde ist also ein großer Magnet, der um sie ein magnetisches Feld erzeugt. Auch in diesem Feld können magnetisierbare Körper magnetisiert werden; so sind z. B. Eisenbahnschienen, die nordsüdlich laufen, immer magnetisiert, ebenso eiserne Schiffe, welche eine Zeitlang Nord- oder Südkurs gefahren sind, weil durch die Fahrterschütterung die Magnetisierung, d. h. die Ausrichtung der Molekularmagnete im äußeren Magnetfeld erleichtert wird.

29. DAS MAGNETISCHE FELD EINES ELEKTRISCHEN STROMES

Diese summarischen Angaben genügen vollständig, um den *Grundversuch von Oersted* zu verstehen. Er brachte eine Magnetnadel in die Nähe eines geraden Metalldrahtes; sobald dieser zwischen die beiden Elektroden des Voltaelementes eingeschaltet wurde, stellte sich die Magnetnadel überall senkrecht zur Drahtrichtung und blieb in dieser Stellung, bis die Stromquelle abgeschaltet wurde. — Während die „Kraftlinien" eines Magneten von einem Pol zum anderen gehen, so laufen die magnetischen Kraftlinien des stromdurchflossenen Leiters kreisförmig geschlossen um diesen herum. Wickelt man den Draht zu einer „Locke" (einer „Spule" — „Solenoid" — oder einer „Wendel"), so laufen die magnetischen Kraftlinien im Innern derselben von einem Ende zum anderen, und außen herum zurück, genau so als ob die stromdurchflossene Spule zu einem Stabmagneten mit magnetischen Polen an ihren Enden geworden wäre.

Wir haben früher einmal darauf hingewiesen, daß schon Volta annahm, daß ein elektrischer Strom ein „gerichteter Vorgang" ist: legte man die Zunge zwischen die beiden Pole des Voltaelementes, so schmeckte der eine nach einer Säure, der andere nach einer Lauge (man kann das mit jeder Taschenlampenbatterie nachprüfen!); und später wurde bei der elektrolytischen Abscheidung festgestellt, daß z. B. die Metallabscheidung immer an *der* Elektrode erfolgte, welche mit einem bestimmten Pol (nämlich der Zinkplatte des Voltaelements) verbunden war. Faraday hatte diese Elektrode die Kathode genannt und festgesetzt (d. h. ohne einen entscheidenden physikalischen Grund, nur zur „Sprachregelung" bestimmt), daß die Metallionen als „positive Ionen" in der Stromrichtung wandern. Der Oersted-Versuch zeigte auf eine neue Art die Richtung, die *Polarität des Stromes*: Die Richtung der Einstellung der

Nadel, also die Richtung der kreisförmig-geschlossenen Kraftlinien in der Umgebung des stromdurchflossenen Drahtes hängt davon ab, in welcher Weise die Pole des Voltaelements mit dem Draht verbunden sind. Legt man also auch eine Stromrichtung im Draht fest, welche mit der elektrolytisch-normierten übereinstimmt, so macht man dieses durch die Richtung des magnetischen Feldes: Blickt man längs des stromdurchflossenen Drahtes und sieht dabei, daß die *Nordpole* der um den Draht herum aufgehängten Magnetnadeln sich in der Richtung des Uhrzeigers bewegend senkrecht zum Draht einstellen, so ist die Blickrichtung die positive Stromrichtung; denn ersetzt man jetzt den Draht durch ein Rohr mit Kupfersulfatlösung und zwei Elektroden, so drehen sich die Nordpol-Magnetnadeln wieder im Uhrzeigersinne, wenn man in der Richtung der Kupferionenwanderung blickt.

Das ist also die wichtige Erkenntnis, daß der elektrische Strom *in* einem Draht (was es ist, können wir noch nicht erkennen!) mit einem Magnetfeld im ganzen Raum verbunden ist, dessen Stärke zwar mit der Entfernung immer kleiner wird, das aber nirgendwo verschwindet. Benutzt man statt des einen Voltaelements zwei oder drei oder zehn, so steigt das Magnetfeld an jeder Stelle des Raumes auf den zwei- oder drei-, oder zehnfachen Wert an. Diese Stärke der Felder läßt sich aber leicht messen durch die Größe der Richtwirkung auf einen Kompaßmagneten.

Hiermit ist zweierlei gewonnen: obwohl es noch immer unbekannt ist, was ein magnetisches Feld, was ein Molekularmagnet und was ein elektrischer Strom ist, können diese Erscheinungen zur Messung einer „Stromstärke" benutzt werden; denn die Richtkraft auf einen Magneten ist ja eine mechanisch-meßbare Kraft. Und als zweites: es ist nicht mehr erforderlich, für die Natur der Molekularmagnete eine besondere Annahme zu machen: Wenn etwa — so sagte Ampère — in einem Körper solche kreisförmigen Ströme fließen, etwa in den Atomen, wie in den Windungen einer Spule, so liefert ja jeder solcher Kreisstrom ein magnetisches Feld wie ein kleiner Stabmagnet. Die Molekularmagnete können also molekulare Kreisströme (Ampère sagte „Molekularströme") sein, die nur in bestimmten Körpern, eben den ferromagnetischen, fließen und sich ordnen lassen.

Eine wichtige Anwendung des in einer stromdurchflossenen Spule vorhandenen Magnetfeldes wird in den *Elektromagneten* gemacht. Ein dicker Eisenstab, etwa in der Form eines Hufeisenmagneten gebogen, wird mit einer Drahtspule umwickelt. Sobald durch diese ein elektrischer Strom fließt, magnetisiert dessen Feld das Eisen, welches magnetische Pole bekommt, die um so stärker sind, je dicker das Eisen und je größer die Stromstärke ist. Auf diese Weise werden Hebe- und Tragmagnete für die Beförderung von großen Eisenmassen (Eisenbahnschienen,

Eisenträger) in Fabriken gebaut; wenn der Strom wieder ausgeschaltet wird, verschwindet die Magnetisierung und das transportierte Stück wird freigegeben.

Das Magnetfeld der Spule kann je nach der zur Verfügung stehenden Stromstärke beliebig groß gemacht werden; aber — und diese Entdeckung wurde mit der Entdeckung des Spulenfeldes gemacht — die Magnetisierung eines Eisenstabes kann eine bestimmte Größe *nicht* überschreiten. Man nennt diesen Wert die *magnetische Sättigung*. Diese Erscheinung paßt sich sehr gut in das atomistische Bild, das wir hypothetisch aufstellten, ein: wenn alle Molekularmagnete (welcher Art sie auch seien) im Innern des Eisenstabes parallel gerichtet sind, so ist das Maximum der Magnetisierbarkeit erreicht. Wiederum in Einklang mit den atomistischen Vorstellungen ist die Tatsache, daß der Wert dieser maximalen Magnetisierbarkeit, der magnetischen Sättigung, mit höherer Temperatur immer kleiner wird: die zunehmende Molekularbewegung stört mehr und mehr die Ausrichtung, bis bei der „Curietemperatur" (Teil 27) diese Magnetisierbarkeit überhaupt verschwindet.

Und das magnetische Feld der Erde? Stammt das auch von einem Kreisstrom oder liegt in der Erde ein Riesenmagnet, etwas verbogen und etwas gedreht gegen die Rotationsachse der Erde? Denn die magnetischen Pole der Erde fallen nicht mit dem geographischen Nord- und Südpol zusammen. Man weiß noch nichts über die Herkunft des Erdfeldes, aber die Annahme eines „inneren Magneten" ist unwahrscheinlich. Das Magnetfeld der Erde ist übrigens keineswegs konstant, es ändert sich dauernd bezüglich seiner Richtung und seiner Stärke; von Zeit zu Zeit treten schnelle starke Schwankungen auf, die man „magnetische Stürme" nennt. *Dieses sind magnetische Stromfelder*, erzeugt von Strömen, die von der Sonne kommen, wenn auf ihr Sonnenflecken erscheinen, in der Erdatmosphäre „Strom"-Bögen machen und dabei gleichzeitig das Nordlicht erregen! (s. folgende Seite).

30. DIE ELEKTROMAGNETISCHE KRAFT

Legt man einen Stabmagneten auf den glatten Tisch und nähert einen zweiten, so wird der bewegliche angezogen oder abgestoßen, er dreht sich oder legt sich parallel an den anderen oder setzt sich mit seinem Pol auf dessen Mitte — je nach der gegenseitigen Anordnung und der Bewegungsfreiheit der beiden Magnete — es gibt nette Spielzeuge, die hiervon Gebrauch machen. Ganz entsprechende Kräfte werden auch von einem Magneten auf einen stromdurchflossenen Leiter (oder umgekehrt) ausgeübt (das ist das Prinzip des Elektromotors!), und die gleichen Kräfte üben stromdurchflossene Leiter aufeinander aus. Die

Art und die Richtung der durch diese Kräfte bewirkten Bewegungen der materiellen Körper — der Magnete, der stromdurchflossenen Drähte oder Spulen — hängen eindeutig von der Stärke und der Richtung der Kraftlinien ab. Erzeugen zwei Magnete oder zwei Stromleiter oder ein Magnet und ein Stromleiter in einem zwischen ihnen liegenden Bereich magnetische Felder gleicher Richtung, so tritt eine abstoßende Kraft auf, bei entgegengesetzter Richtung der Felder eine Anziehung; sind die Kraftfelder gegeneinander geneigt, so erfolgt außerdem noch eine Drehung. Es ist vollständig gleichgültig, ob der elektrische Strom in einem Draht oder in einem Elektrolyten oder in einem Gase (als Funken oder dgl.) fließt; ein Magnetfeld ist mit jedem elektrischen Stromfluß verbunden, und wenn diesem ein anderes Magnetfeld überlagert wird, so wird der *Träger* des Stromes, der Leiter, durch die „*elektromagnetische Kraft*" bewegt. Die gerade erwähnten „Strombögen", welche die von der Sonne kommenden elektrischen Ströme machen, wobei sie das Nordlicht erzeugen, kommen durch das Magnetfeld der Erde zustande; dieses Magnetfeld lenkt diese Ströme so ab, daß sie normalerweise im Bereich des Polarkreises (und nicht überall!) in die Erdatmosphäre laufen; deshalb tritt das von ihnen erzeugte Leuchten der atmosphärischen Gase (das „Nordlicht" und das „Südlicht") auch normalerweise nur dort auf. Nur selten tritt es auch in unseren Breiten ein. — An manchen Masten der Hochspannungs-Freileitungen sieht man gebogene Drähte nach oben ragend, so wie die Hörner eines Ziegenbocks, die sogenannten „Hörnerblitzableiter". Auch ihre Wirkung beruht auf der elektromagnetischen Kraft. Geht nämlich durch eine Überspannung, z. B. einen Blitzeinschlag, ein Funken zwischen den Ansatzstellen der Hörner über, so tritt durch diesen Stromfluß ein magnetisches Feld auf, welches den Funken, einen *leichtbeweglichen* „Stromleiter", nach oben treibt, so daß er wegen des wachsenden Abstandes der Hörner immer größer wird und schließlich abgeblasen wird, abreißt.

Eine andere Anwendung findet die elektromagnetische Kraft in den *Meßinstrumenten* für den elektrischen Strom, welche als *Galvanometer* (oder Amperemeter) mit „Drehspulensystem" bezeichnet werden. Eine kleine Spule ist mit einer vertikalen Achse und zwei Spiralfedern so gelagert, daß sie eine feste Ruhelage hat; diese Drehachse ist so durch die Spulenwindungen geführt, daß sie zur Längsrichtung der Spule, der Spulenachse, senkrecht steht. Die Spule befindet sich zwischen den Polen, also im Magnetfeld eines horizontal liegenden Hufeisenmagneten, und zwar so, daß die Fläche, in welcher die Spulenwindungen liegen, gegen die Kraftlinien des Hufeisenmagneten geneigt ist. Fließt nun durch die Spule ein Strom, — welcher durch leichtbewegliche Drähte (z. B. durch die zwei Spiralfedern) zugeleitet wird — so entsteht, wie gezeigt, ein Magnetfeld innerhalb und außerhalb der Spule, so als ob die Spule selbst zu einem kleinen Magneten parallel zur Spulenachse geworden wäre. Die Spule verhält sich also genau so wie ein Magnet: sie sucht sich so zu drehen, daß die Spulenachse sich in die Richtung des Hufeisenmagnetfeldes einstellt. Dazu muß sie aber die Spiralfedern, welche die Drehachse halten, drehen, tordieren. Die hierzu nötige Kraft hängt von dem äußeren Feld und von dem Spulenfeld ab, letzteres ist aber abhängig von der Stromstärke. Durch diese dreht sich die Spule um einen solchen Winkel (an einem Zeiger ablesbar), bis die elektromagnetische Kraft gleich ist der rücktreibenden elastischen Kraft der Spiralfedern. Je größer der elektrische Strom, desto stärker die elektromagnetische Kraft, desto größer der Drehwinkel, der „Ausschlag" des Galvanometerzeigers. Da die Richtung des magnetischen Feldes der Spule von der „Richtung" des Stromes abhängt, hängt auch der Drehsinn der Spule von dieser ab. Hört der Strom auf, so wird die elastische Kraft der Spiralfedern frei und dreht die Spule in die Ausgangslage zurück.

Für eine spätere Betrachtung wird darauf hingewiesen (bei der Besprechung der Elastizität hatten wir die gleiche Überlegung gemacht...), daß die Messung eines elektrischen Stromes ein Energie verbrauchender Vorgang ist; denn eine Kraft setzt die Spule in Bewegung und leistet damit Deformationsarbeit in den Spiralfedern. —

31. DIE ELEKTROMAGNETISCHE INDUKTION

Wenn mit einem Strom, der durch einen Leiter fließt, ein magnetisches Feld um den Leiter erzeugt ist, so entsteht die Frage, was in einem Leiter vor sich geht, wenn in seiner Umgebung ein magnetisches Feld erzeugt wird. Diese Frage legte sich Michael Faraday 1831 vor und entdeckte damit die *elektromagnetische Induktion*. Wir wollen diese Erscheinung zunächst durch die Umkehrung des Oerstedschen Versuchs kennenlernen; dieser besteht (Teil 29) darin, daß um einen geraden stromdurchflossenen Draht ein Magnetfeld nachgewiesen wird, welches kreisförmig „zirkular" den Leiterdraht umgibt. Wir befestigen neben diesem Draht einen zweiten und verbinden seine Enden mit einem Instrument zum Nachweis eines elektrischen Stromes, einem „Galvanometer". Wird jetzt im ersten Draht (durch Verbindung seiner Enden mit einer Stromquelle) ein Strom und damit um ihn ein zirkulares Magnetfeld erzeugt, so laufen dessen Kraftlinien *auch* um den zweiten Draht herum, welcher neben dem ersten liegt. *In diesem Augenblick fließt durch diesen zweiten Draht ein elektrischer Strom*, der sofort von selbst wieder aufhört. Die Richtung dieses „Stromstoßes" ist entgegengesetzt der Richtung des Stromes im ersten Draht.

Wird im ersten Draht der Strom durch Abschalten des Voltaelements unterbrochen, damit also auch das zirkulare Magnetfeld zum Verschwinden gebracht, so entsteht im zweiten Draht wiederum ein Stromstoß, und zwar in der entgegengesetzten Richtung wie vorher beim Stromeinstellen, also — anders gesagt — ein Stromstoß in *der* Richtung, in welcher vorher der Strom durch den ersten Draht geflossen war.

Es entsteht allgemein bei jeder Strom*änderung* im ersten Leiter, die mit einer Magnetfeld*änderung* verbunden ist, ein „induzierter Stromstoß" im zweiten, dessen Richtung der Änderung im ersten immer entgegengesetzt ist. Da aber jeder Strom ein magnetisches Feld erzeugt, so muß auch durch den induzierten Strom ein magnetisches Feld entstehen, welches beide Leiter umschließt. Da der induzierte oder „sekundäre" Strom die entgegengesetzte Richtung wie der Strom im ersten Leiter, der „primäre" Strom hat, so folgt, daß der induzierte Strom das Magnetfeld, das durch den Strom im ersten Leiter entstand, schwächt — so lange natürlich nur, als der Stromstoß fließt. Nun wollen wir dies gleich zu Ende denken: Es muß also auch im ersten Leiter, wenn beim Einschalten des Stromes das magnetische zirkulare Feld um ihn entsteht, in diesem selbst ein Strom induziert werden, welcher in der entgegengesetzten Richtung wie der erzeugte fließt. Auch dieses ist der Fall: man nennt diesen Strom den *Selbstinduktionsstrom*; er bewirkt, daß bei Einschalten eines Stromes in einer Leitung die Stromstärke nur allmählich bis zum Endwert ansteigt, um so langsamer, je höher das Stromfeld ist.

Es ist selbstverständlich ganz gleichgültig, welche Form die Stromleiter haben; auch muß es nach dem früher Gesagten ganz gleichgültig sein, auf welche Art das Magnetfeld um oder in einem Stromkreis oder einem Teil desselben erzeugt oder geändert wird. Verbindet man z. B. eine Stromschleife oder eine Wendelspule mit einem Instrument, das einen Strom anzeigt, so entstehen induzierte Stromstöße bei jeder Feldänderung — durch Näherung oder Entfernung eines Magneten, durch Drehen eines Magneten oder durch Nähern, Entfernen oder Drehen einer stromdurchflossenen Spule oder durch eine Stromänderung in dieser Spule.

32. INDUKTION UND ENERGIESATZ

Wie sind diese sonderbaren Erscheinungen energetisch zu verstehen? Woher kommt die Energie, welche in dem „sekundären Stromkreis" u. a. das Strommeßinstrument betätigt? Diese Frage soll an einem der genannten Beispiele für das Entstehen eines Induktionsstromes behandelt werden. Denken wir uns irgend eine Drahtspule, deren Enden mit einem Galvanometer verbunden sind, mit horizontaler Spulenachse auf einem Tisch liegen. Ein Stabmagnet, gleichfalls auf dem Tisch in einiger Entfernung von der Spule liegend, wird gegen die Spule mit *gleichförmiger Geschwindigkeit* bewegt; hierdurch wird das vom Magneten in der Spule erzeugte magnetische Feld laufend größer. Solange diese Bewegung andauert, bis der vordere Pol des Magneten durch die Spule hindurchgeführt ist, zeigt das Galvanometer dauernd Strom an, es muß also bei der Bewegung des Magneten dauernd Arbeit geleistet, Energie aufgewendet werden. Der Strom ist um so größer, je größer die Geschwindigkeit des Magneten ist, d. h. je schneller das von ihm in der Spule erzeugte Magnetfeld zunimmt.

Nun wissen wir aus den Grundgesetzen der Mechanik, daß für eine horizontale Bewegung konstanter Geschwindigkeit (wenn von der Reibung abgesehen wird) *keine* Arbeitsleistung erforderlich ist, nachdem ein Körper einmal diesen Bewegungszustand erreicht hat. Aus dem Gesetz der Erhaltung der Energie (oder der Unmöglichkeit eines perpetuum mobile) muß also gefordert werden, daß bei unserem Versuch doch eine Arbeit geleistet wird; in der Tat: sobald die Bewegung des Magneten unterbrochen wird, hört der Strom auf, die Galvanometerspule wird von den Spiralfedern in die Nullage zurückgedreht.

Die Kraft, gegen welche unser Arm den Magneten zu der Spule hinbewegt, ist eine magnetische Kraft. Denn der beobachtete Induktionsstrom erzeugt in der Spule ein magnetisches Feld von solcher Richtung, daß die von der Spule ausgehenden Kraftlinien *gegen* die von dem vorderen Pol des bewegten Magneten ausgehenden Kraftlinien verlaufen. Man kann das auch so ausdrücken: ist der Magnetpol z. B. ein Nordpol, so entsteht durch den induzierten Strom an dem Spulenende ebenfalls ein Nordpol: die beiden stoßen sich ab. Gegen diese magnetische Abstoßungskraft muß dauernd Arbeit geleistet werden, wenn der Magnet der Spule dauernd näher gebracht werden soll. *Das ist das mechanische Energieäquivalent* für die erzeugte *elektrische Energie.*

Wird die Bewegung unterbrochen, also keine Arbeit mehr geleistet, so hört der Strom auch auf. Bewegt man dann den Magneten wieder zurück, so entsteht von neuem ein Strom — aber dieser dreht die Galvanometerspule in der entgegengesetzten Richtung! Nach dem Oerstedschen Versuch heißt dieses, daß die *Stromrichtung* sich umgekehrt hat. Also entsteht nun vor der Spule ein magnetischer Südpol, welcher den Nordpol des bewegten Magneten anzieht: soll er weiter entfernt werden, so muß wiederum eine Arbeit geleistet werden, *jetzt gegen die Anziehungskraft.*

33. ATOMISTISCHE DARSTELLUNG VON ELEKTROMAGNETISCHER KRAFT UND INDUKTION

Diese Betrachtungen sind nicht nur für die aus ihnen sich ergebenden elektrischen Konsequenzen, sondern eben wegen der Bedeutung des

Energiesatzes für sie von solcher Bedeutung, daß wir sie an einem anderen Beispiel noch begründen wollen, welches uns dann sogar grundsätzlich weiterführt. Wir stellen einen dicken Stabmagneten vertikal auf den Tisch; dann gehen unmittelbar über dessen oberen Pol die Kraftlinien vertikal nach oben. In diesem magnetischen Kraftlinienfeld hängen wir (ganz leicht beweglich) einen Draht horizontal auf; dann läuft also dieser Draht senkrecht zu den magnetischen Kraftlinien. Nun schicken wir durch den Draht (über gleichfalls leicht bewegliche Stromzuführungen) einen elektrischen Strom, der somit ebenfalls senkrecht zu den magnetischen Kraftlinien verläuft. Sobald dieser Strom durch den Draht fließt, setzt sich der Draht senkrecht zu seiner Längsrichtung in Bewegung; er wird aus dem Feld in *horizontaler Richtung* herausgestoßen, nach der einen oder der anderen Seite, je nach der Richtung des Stromes im Draht oder je nach dem, ob der Magnetpol ein Nord- oder ein Südpol ist. Es tritt also eine mechanische Bewegungsenergie auf. Die Kraft ist wiederum magnetisch; denn der Strom erzeugt das Oerstedsche zirkulare Feld um den horizontalen Draht, so daß diese kreisförmigen Kraftlinien auf der einen Seite des Drahtes von unten nach oben, auf der anderen Seite von oben nach unten verlaufen, also einmal *in*, das andere Mal *gegen* die Richtung der Kraftlinien des großen Magnetpols. Auf *der* Drahtseite, wo sie parallel laufen, wird das Feld verstärkt, weil sich die Kraftlinien des Magneten und des Stromes in gleicher Richtung überlagern (auf der anderen Drahtseite tritt das entgegengesetzte, eine Schwächung ein). Parallele Kraftlinien stoßen sich ab, der *materielle Leiter wird mitgenommen.* Die Bewegung erfolgt aus dem Feld des Magnetpols heraus — wenn er ganz draußen ist, ist der ursprüngliche Zustand wiederhergestellt. Damit ist die Kraft klar — nicht aber der Energieaufwand.

Diesen erkennt man aus der Umkehr des Versuchs. Nehmen wir einmal an, der in dem vertikalen Magnetfeld von rechts nach links hängende Draht hätte sich durch einen Strom nach *vorne* bewegt. Nun nehmen wir die Stromquelle fort und setzen an ihre Stelle ein Strommeßinstrument, ein Galvanometer. Jetzt bewegen wir mit der Hand den Draht nach *vorne* aus dem Feld heraus: es entsteht ein Strom, ein Induktionsstrom durch die mechanische horizontale Bewegung des Drahtes, *dessen Richtung umgekehrt ist zu der Stromrichtung,* welche im ersten Versuch diese Bewegung (nach vorne) des Drahtes erzeugte. Mit der Bewegung muß also eine Arbeit geleistet worden sein. Diese kann wiederum nur eine Arbeit gegen magnetische Kräfte sein: In der Tat erzeugt der umgekehrt fließende Induktionsstrom ein zirkulares Feld in umgekehrter Richtung. Wo also vorher die Kraftlinien von Magnetpol und Strom sich abstießen, ziehen sie sich jetzt an; der Draht wird *gegen diese* Anziehung bewegt.

Wir wollen die Ergebnisse dieser beiden Versuche in folgende Form fassen: a) auf einen senkrecht durch ein Magnetfeld fließender *Strom* wirkt eine Kraft senkrecht zu Feld- und *Strom*richtung; b) eine Bewegung eines *Leiters* senkrecht zu Feld und *Leiter*richtung bewirkt einen Strom durch den Leiter. Nehmen wir nun einmal an, daß der fließende Strom in der Bewegung von elektrischen Ladungsteilchen bestehe, so sind diese beiden Versuche offenbar identisch: in a) werden diese Ladungsträger durch die „Stromquelle" in Bewegung gesetzt. Dabei erfahren sie im Magnetfeld eine Kraft senkrecht zu ihrer Bewegungsrichtung und nehmen dabei den Leiterdraht *quer* mit sich; in b) werden diese Ladungsträger mechanisch in dieser Querrichtung in Bewegung gesetzt; dabei erfahren sie im Magnetfeld eine Kraft senkrecht zu ihrer Bewegungsrichtung und liefern somit einen Strom *längs* des Drahtes, eben den Induktionsstrom.

Wir hatten mehrfach betont, daß alle diese Erscheinungen in ganz gleicher Weise auch für elektrolytische Leiter gelten. Da der elektrolytische Strom in der leicht nachweisbaren Bewegung der materiellen Ladungsträger besteht, können wir die Prüfung dieser Schlußfolgerung sehr direkt vornehmen; wir brauchen nur die Richtung der Wanderung der Ionen festzustellen. Wir machen also diese beiden Versuche a und b statt mit einem Draht mit einem Glasrohr, in welches ein Elektrolyt eingefüllt ist; an den Enden ist es durch zwei Elektroden verschlossen. Das Ergebnis ist: wenn bei Versuch a) durch den Strom die positiven Ionen etwa nach links gehen und das Rohr dabei nach vorne bewegt wird, so geht in Versuch b) durch die mechanische Bewegung nach vorne dieser „induzierte" Ionenstrom nach rechts.

Das ist die atomistische Konsequenz dieser Versuche: sie sprechen eindringlich für die Auffassung, daß ein elektrischer Strom im festen Leiter ein Bewegungsvorgang von Ladungsträgern ist. Im festen Körper können es aber *keine Ionen* wie in dem Elektrolyten sein, keine materiellen Teile des Drahtes — denn an dessen materieller Konstitution ändert sich auch nach beliebig langem Stromdurchgang gar nichts.

Es sind die hier vorgeahnten, später nachgewiesenen *Elektronen*, welche in den Metallen „frei" oder mindestens sehr leicht beweglich vorhanden sind. Da sie ja eine negative elektrische Ladung haben, so müssen die Metallatome positive Ionen sein. Wir werden zum Verständnis des Unterschiedes von Salzkristallen und Metallkristallen geführt: erstere bestehen aus materiellen positiven und negativen Ionen, letztere aus positiven Ionen und negativen Elektronen. Weil nur die Elektronen *leicht beweglich sind*, sind nur die Metalle „Leiter für den Strom".

Kehren wir nochmals zu den mit b) bezeichneten Versuchen zurück: die mechanische Bewegung des Drahtes, die zum Induktionsstrom führt. Es ist ganz einfach, die mechanische Arbeitsleistung zu messen: man setzt durch eine bestimmte Kraft den Draht in Bewegung, zuerst ohne Magnetfeld (der Versuch liefert die Reibung), dann mit Magnetfeld: jetzt braucht man eine wesentlich größere Kraft für die Erzielung des gleichen Bewegungszustandes; gleichzeitig fließt der Strom. Nun macht man den Versuch noch einmal, aber ohne daß der Draht mit dem Galvanometer verbunden ist: die Kraft mit und ohne Magnetfeld ist die gleiche. Warum? Weil kein Strom fließt! Aber wie soll der Vorgang *im* Draht, den wir bewegen und dessen Elektrizitätsträger wir nach unserer einleuchtenden Hypothese mechanisch damit mitbewegen — wie soll das davon abhängig sein, ob irgendwo weit außerhalb ein Meßinstrument steht, das mit dem Drahtende verbunden ist? „Kann der Draht denn das wissen?" Nein — sicher nicht. Die Antwort, die wir hierfür finden, stützt unsere Stromhypothese sehr stark. Natürlich werden die mit dem bewegten Draht mitbewegten Elektrizitätsträger im Magnetfeld abgelenkt — aber sie gehen nur bis zu den Drahtenden — und dann ist der Vorgang beendet. Wenn nun diese Enden außerhalb verbunden werden, so wandern sie durch den Außendraht, kommen zum Magnetfeld zurück, werden im Magnetfeld erneut in Bewegung gesetzt und fließen solange als „Strom" durch die geschlossene Leitung, als durch Bewegung Arbeit geleistet wird. Was wird aus dieser Arbeit (Energie) im Stromkreis?

34. ELEKTRISCHER WIDERSTAND UND ELEKTRISCHE ENERGIE

Wir müssen also bei dem Entstehen des Induktionsstromes offenbar zwei getrennte Prozesse unterscheiden. Bei der Bewegung des Leiters im Magnetfeld (und genau so bei der Änderung des Magnetfeldes in einem Leiterkreis, etwa in einer Spule) tritt in dem dem Magnetfeld unterworfenen Teil die Bereitschaft zum Fließen eines Stromes auf, welche man die *elektromotorische Kraft* nennt. Genau dasselbe liegt bei dem Voltaelement oder dem Akkumulator oder der Trockenbatterie vor: zwischen den Elektroden besteht die Bereitschaft zur Erzeugung eines Stromes; zustande kommt der Strom erst, wenn die Enden des bewegten Drahtes, der Spule, des Voltaelementes durch einen Leiter verbunden sind, wenn die elektromotorische Kraft in einem geschlossenen Leiterkreis wirkt.

Wir haben diesen Strom durch ein Galvanometer nachgewiesen, welches sich — wie betont wurde — außerhalb des Magnetfeldes befand und mit zwei Drähten mit dem bewegten Draht verbunden wurde. Bei der Besprechung der Arbeitsleistung hatten wir auf die Torsionsarbeit im Galvanometer hingewiesen. Nun kann sich doch offenbar an dem Vorgang nichts ändern, wenn wir auf die Messung des Stromes verzichten, also entweder die Drehspule (mit dem Zeiger) festklemmen oder überhaupt nur die Enden des *bewegten* Drahtes mit einem *ruhenden Draht außerhalb des Magnetfelds* (wir werden gleich verstehen, warum wir diese Bedingungen so betonen!) verbinden. An den Enden des senkrecht zu den magnetischen Kraftlinien mechanisch bewegten Drahtes tritt die elektromotorische Kraft auf; sie erzeugt den Strom durch den Schließungsdraht — aber wo ist jetzt das Äquivalent der geleisteten Arbeit? Offenbar verbraucht das, was wir bis jetzt kurz als das „Fließen eines Stromes" bezeichneten, auch Arbeit. Wir stellen durch den Versuch leicht fest: je länger und je dünner der *äußere* Schließungsdraht ist, desto kleiner wird bei gleicher induzierter elektromotorischer Kraft (d. h. bei der gleichen Bewegung des Drahtes durch das Magnetfeld) die Stärke des Stromes. Man sagt, daß ein Leiter einen *„elektrischen Widerstand"* zeigt; die aufgewendete Arbeit setzt sich infolge dieses Widerstandes in *Wärme* um, so wie mechanische Bewegung bei Überwindung einer Reibungskraft die Reibungswärme erzeugt.

Wir können nun die elektrische Energie aus elektrischen Größen bestimmen. Die elektromotorische Kraft werde mit U, die Stromstärke mit I und die Zeit, während welcher dieser Strom fließt, also z. B. ein konstantes U aufrecht erhalten wird, mit t bezeichnet. Dann ist die elektrische Energie $U \times I \times t$. Sie wird in Kilowattstunden gemessen. Benützt man die internationalen Einheiten Volt für die elektromotorische Kraft (oder Spannung) und Ampère für die Stromstärke, so entspricht die elektrische Energie 1 kWh einer Wärmeenergie von 860 Calorien. Halten wir an der schon recht gut begründeten Hypothese fest, daß der Strom I durch den Transport von elektrischen Ladungen zustande kommt, dann ist $I \times t$ die während der Zeit t fließende Elektrizitätsmenge. Es sei auf die Analogie zu einer strömenden Flüssigkeit hingewiesen: U entspricht dem „Gefälle", It der strömenden Flüssigkeitsmenge.

Daß die Größe UIt, die elektrische Energie, in Wärmeenergie umgewandelt werden kann, hat J. P. Joule 1845 durch Versuche nachgewiesen. Wir wollen zwei Beispiele überlegen: die Dynamomachine und die Glühlampe.

In der *Dynamomaschine* (man sagt auch: dem elektrischen Generator) wird das Induktionsprinzip in der Form angewendet, daß eine Spule durch irgendeine mechanische Arbeit in einem magnetischen Feld rotiert wird. Die Rotationsachse der Spule steht senkrecht zu den magnetischen Kraftlinien eines ruhenden Magneten, des „Stator". Wird also die Spule rotiert, so laufen die Kraftlinien einmal in der einen, dann in der anderen Richtung durch die Spulenachse; bei jeder halben Umdrehung wird eine elektromotorische Kraft $+ U - U + U$ usw. erzeugt; der Vorzeichenwechsel — „Wechselstrom" — kommt, wie bei unseren einfachen Induktionsversuchen, dadurch zustande, daß bei gleichsinniger Rotation der Spule die Zahl der durch die Spulenfläche in einer Richtung gehenden Feldlinien periodisch zu- und abnimmt. Die Enden der Drahtspule, des „Rotors" sind durch Schleifringe an feste Kontakte geführt. Ist der Rotor einmal in Rotation gebracht, so rotiert er mit konstanter Geschwindigkeit weiter, weil keine Arbeit (von der Reibung abgesehen) verbraucht wird. Werden aber die genannten Kontakte außen über die „elektrische Leitung" mit einem „Verbraucher", z. B. einem elektrischen Ofen oder einer Glühlampe verbunden, so fließt ein Strom — und *die Dynamomaschine bleibt stehen, sobald ihre mechanische Rotationsenergie über elektrische Energie in Wärmeenergie umgesetzt ist.* Soll sie weiter laufen, so muß die Antriebsvorrichtung soviel Energie aufwenden, als der herausgenommenen Energie entspricht.

Je mehr Energie dem Generator entnommen werden soll, desto mehr Antriebsenergie muß zur Verfügung stehen. *Diese* Bedingung ist für eine elektrische Energieversorgung einer Stadt zu erfüllen: es muß eine solche *Leistung* verfügbar sein, damit laufend die gewünschte Energie geliefert oder aus der Maschine genommen werden *kann.* Ob sie gebraucht wird, hängt davon ab, wieviel und wie lang Verbraucher angeschlossen werden. Deshalb muß die Maschinenanlage nach der *Leistung*, nach *Kilowatt* (kW) dimensioniert sein; die Rechnung des Elektrizitätswerkes lautet aber auf Kilowattstunden, auf die verbrauchte Energie. Jede einer Arbeitsleistung dienende Maschine, z. B. auch ein Automobilmotor, wird nach der Leistung bemessen, nach Pferdestärken (PS, $1 \text{ PS} = 0{,}736 \text{ kW}$); die verbrauchte Brennstoffmenge richtet sich darnach, welcher Teil von dieser Leistung und während welcher Zeit dieser in Anspruch genommen wird.

Eine Dynamomaschine sei so gebaut und betrieben, daß an den Kontakten des Rotors eine Spannung U von 200 Volt auftritt. Als Verbraucher werde eine *Glühlampe* angeschaltet, welche den Aufdruck „200 Volt — 500 Watt (oder 0,5 kW)" hat. Dann bedeutet dieses, daß durch die Lampe (und damit durch die Rotorspule und den ganzen Stromkreis) ein Strom von 2,5 Ampere fließt (Ohm'sches Gesetz, Teil 27). Die Dynamomaschine muß also eine *Leistung* von *mindestens* 500 Watt haben. Wird der Strom eingeschaltet, so wird die gesamte Leitung des Stromkreises erwärmt, der Glühlampendraht aber so stark, daß er zum Glühen kommt: er wird so hergestellt, daß er einen vielmals größeren Widerstand hat als die gesamte übrige Leitung, so daß in ihm *fast* die ganze elektrische Energie in Wärme umgesetzt wird. Deshalb sind die elektrischen Zuleitungen aus relativ dicken Kupferleitungen hergestellt; denn Kupfer hat einen kleinen „spezifischen" Widerstand, (Eisendrähte müßten etwa 10mal größeren Querschnitt haben!); in den Zuleitungen soll natürlich möglichst wenig Energie verbraucht, „verloren" werden. — Ist der Glühlampendraht heiß geworden, so gibt er Wärme an die Umgebung und Strahlung ab. *Diese laufende Energieabgabe muß laufend als elektrische Energie zugeführt werden*: dieses ist der Betrag von 500 Watt, der auf der Lampe verzeichnet ist. Der Lampendraht und der ganze Bau der Lampe ist so bemessen, daß das Metall des Drahtes (Wolfram) noch nicht zum Schmelzen kommt. Packt man die Lampe dicht in einen mit Wolle oder Stroh gefüllten Kasten ein, so wird die Wärmeabfuhr vermindert, damit der Draht heißer, so daß er durchschmilzt. — Wenn ein Tauchsieder mit 1000 Watt bezeichnet ist, so heißt das, daß er in etwa 6 min einen Liter Wasser von 20 auf 100°C erwärmt. Das Wasser verbraucht die dem Tauchsieder zugeführte Energie. Wird er in Luft statt in Wasser an die Leitung angeschlossen, so ist die äußere Energieabfuhr durch die Luft wesentlich kleiner als durch das Wasser, er wird zu heiß, der Heizdraht schmilzt, „brennt durch".

35. ELEKTROLYSE UND ELEKTRISCHES LADUNGSQUANTUM

Alle diese grundsätzlichen Betrachtungen gelten in gleicher Weise für die elektrolytische Stromleitung — aber bezüglich der Aufklärung des Stromvorganges führte die Elektrolyse weiter. In der Überschau (Teil 24) hatten wir das Ergebnis, daß die Ionen durch Abgabe oder Aufnahme elektrischer Ladungen entstehen, vorweggenommen. Die letzte Folgerung aus den Versuchen von Michael Faraday ist erst in den achtziger Jahren gezogen worden, ziemlich gleichzeitig von J. Stoney und von H. Helmholtz. Es ist uns heute schwer verständlich, warum dieser entscheidende und auch so fruchtbare Schritt so spät gemacht wurde. Der Grund ist wohl der: es ist eine rein atomistische Überlegung und für eine solche war eben die Zeit noch nicht reif. Faraday hatte gefunden, daß in allen Elektrolyten, ganz gleichgültig unter welchen Bedingungen, bei allen Stromstärken und während allen Zeiten, d. h. bei allen Strommengen an jeder der beiden Elektroden solche Mengen der Atome (oder Radikale) abgeschieden werden, welche im Verhältnis der Atomgewichte (oder Molekulargewichte der Radikale) stehen; d. h. daß an jeder Elektrode die gleiche Zahl von Atomen bzw. Radikalen abgeschieden werden. Wird etwa eine Silbernitratlösung elektrolysiert, so scheidet sich an der einen Elektrode Silber Ag (Atomgewicht 107,9), an der anderen das Salpetersäureradikal NO_3 (Molekulargewicht 62, nämlich N 14 plus 3 mal O 16) ab. Die abgeschiedenen Mengen stehen *immer* im Verhältnis 107,9 : 62. Unter Strommenge ist dabei das Produkt von Stromstärke und der Zeit des Durchganges dieses Stromes durch den Elektrolyten verstanden, wobei es wieder ganz gleichgültig ist, wie groß die Stromstärke, wie lang die Zeit ist; nur das Produkt von beiden ist entscheidend: die Größe dieser *Strommenge* bedingt die abgeschiedene *Materiemenge, letztere ausgedrückt durch die Zahl* der abgeschiedenen Atome. So ist man versucht, *auch die Strommenge als die Zahl von elektrischen Ladungen anzusehen*, die durch den Elektrolyten mit der Materie gegangen sind. Man bringt also nicht die Materie*menge* und die Ladungs*menge* in Beziehung, sondern in atomistischer Betrachtungsweise die *Zahl* der Atome mit der *Zahl* der Ladungen. Und da die Beziehung zwischen Elektrizitätsmenge und Masse der abgeschiedenen Atome ganz unabhängig von allen anderen Bedingungen, auch ganz unabhängig von der absoluten Größe der beiden Mengen sich ergab, so schloß man nun wieder in atomistischer Denkweise: also muß die Beziehung auch für das *einzelne* abgeschiedene Atom gelten: *jedes einzelne Atom trägt als Ion die gleiche elektrische Ladung.*

Diese Schlußfolgerung wurde durch die anderen quantitativen Versuchsergebnisse voll bestätigt: es war gar nicht nötig, sich auf die an den beiden Elektroden abgeschiedenen Mengen *eines bestimmten* Elektrolyten zu beschränken. Die Gleichheit der Zahl der abgeschiedenen Atome galt auch für ganz verschiedene Elektrolyte, wenn nur die darin gelösten Atome chemisch einwertig waren. Also müssen — bei der gleichen atomistischen Überlegung bleibend — *alle* einwertigen Atome (und Radikale) als Ionen die gleiche Elektrizitätsmenge oder elektrische Ladung tragen.

Waren es aber chemisch mehrwertige Elemente, so wurden mit der gleichen Elektrizitätsmenge um soviel mal weniger Atome oder Radikale abgeschieden, als die Wertigkeit angab. Besteht also der Strom im Elektrolyten in dem Transport von elektrischen Ladungen durch die Ionen, so ist die einfachste Deutung, daß ein zwei- oder dreiwertiges Atom als Ion zwei oder drei Ladungen hat.

Diese aus *allen* Elektrolyseversuchen folgende gleiche Elektrizitätsmenge pro chemische Valenz nannte Helmholtz das „*elektrische Elementarquantum*", Stoney „*die Elektronladung*".

36. ATOMISTISCHE DARSTELLUNG DES ELEKTRISCHEN STROMES

Wir können uns nun ein wesentlich besseres Bild über den „elektrischen Strom" machen. Der für eine Elektrolyse erforderliche Stromkreis besteht aus der Stromquelle (die auch eine Dynamomaschine sein kann), den Drähten zu den Elektroden, die in den Elektrolyten eintauchen, und dem Elektrolyten. Durch Messung der magnetischen Felder außerhalb des Stromleiters stellt man fest, daß die Stromstärke im Elektrolyten und in allen Teilen des Stromkreises die gleiche ist, d. h. daß, atomistisch gesprochen, die gleiche Zahl von elektrischen Ladungen durch jeden Querschnitt, ob Metalldraht, Elektrolyt oder Voltaelement oder Generatorspule hindurchfließt. *Im* Elektrolyt wandern die mit Ladungen versehenen Atome (die Ionen), an den Elektroden scheiden sich aber nur die Atome ab, die Ladungen allein wandern durch den Draht weiter. Welche Ladungen? Die positiven der positiven Ionen in einer Richtung oder die negativen der negativen Ionen in der anderen Richtung oder beide in entgegengesetzten Richtungen? Aus den bisherigen Untersuchungen ist das nicht zu entscheiden; erst die Analyse der Stromleitung in Gasen gab die Antwort, die wir hier vorwegnehmen: die *negativen* Ionen sind Atome (oder Radikale), welche mit einer negativen elektrischen Ladung, einem Elektron verbunden sind; an der *Anode* gibt das negative Ion dieses Elektron ab; dieses wandert nun durch den äußeren Drahtkreis und die Stromquelle zur *Kathode* des Elektrolyten, wo es ein positives Ion antrifft, welches durch Aufnahme dieses Elektrons zum neutralen, normalen Atom neutralisiert wird.

Wenn die Ladungsträger, die Elektronen, im Metall frei beweglich sind, so ist es gar nicht nötig, daß das vom negativen Ion abgegebene Elektron durch den ganzen äußeren Leitungskreis läuft; es findet einfach eine Verschiebung statt, jedes rückt gewissermaßen eine Stelle weiter, das letzte vereinigt sich mit dem positiven Ion an der Anode. Genauso geht ja auch der Ionentransport *im* Elektrolyten vor sich. Die ganze Kolonne wandert, ein Ion nach dem anderen erreicht die Elektrode. Ist das letzte angekommen, so haben wir reines Wasser, wenn die an den Elektroden abgelagerten Atome nicht sekundär mit Wasser reagieren. Im geschlossenen *metallischen* Leiterkreis kann eine solche Verarmung an Ladungsträgern aber nie eintreten: bei fließendem Strom laufen die an sich vorhandenen freien Elektronen in geschlossener Kette durch die Drähte. Die Art der Wanderung der Ionen im Elektrolyten macht das Zustandekommen des elektrischen Widerstandes aus früheren mechanischen Überlegungen besonders verständlich. Die Ionen wandern — leicht nachweisbar — mit *konstanter Geschwindigkeit* trotz der dauernd auf ihre Ladung wirkenden „elektromotorischen Kraft". Da Ladung und Masse im Ion miteinander verbunden sind, müßte dieses also aus mechanischen Gründen eine gleichförmige *beschleunigte* Bewegung ausführen — wenn es nicht den *Reibungskräften in der Flüssigkeit* unterliegen würde. Diese bilden den elektrischen Widerstand. Die dauernd am Ion geleistete Arbeit (elektromotorische Kraft U mal Strommenge It) setzt sich also nicht in Bewegungsenergie des Ions, sondern in Wärmeenergie, in Temperaturerhöhung des Elektrolyten um. Die Bewegung der Ionen erfolgt also nach dem Stokes'schen Gesetz (Teil 5); auf der Messung ihrer konstanten Wanderungsgeschwindigkeit beruht die Bestimmung der Größe der Ionen (Teil 20).

Wir wiesen früher darauf hin, daß in den Kristallen, z. B. dem Kochsalz nicht die Atome von Natrium und Chlor, sondern positiv geladene Natriumatome und negativ geladene Chloratome verbunden sind. Wenn sich also Kochsalz aus den Elementen bildet, so entreißt das Chlor dem Natrium ein Elektron, so daß sich durch diesen Vorgang ein negatives Chlor- *und* ein positives Natriumion bilden. Das Chlor hat eine „Affinität" zum Elektron. Warum leitet das Kochsalz nicht den elektrischen Strom? Die Antwort ist sehr einfach: die Bindung der Ionen ist zu fest; sobald man sie durch höhere Temperatur, d. h. durch Wärmeenergie lockert, tritt in der Tat eine Elektrolyse auf: an der einen Elektrode lagert sich Natrium, an der anderen Chlor ab. Mit dieser „Schmelzelektrolyse" wird technisch Natrium- und ganz besonders das Aluminiummetall hergestellt.

37. STROMLEITUNG IN GASEN; DAS FREIE ELEKTRON

Schließlich betrachten wir näher die *Stromleitung in Gasen*; sie führt uns über die Stromleitung in Gasen verminderten Drucks zum *Stromübergang im Vakuum* und damit zur endgültigen Aufklärung über die Natur der materiefreien Stromträger, *zur Atomistik der Elektrizität*.

Hier gibt es zwei sich zunächst widersprechende Erfahrungstatsachen: die Möglichkeit, einen Lichtschalter oder eine Steckdose zu verwenden, beruht auf der elektrischen Isolierung der beiden freien Pole einer spannungsführenden Leitung durch die Luft. Die Möglichkeit, einen elektrischen Lichtbogen („Bogenlampe") herzustellen, beruht auf der Stromleitung durch die Luft. Die jedem bekannten Hochspannungsfrei- leitungen (Überlandleitung der elektrischen Energie, erster Großversuch mit 100 PS über 180 km von Lauffen a. Neckar nach Frankfurt a. M. 1891, von Oscar v. Miller) sind nur möglich, weil die zwischen den Drähten liegende Luft einen Stromdurchgang von Draht zu Draht ver- hindert. Ein Blitz ist dagegen — wie jeder elektrische Funken etwa am Bügel einer Straßenbahn — ein elektrischer Strom (erkenntlich an dem um ihn herrschenden Magnetfeld und an Induktionswirkungen auf andere Leiterkreise), welcher durch die Luft übergeht.

Wir beschreiben einen ganz einfachen Versuch. An die beiden Pole einer Steckdose legen wir je eine Metallplatte (einige Quadratzentimeter groß), die wir im Abstand von einigen Zentimetern gegenüberstellen (mit Porzellanstützen gegeneinander und gegen den Tisch, „die Erde", isoliert). In die eine Verbindung von Metallplatte und Steckdosenpol ist ein Strommessinstrument eingeschaltet. Weil die Platten durch Luft von- einander isoliert sind, geht kein Strom über. Halten wir jetzt zwischen oder unter die Metallplatten ein brennendes Streichholz, eine Gas- flamme, einen mit Benzol getränkten und angezündeten Wattebausch, so fließt sofort ein Strom. Stellen wir die Gasflamme *neben* den Raum zwischen den Platten, so erfolgt nichts; blasen wir aber die heißen *über* der Flamme aufsteigenden Gase zwischen die Platten, so fließt ein Strom.

Stellen wir eine brennende Bogenlampe neben die Platten und blasen durch den Bogen nach dem Plattenraum, so fließt wieder ein Strom. Bringen wir zwischen die Platten einen elektrisch (etwa mit einem Akkumulator) geheizten Draht, so fließt ein Strom, sobald dieser Draht hellglühend wird. Bei allen diesen Versuchen werden offenbar durch die hohe Temperatur Stromträger erzeugt: sie werden durch die an den Platten liegende elektrische Spannung, die „elektromotorische Kraft" in Bewegung gesetzt und liefern mit diesem Transport von Stromträgern aus dem Raum zwischen den Platten zu den Platten einen elektrischen Strom: diese Hypothese wird uns aus der Kenntnis der elektrolytischen Stromleitung nahegelegt. Ebenso wie reines Wasser den Strom nicht leitet, sondern erst dann, wenn durch Auflösen von Salzen (oder Säuren oder Laugen) Ionen hineingebracht werden, so *leitet die Luft nur, wenn ihr Stromträger zugesetzt werden.*

Wir wollen die Grundversuche noch erweitern: wir konzentrieren das Licht der Bogenlampe mit einem Hohlspiegel oder einer (Quarz)-Linse in dem Raum zwischen den Platten: kein Strom, also keine Trägerbildung in der Luft durch Licht. Wird aber das Licht auf die *eine* Platte und zwar den negativen Pol (die „Kathode" nannten wir ihn bei der Elektrolyse) konzentriert, so fließt ein Strom; die Belichtung des anderen, des positiven Pols, der Anode ist ohne Einfluß. Wir müssen schließen, daß durch das Licht *aus dem Metall* Träger ausgelöst werden, welche negative elektrische Ladung tragen; denn diese werden (wie bei der Elektrolyse) vom negativen zum positiven Pol transportiert. Daß diese Annahme richtig ist, zeigt ein klar durchschaubarer Versuch: die gleiche Plattenanordnung wird in ein Gefäß gebracht, aus welchem das Gas, so weit als technisch möglich ist, herausgepumpt wird: bei Belichtung der Kathode tritt auch jetzt ein Strom auf. — Auch wenn wir den Glühdraht im Vakuum zwischen die Platten setzen, fließt ein Strom. Wir vereinfachen diesen letzten Versuch noch derart, daß wir den negativen Pol der Steckdose mit dem Glühdraht verbinden und den positiven Pol mit einer dem Glühdraht gegenüberstehenden Platte: sobald der Draht geheizt wird, fließt ein Strom zwischen den beiden, aber nur, wenn der Heizdraht die Kathode ist.

Wir sind also jetzt ganz sicher, daß durch Licht und durch hohe Temperaturen aus Metallen negative Elektrizitätsträger herausgeholt werden können, welche nicht mit Materie verbunden sind; denn weder die belichtete Elektrode noch der Glühdraht zeigen irgendwelche materiellen Veränderungen. Wir hatten schon im vorangegangenen Teil mit starken Argumenten die Hypothese stützen können, daß der Leitungsvorgang im Metall in der Fortbewegung von unmateriellen Elektrizitätsmengen besteht, welche aus einzelnen Ladungseinheiten oder Elementarquanten immer gleicher Ladung bestehen.

Nun konnte man in besonders feinen Versuchen zeigen, daß *bei der Belichtung von Metallen einzelne Ladungseinheiten das Metall verlassen.* Man benützt dazu ultramikroskopische Metallteilchen — das heißt so kleine Teilchen, daß man nicht mehr ihre Form, sondern nur noch ihre Existenz durch das von ihnen abgebeugte Licht erkennt, so wie man feinste Staubteilchen im Zimmer „sieht", wenn sie in einen hellen Sonnenstrahl kommen, die „Sonnenstäubchen", welche bei Shakespeare „atomies" heißen. *Alle diese* durch Licht ausgelösten Ladungen hatten die gleiche Ladungsmenge und waren stets elektrisch negativ; das Metallteilchen war nach dem Verlust der Ladungsmengen elektrisch positiv geworden. *Die Größe dieser Ladungsmenge* ergab sich als genausogroß wie die aus den Faraday'schen Elektrolyse-Versuchen von Stoney und Helmholtz errechnete *einfache Ionenladung.* Da diese genausogroß sein muß wie die bei ihrer Abgabe von der Elektrode durch den Leitungskreis laufende Elektrizitätsmenge, so folgt, daß *alle elektrischen Ladungen und Ladungsbewegungen Zustände und Vorgänge sind, welche auf der Atomistik der Elektrizität, der Existenz eines unmateriellen elektrischen Elementarquantums beruhen,* welches man heute das *Elementarteilchen der elektrischen Ladung* oder das *Elektron* nennt.

Die Loslösung eines Elektrons durch hohe Temperatur ist ein der Verdampfung ähnlicher Vorgang; durch thermische Energie werden sie als Bestandteile des Metallgitters befähigt, die sie bindenden Kräfte zu überwinden. Je höher die Temperatur, desto mehr Elektronen entweichen und desto größer ist die Geschwindigkeit, welche sie nach Verlassen des Metalls haben. Das ist der *glühelektrische Effekt,* 1907 von O. W. Richardson entdeckt, welcher technisch in den „Radioröhren", den Röntgenröhren, den Braunschen Röhren so sehr wichtig wurde. Aber wahrlich nicht geringer ist seine Bedeutung für die Aufklärung des elektrischen Stromvorgangs! — Die Auslösung von Elektronen durch Licht, *der lichtelektrische Effekt oder Photoeffekt* wurde eine der Grundtatsachen für die Quantentheorie der Strahlung (Teil 94).

38. IONISATION UND STOSSIONISATION

Für die *allgemeine Atomistik* ist von Bedeutung, daß durch genügend hohe Temperatur und durch geeignete Strahlung auch von einzelnen Atomen (also im Gaszustand) Elektronen abgetrennt werden, d. h. daß neutrale Atome in elektrisch positiv geladene Gasionen und freie Elektronen zerlegt werden können. Genau das gleiche tritt ein, wenn freie Elektronen mit genügender Bewegungsenergie auf neutrale Atome (oder Moleküle) auftreffen: *sie spalten unter Verlust von Bewegungsenergie Elektronen von diesen ab.* Jedes Element braucht hierzu eine bestimmte, von seinem Bau, von seiner inneren Eigenschaft abhängige Energie, die *Ionisierungsenergie*. Man nennt diesen Vorgang die „Ionisation durch Elektronenstoß".

Die freien Elektronen erhalten ihre Energie durch eine elektrische Kraft, genauso wie die Ionen im Elektrolyten — *und wie die Elektronen in einem Metalldraht*, dadurch, daß in dem Raum, der die freien Elektronen enthält (oder in dem Elektrolyten oder an die Enden eines Metalldrahtes), zwei Elektroden gebracht werden, an welche eine elektrische Spannung, eine *elektromotorische Kraft* angelegt wird. Während in Elektrolyten die Ionen, im Metalldraht die (Leitungs-)Elektronen sich wegen der großen Reibung — „elektrischer Widerstand"! — mit kleiner *konstanter* Geschwindigkeit fortbewegen (so wie die Schneeflocken im Gravitationsfeld), werden die Elektronen in einem Raum mit wenig Gasmolekülen beschleunigt, bis sie entweder auf die positive Elektrode aufprallen (und Wärme, ev. Röntgenstrahlen, Teil 43, erzeugen) oder bis sie ein Gasmolekül treffen und dieses ionisieren. Damit werden aus einem Elektron 2, welche nun wieder beschleunigt werden und bei genügender Energie nun 2 Gasmoleküle ionisieren können, so daß nunmehr 4 Elektronen vorhanden sind. Je größer die elektromotorische Kraft und je günstiger die Bedingungen für Zusammenstöße sind, desto mehr Elektronen werden gebildet, es entsteht eine „*Elektronenlawine*". Gleichzeitig entstehen 1, 2, 4 usw. positive Gasionen, welche nun in entgegengesetzter Richtung auch beschleunigt werden und damit auch die Fähigkeit erhalten, beim Stoß auf ein normales Gasatom (oder Gasmolekül) dieses zu ionisieren. Es entsteht also auch eine *Ionenlawine*; oder allgemein gesagt: es kann aus einem oder wenigen Elektronen ein starker Elektronen- und Ionenstrom entstehen. Man nennt diese Multiplikation allgemein die „*Stoßionisation*". Wir werden ihre generelle Bedeutung für die Elektrizitätsleitung durch Gase sofort kennen lernen.

Wir haben gerade auf den Unterschied zwischen der Bewegung der Ionen im Elektrolyten oder der Elektronen im Metall und der Bewegung der Elektronen im materiefreien Raum hingewiesen: der letztere hat keinen „elektrischen Widerstand". Läuft ein Elektron ohne Zusammenstöße mit Materie von der Kathode bis zur Anode, so setzt sich die gesamte elektrische Energie in kinetische Energie des Elektrons um. Erstere ist durch das Produkt eU aus Spannung U und Elektrizitätsmenge (Ladung des Elektrons) gegeben, letztere durch das Quadrat der Endgeschwindigkeit und die Masse des bewegten Körpers: Da die Geschwindigkeit meßbar ist, ergibt sich die *Masse des Elektrons*, eine neue atomistische Größe. Sie beträgt $1/_{1850}$ der Masse des Wasserstoffatoms.

Aber noch eine weitere für die allgemeine Atomistik bedeutungsvolle Beobachtung fällt bei dem Eintreten der Stoßionisation auf: das Gas, in welchem diese erfolgt, durch welches also auf diese Weise ein Strom hindurchgeht, *leuchtet*. Es strahlt Licht aus, ganz anderer Art als etwa das Licht von glühenden Körpern, dessen Färbung und Helligkeit unabhängig von der chemischen *Art* der glühenden Materie ist und nur von ihrer *Temperatur* abhängt; das Licht der leuchtenden Gase ist ganz intensiv gefärbt, seine Farbe hängt von der chemischen Art des Gases ab. Die chemische Natur der Atome tritt in überraschender Weise in der Leuchtfarbe seiner Atome in Erscheinung.

39. DIE KATHODENSTRAHLEN

Bei den bisher behandelten Vorgängen des Stromübergangs durch Gase war Bedingung, daß auf irgendeine Weise Elektronen oder Ionen erzeugt werden, deren Transport durch eine elektromotorische Kraft dann den Strom — eventuell noch durch Stoßionisation verstärkt — darstellt. Nun gibt es aber doch im Gegensatz zu dieser „unselbständigen Gasentladung" auch eine „selbständige", z. B. jeder elektrische Funken. Woher kommen hier die Stromträger, die Elektronen oder die Ionen?

Wir gehen nochmals zu den Grundversuchen von Teil 37 zurück. Wir bringen zwischen die Platten ein kleines Glasröhrchen, welches einige Milligramm des chemischen Elementes *Radium* enthält: sofort fließt ein Strom. Es muß also von diesem Stoff eine Energie ausgehen, welche die Luftmoleküle ionisiert. Daß das richtig ist, sieht man sofort, wenn man diesen Versuch im Vakuum macht: jetzt verursacht das Radium keinen Strom. Diese Entdeckung der Ionisation durch Radium (oder die „radioaktive Strahlung" — wir werden noch sehr ausgiebig hierüber zu sprechen haben) war Veranlassung, mit viel empfindlicheren Methoden die Ionisation oder „Leitfähigkeit" der Luft zu untersuchen; mußte man doch überlegen, daß das Radium ein Bestandteil unserer Erde ist und daß deshalb von diesem dauernd eine Ionisierung der Atmosphäre erfolgen kann, daß also immer Ladungsträger in der Luft sein sollten. Das erwies sich in der Tat als richtig. Man fand sogar, daß es noch andere Gründe hierfür gibt: Elektronen und andere ionisierende Strahlungen, die aus dem Weltenraum in unsere Atmosphäre eindringen. Man nennt sie meist die „Höhenstrahlung". Unsere Luft enthält also immer einen gewissen Betrag von Ionen, von positiv und negativ geladenen Gasmolekülen. Ist dieser auch noch so klein: bei genügend hoher Spannung vermehren sie sich durch Stoßionisation. Auf diese merkwürdige Weise kommen die Entladungen der Funken und der Stromübergang in den Leuchtröhren, den „Geißlerröhren" zustande; diese selbständige Entladung hat heute nur in Sonderfällen Bedeutung, da die primären Ladungsträger fast allgemein jetzt durch Glühkathoden erzeugt werden. Aber die Entdeckung des Stromübergangs durch bewegte Elektronen, die man ursprünglich *Kathoden-*

strahlen nannte, erfolgte mit dieser „selbständigen" Gasentladung, als man den Stromübergang bei abnehmendem Gasdruck zwischen den Elektroden untersuchte (vgl. Teil 24). Je geringer der Gasdruck ist, desto unwahrscheinlicher wird es, daß die zufällig vorhandenen wenigen „primären" Ionen oder Elektronen durch die Stoßionisation beträchtlich vermehrt werden, weil die „freien Weglängen" zu groß, die Zusammenstöße also zu selten werden. *Aber auch dann bleibt ein elektrischer Strom bestehen*: wenn die wenigen durch Stoß auf Gasreste noch gebildeten positiven Ionen dauernd der elektrischen Anzirhungskraft der Kathode unterliegen, werden sie beschleunigt und schlagen schließlich mit großer Energie auf die Kathode auf. Nun beginnt ein neuer sehr wichtiger Prozeß: diese Energie wird zu einem Teil zur Loslösung von Elektronen aus dem Metall der Kathode verwendet. Hierdurch entstehen an der Kathode neue *negative* Ladungsträger, welche nun von der Kathode fort beschleunigt werden und wegen des geringen Gasdruckes zum großen Teil ohne Zusammenstöße mit den seltenen Gasatomen geradlinig durch das Entladungsrohr fliegen: das sind die Hittorf'schen *Kathodenstrahlen*.

Woher weiß man, daß es positive Gasionen sind, welche mit großer kinetischer Energie auf die Kathode hinfliegen? Das mit der Stoßionisation verbundene Leuchten ist zu schwach geworden, es sind zu wenig Gasatome da. Der Beweis ist 1897 Wilhelm Wien gelungen, unter Verwendung einer lange bekannten, aber bis dahin nicht aufgeklärten Erscheinung: der sogenannten *Kanalstrahlen*, die 1886 von E. Goldstein entdeckt worden waren. Wird in das Metallblech der Kathode ein feines Loch gebohrt, so müssen doch offenbar diejenigen positiven Ionen, welche gerade auf das Loch treffen, durch dieses hindurchfliegen. Dieses ist der Fall: hinter dem Loch laufen — bezüglich ihrer elektrischen Ladung und ihrer chemischen Natur analysiert! — positiv geladene Ionen des Füllgases des Entladungsrohres mit großer Geschwindigkeit geradlinig weiter; ihre Geschwindigkeit (oder ihre kinetische Energie) ist abhängig von der Höhe der elektrischen Spannung zwischen den Elektroden des Entladungsrohres. Wird der Gasdruck im Entladungsgefäß immer weiter erniedrigt, so hören sowohl die Kathodenstrahlen als auch die Kanalstrahlen auf; es findet gar keine Stoßionisation mehr statt, die primären Ionen sind so gering an Zahl, daß auch für sehr hohe Spannungen das Gas von niedrigem Druck wieder elektrisch isoliert.

40. „SELBSTÄNDIGE ENTLADUNG"; FUNKEN UND BLITZ

Diese Betrachtungen über die Stoßionisation als Grundbedingung für die selbständige Entladung sind so wichtig und lehrreich, daß wir sie noch einmal in anderer Form diskutieren wollen. Wir gehen wieder auf die Versuchsanordnung unseres Grundversuches (Teil 37) zurück: zwei durch Luft vom Atmosphärendruck getrennte Platten, an welche eine elektrische Spannung gelegt wird. Wir steigern dieses Mal die Spannung, ohne durch irgendwelche Mittel künstlich Ionen oder Elektronen in den Gasraum zu bringen. Erst bei einer sehr hohen Spannung (*viele* tausend Volt) beginnt an den *Rändern der Platten* eine schwache *Leuchterscheinung*, verbunden mit einem Knistern; und bei noch höherer Spannung schlägt ein elektrischer Funken über, mit einer recht hohen Stromstärke, also einem Transport von vielen Ladungen: jetzt ist Stoßionisation eingetreten. Warum ist hierfür eine so sehr hohe Spannung erforderlich? Die wenigen primären natürlichen Ionen werden zwischen den Platten beschleunigt; da aber bei einem Gas von Atmosphärendruck die freie Weglänge so klein ist (Teil 21: Größenordnung zehntausendstel Millimeter), werden diese Ionen nur über diese kurze Strecke beschleunigt, erhalten also nur eine kleine Bewegungsenergie, welche noch lange nicht ausreicht, um beim Zusammenstoß mit neutralen Gasatomen diese zu ionisieren. Durch die Zusammenstöße mit Atomen (oder Molekülen) werden sie immer wieder abgebremst — ähnlich wie die durch die Schwerkraft dauernd angezogene Schneeflocke durch Reibung doch keine große Bewegungsenergie enthält. Erst wenn die elektrische Spannung *sehr* hoch ist, wird die Beschleunigung der primären Ionen so groß, daß sie schon auf *einer* freien Weglänge, d. h. zwischen zwei Zusammenstößen mit den Gasmolekülen die für die Stoßionisation erforderliche Energie erhalten: dann entwickelt sich die Ionenlawine und der Funken schlägt über.

Wird der Druck des Gases zwischen den Elektroden erhöht, so wird die zur Erzeugung eines Funkens nötige Spannung entsprechend größer; denn die freie Weglänge wird kleiner und damit auch die Energiezunahme eines Ions zwischen zwei Zusammenstößen. Das ist das Prinzip der Hochspannungsisolierung durch hohen Druck. Wird umgekehrt der Druck zwischen den Elektroden erniedrigt, so tritt die Entladung bei immer kleineren Spannungen ein. Hier ist die Begrenzung der selbständigen Entladung dadurch gegeben, daß mit tiefem Druck natürlich auch die Zahl der primären natürlichen Ionen abnimmt.

Genau auf diese Weise kommt der *Blitz* zustande. Die Elektroden sind dann z. B. eine Wolke und die Erde oder auch zwei Wolken. Aber woher kommt die Energie? Beim Funken stammt diese aus der Stromquelle, deren Pole an die Elektroden angelegt werden. Man sieht das sehr schön daran, daß die Energie des Funkens von der Leistung der Stromquelle abhängt. Beim Gewitter muß die Elektrizitätsmenge, welche nachher im Blitz übergeht, erst durch Vorgänge in der Natur erzeugt werden. Diese sind ziemlich kompliziert und mehrgestaltig; wir behandeln einen Fall. Vorbedingung sind Wolken und ein starker nach oben gerichteter Luftstrom, ein starker Aufwind. Dieser kann die Wassertröpfchen der Wolken oder des Regens zerstäuben, wobei eine Trennung der elektrischen Ladungen eintritt, ähnlich wie bei der gewöhnlichen Reibungselektrizität; so sind die nach unten fallenden schweren Tropfen anders geladen als der in die Höhe transportierte feine Wasserstaub. Das sind die sich hochballenden Wolken, die „Gewittertürme". (Auch der in Wasserfällen aufsteigende „Wasserstaub" ist stark ionisiert!) Ist eine genügende Ladungsmenge in der Wolke angereichert, so beginnt die Blitzentladung, es beginnt die Stoßionisation. Aber es dauert oft lange, bis diese so groß wird, daß die starkstromige Entladung zustande kommen kann. Deshalb gehen jedem Blitz schwächere „Vorentladungen" voraus. Gelingt es, eine kinematographische Aufnahme eines Blitzes (oder auch eines großen im Laboratorium erzeugten Funkens) zu machen, so sieht man deutlich diese dem Hauptfunken vorausgehenden Entladungen; daß in ihnen die Stoßionisation, die Menge der Ionen allmählich sich verstärkt, erkennt man leicht daran: herrscht Wind, so werden diese Ionen mit der Luftströmung mitgenommen und der Blitz geht nicht an der Stelle der Vorentladung, sondern weiter von ihr entfernt über.

Wie wirkt der *Blitzableiter*? Wir bemerkten oben nebenbei, daß zuerst von den Ecken von Platten, an welchen eine hohe Spannung angelegt wird, feine Fünkchen (leuchtend und knisternd) ausgehen. Wählt man statt den Plattenelektroden metallische Spitzen, so geht der Funken schon bei viel tieferen Spannungen über als zwischen Platten. Die Theorie der elektrischen Felder lehrt, daß diese vor Spitzen und Kanten viel größer sind als vor ebenen Platten; deshalb ist die elektrische Beschleunigungskraft an diesen Stellen höher und daher die Bedingung für die Stoßionisation günstiger. Genau diese Bedingung tritt an der Spitze des Blitzableiters, auch an den Spitzen von Bäumen, von Masten und Fahnenstangen, auf. Das „Elmsfeuer" vor oder bei Gewittern, das Sprühen an den Eispickeln sind solche Vorentladungen, bedingt durch das hohe elektrische Feld an Spitzen; es genügt zu einer gewissen Stoßionisation, aber meist nicht zu einer, die für den Blitz ausreichend ist. —

Wir müssen noch kurz auf eine Entladung hinweisen, welche nun wirklich die Bezeichnung „selbständig" verdient; sie wird „Feldelektronenentladung" genannt. An sehr scharfen Spitzen herrscht auch bei kleiner *negativer* Spannung ein so hohes elektrisches Feld, daß die negativen Metallelektronen *aus* dem Metall herausgetrieben werden, somit einen Elektronenstrom von der Spitze weg liefernd.

41. DIE MASSE DES ELEKTRONS

„Kathodenstrahl" nannten wir eine durch eine elektromotorische Kraft in Bewegung gesetzte Strömung von freien Elektronen (sowie man eine durch Blasen erzeugte Strömung von Luftmolekülen einen Luftstrahl nennt). Wir können auch sagen: ein Kathodenstrahl ist ein elektrischer Strom, ohne materielle Träger, ohne jene Behinderung der Wechselwirkung mit Materie, wie sie in der Elektronenströmung durch Metalle vorliegt. Die Bestimmung der Ladung und der Masse der Elektronen lernten wir schon kennen; wir wollen hieraus einige Folgerungen ziehen. Wir fragen zunächst, was geschieht, wenn ein solcher Strahl von Elektronen, die alle gleiche Ladung, Masse und Geschwindigkeit haben, senkrecht zu einem elektrischen Feld, also zwischen zwei Platten geleitet wird, an welchen die Pole einer Batterie angeschlossen sind. Dann wird doch offenbar von der mit dem positiven Pol verbundenen Platte auf die negative Ladung des Elektrons eine Anziehungskraft ausgeübt. Es liegt also der gleiche Fall vor, wie wenn ein Strom von Kügelchen horizontal abgeschossen wird, so daß er nun im Gravitationsfeld durch die Erdanziehung nach unten gezogen wird: die Bahn der Elektronen ist — wie die eines horizontal geworfenen Balles — die Wurfparabel. Geht der Elektronen- oder Kathodenstrahl senkrecht durch ein magnetisches Feld, so muß die gleiche Kraft auftreten, die wir auf einen stromdurchflossenen Draht im Magnetfeld kennenlernten: die elektromagnetische Kraft, welche den Draht senkrecht zum Magnetfeld bewegt. Aber diese Kraft äußert sich beim Kathodenstrahl in ganz besonderer Weise. Wenn wir sagten, daß diese elektromagnetische Kraft auf den stromdurchflossenen Leiter wirkt, so ist das eine phänomenologische Darstellung, d. h. sie beschreibt nur die äußere Erscheinung. In Wirklichkeit wirkt die Kraft auf den elektrischen Strom, d. h. auf die im Leiter sich in einer Richtung bewegenden Elektronen und diese nehmen die Materie des Leiters mit; aber man kann seine Form nicht verändern, der Draht bewegt sich als Ganzes. Wenn aber die magnetische Kraft auf die freifliegenden Elektronen des Kathodenstrahls stets senkrecht zu ihrer Bewegungsrichtung *und* senkrecht zum Magnetfeld wirkt, so wird die ursprünglich geradlinige Bahn des Kathodenstrahles zu einem *Kreise* um die magnetischen Kraftlinien gekrümmt. Denn eine kreisförmige Bewegung kommt dadurch zustande, daß auf einen mit konstanter Geschwindigkeit sich bewegenden Körper eine Kraft wirkt, welche stets senkrecht zur jeweiligen Bewegungsrichtung steht („Centripetalkraft").

Diese Beeinflussung der Bahn eines Kathoden- oder Elektronenstrahles durch elektrische und magnetische Kräfte hat mannigfache Anwendungen gefunden. Da die Masse und damit die Trägheit des Elektrons so sehr klein ist, folgt dieses sehr schnell einer Kraft. So kann man mit der Braunschen Röhre (dem Meßgerät eines Oscillographen) durch die magnetische Ablenkung einen sehr kurz dauernden oder sich sehr schnell ändernden elektrischen Strom messen.

Die wichtigste Folge dieser „mechanischen" Versuche mit bewegten freien Elektronen ist die Bestimmung ihrer Masse bei Kenntnis der Ladung. Die elektrische bzw. die elektromagnetische Kraft greift an der Ladung an, die Folgen der Kraft sind die Parabel- bzw. Kreisbahn der mit der Ladung verbundenen Masse des Elektrons. Diese ergibt sich zu μ (mü, griech. Buchstabe für m) $\mu = 9{,}11 \cdot 10^{-28}$ g, das ist rund $^1/_{1850}$ der Masse des leichtesten Atoms, des Wasserstoffs. (Man sagt auch: das Atomgewicht des Elektrons ist $^1/_{1850}$.)

42. DIE DURCHLÄSSIGKEIT DER ATOME FÜR ELEKTRONEN

Wir sagten, daß die Elektronen in einem Metalldraht sich durch diesen hindurchbewegen. Was geschieht, wenn in einen freien Elektronenstrahl ein Metallblech gebracht wird? Gehen die Elektronen auch durch dieses hindurch? Heinrich Hertz, der auch die elektrischen Wellen entdeckte, fand, daß dieses in der Tat der Fall ist, wenn das Blech nur genügend dünn ist. Jedoch nicht nur ein Metall, *alle* Materie erwies sich in gewissem Maße als durchlässig für Elektronen, nicht aber für Atome. Der Elektronenstrahl ging sogar geradlinig hindurch: es müssen also Löcher oder Kanäle in der Materie vorhanden sein, und zwar *in den Atomen*, denn auch in der allerdünnsten Metallfolie liegen so viel Atome neben- und hintereinander, sich immer wieder überlappend, daß ein gerader „Kanal" undenkbar ist — es sei denn, daß er *durch* die Atome hindurchführt. Gerade das ist die Folgerung aus der Beobachtung, daß das, was wir als „Atom" betrachteten, ein im wesentlichen materiefreies Gebilde sein muß, welches aus einzelnen Bestandteilen besteht, welche irgendwelche Kräfte zusammenhalten. Wir werden an unser Sonnensystem erinnert, das ja doch ein zusammenhaltendes Ganzes darstellt, in welchem die Sonne, die Planeten und ihre Monde durch Gravitationskräfte verbunden sind, in welchem aber *viel* mehr materiefreier als materieerfüllter Raum vorhanden ist.

Eine wichtige Ergänzung dieser Feststellungen ist noch erforderlich: nur ein Teil der in eine solch dünne Metallfolie eintretenden Elektronen geht geradlinig hindurch und tritt auch ohne Energieverlust aus; ein anderer Teil aber wird aus seiner Bahn abgelenkt, mehr oder weniger stark, ein dritter Teil bleibt stecken, wobei sich seine Bewegungsenergie in Wärme umsetzt und ein ganz kleiner vierter Teil wird in Röntgenstrahlungsenergie umgewandelt, was hier nur der Vollständigkeit halber bemerkt sei. Die „Bestandteile des Atoms" müssen also auf die Elektronen Kräfte ausüben können. Die Ablenkung der Elektronen ist um so *häufiger* (nicht stärker!), je größer das Atomgewicht der Atome der durchlaufenen Materie ist. Alle diese Erscheinungen sind ganz

6

unabhängig davon, ob die Atome in fester Schicht oder als Gasschicht in die Bahn der Elektronen gebracht werden. *Sie hängen nur von der Art und der Zahl der Atome ab.*

Mit diesen Versuchen ist die erste Analyse des *Atominnern* erreicht: dasselbe ist bis auf einzelne Bestandteile leer, zwischen diesen und den durchgeschossenen Elektronen wirken ablenkende Kräfte. Was die Bestandteile, wie sie angeordnet sind, ist noch nicht zu sagen; insbesondere zeigen uns diese Versuche nichts über ihren *Massen*bestandteil.

Die zweite Phase der Atomistik brachte uns die Erkenntnis der Atomistik der elektrischen Ladung, die quantitativen Werte von Ladung und Masse des Elektrons, die Aufklärung der Vorgänge der elektrischen Leitung in Metallen, Elektrolyten und Gasen und der chemischen Bindung und vor allem die Erkenntnis, daß das Elektron ein abtrennbarer Bestandteil der Atome ist; das „Atom" ist also „teilbar", es ist auch kein kompaktes Gebilde, denn es ist für die Elektronen durchlässig. Das ist etwa der Stand der Atomistik kurz vor 1900. —

KAPITEL III

BAU UND ENERGIE DER ATOMKERNE

43. ENTDECKUNG DER RADIOAKTIVITÄT

Um diese Zeit beginnt die dritte Phase der Atomphysik, welche sich nun unabhängig von der zweiten entwickelt — denn diese ist mit der Entdeckung des Elektrons und der elektrischen Bindungskräfte nicht abgeschlossen; haben wir doch von den so charakteristischen Leuchterscheinungen noch keinen Gebrauch gemacht! Wir heben uns dieses für später auf. *Zunächst also die Entwicklung der dritten Phase*: Sie führte zu den Gesetzen des Aufbaus der Atome und zur Physik des Atomkerns.

1895 hatte Wilhelm Conrad Röntgen die nach ihm benannten Strahlen entdeckt. Er hatte mit Gasentladungen, mit Kathodenstrahlen experimentiert und dabei beobachtet, daß ein außerhalb der Röhre liegender Kristall — eine Barium-Platin-Verbindung — hell aufleuchtete, genauso wie die Innenwand des Gasentladungsrohrs beim Auftreffen der Kathodenstrahlen. Man nannte dieses Leuchten Fluoreszenzleuchten; es war bekannt, daß auch durch Lichtstrahlen solches Eigen-Leuchten erregt werden kann (die sogenannten „Leuchtfarben"). Ferner hat Röntgen beobachtet, daß die Luft des Raumes, in dem er arbeitete, elektrisch-leitend wurde, wenn er die Kathodenstrahlen innerhalb der Entladungsröhre erzeugte. Daß die Kathodenstrahlen durch die Glaswand der Entladungsröhre austreten, konnte mit Sicherheit ausgeschlossen werden. Röntgen schloß: durch die Kathodenstrahlen wird in der Wand des Entladungsrohres eine neue Strahlung erzeugt, welche durch das Glas in die Luft hinausgeht, dort die Kristalle fluoreszieren läßt und Luftmoleküle zu Ionen macht, also Elektronen von ihnen abspaltet. Diese „*X-Strahlung*" mußte eine große Energie haben, damit sie dieses vermag.

In Paris hatte sich Becquerel mit ähnlichen Kristallen befaßt; er hatte ihr Fluoreszenz-Leuchten studiert, wenn er sie mit Licht bestrahlte. Er fragte nun, ob vielleicht durch seine Uransalz-Kristalle auch die Luft ionisiert wird — er fand dieses in der Tat; aber bald merkte er, daß sie

6*

gar nicht zu leuchten brauchten, sondern daß in der Umgebung von allerlei Kristallen die Zimmerluft *immer* elektrische Leitung zeigte, also Ionen enthielt. Besonders stark war diese Erscheinung in der Umgebung von Uranerzen, z. B. der Pechblende von Joachimsthal. So trat die Vermutung in den Vordergrund, daß in dieser Pechblende eine Substanz unbekannter Art enthalten ist, welche Strahlen aussendet, die vielleicht ähnlich den Röntgen'schen X-Strahlen sind. Pierre Curie und seine Frau Maria geb. Sklodowska begaben sich bald nach Geburt ihrer Tochter Irène auf die Suche nach dieser Substanz. Mit chemischen Mitteln wurde das Erz kiloweise in seine Bestandteile aufgetrennt; nach jeder chemischen Operation wurde geprüft, ob sich die ionenbildende Wirkung geändert hatte. Diese *neue Methode* war entscheidend für den Erfolg der Arbeit. So fand man in unendlich mühsamen Versuchen chemische Fraktionen, welche eine stärkere Wirkung als andere hatten; aber offenbar war diese „strahlende" Substanz — so sagte man, ohne noch zu wissen, welche Strahlen es waren — in ganz minimaler Menge vorhanden. Immer mehr Erz wurde verarbeitet, bis schließlich ein *neues chemisches Element* isoliert werden konnte, welches eine überaus starke Ionenbildung in seiner nächsten Umgebung verursachte. Es war das erste *radioaktive Element* entdeckt, welches seine Entdeckerin nach ihrer Heimat *Polonium* nannte. Und bald fand sie noch ein zweites bisher unbekanntes, ebenfalls stark ionisierendes Element; es erhielt den Namen *Radium*. Es erwies sich in der Folge als die Muttersubstanz des Poloniums.

Und anderwärts fand man, daß es noch viel mehr solcher radioaktiver Atome gibt, z. B. das allgemein bekannte Thorium, welches schon 1828 von dem schwedischen Chemiker Berzelius entdeckt war, das in großen Mengen in den „Auer-Glühstrümpfen" verarbeitet wurde, von dessen Radioaktivität und Umwandlung man aber bis 1898 — als C. G. Schmidt diese entdeckte, keine Ahnung hatte.

Das Aufregende war nicht nur die Entdeckung neuer Elemente, sondern auch die Tatsache, daß von diesen eine *Energie* ausging, welche groß genug ist, um von vielen normalen Atomen Elektronen abzuspalten. Elster und Geitel, zwei Gymnasialprofessoren in Wolfenbüttel, sprachen am 19. Januar 1899 erstmalig die Vermutung aus, „daß ein Atom eines radioaktiven Elementes nach Art des Moleküles einer instabilen Verbindung *unter Energieabgabe in einen stabilen Zustand* übergeht": daß also zu erwarten sei, daß die radioaktiven Atome mit der Zeit verschwinden, sich in andere stabile, normale Atome umwandeln „und zwar folgerichtigerweise *unter Änderung ihrer elementaren Eigenschaften*". Daß dieses so ist, bewiesen drei Jahre später Rutherford und Soddy. Diese Fähigkeit, diese Aktivität oder Radioaktivität, wie Madame Curie es nannte, ließ mit der Zeit nach — und es verschwand nicht nur die „Radioaktivität", sondern auch das Element. Es waren chemische Grundstoffe entdeckt, welche nicht unveränderlich waren, sondern welche sich in ein anderes Element umwandelten; es waren Atome entdeckt worden, welche sich unter Aussendung von Energie, von Strahlen noch unbekannter Art, in andere Atome verwandeln. Diese Umwandlung erfolgte spontan, ohne irgendwelche äußere Eingriffe. Sie war sogar auf gar keine Weise beeinflußbar. Sie erfolgte in einem ganz bestimmten zeitlichen Ablauf (wir kommen noch zur Besprechung des „radioaktiven Zerfallsgesetzes" und der „mittleren Lebensdauer radioaktiver Atome"). Es ist bis heute nicht gelungen, diesen Zerfallsvorgang — weder seine Art noch seine Geschwindigkeit — irgendwie zu verändern. Er ist durch Prinzipien des Aufbaus dieser Atome bedingt, deren Analyse bisher nicht gelungen ist.

Und noch etwas war höchst verblüffend: diese Substanzen waren immer etwas wärmer als ihre Umgebung, in ihnen mußte eine Energiequelle sitzen, welche wohl mit der Umwandlung zusammenhing.

Die erste Frage war: Warum wird die Luft in der Umgebung dieser Atome ionisiert? In welcher Form geben die radioaktiven Atome die hierzu erforderliche Energie ab? Ernest Rutherford fand, daß es zwei Arten von „Strahlen" sind, die er zunächst einmal Alpha (α)- und Beta (β)-Strahlen taufte. Zuerst fand man, daß die Beta (β)-Strahlen gar nichts anderes als die schon bekannten Elektronen sind, welche mit hoher Geschwindigkeit aus der radioaktiven Substanz herausfliegen. Wie entstehen diese aber? Daß Atome durch Abspaltung von Elektronen ionisiert werden, wußte man — aber hierzu mußte Energie aufgewendet werden, und ein solches Ion war ja kein neues Element; es konnte sich mit einem anderen Elektron wieder regenerieren. Das radioaktive Element war aber nach Aussendung des Elektrons, des β-Strahles oder β-Teilchens ein *anderes* Atom, ein anderes chemisches Element geworden. Der Abspaltungsprozeß muß also in einer tieferen Sphäre des Atoms vor sich gehen.

Dann fand man, daß die α-Strahlen materielle Atome waren, und zwar Helium, das bekannte Edelgas, aber mit doppelt-positiver Ladung, also Heliumionen. Und noch etwas: diese flogen mit ungeheuer großer Energie aus dem radioaktiven Atom heraus und konnten sogar durch dünne Glas-, Glimmer- oder Metallschichten hindurchdringen, was Heliumatome niemals vermögen. Die doppelt positiv geladenen Heliumionen, diese α-Strahlen mußten also so klein sein, daß sie durch die Atome der Glas- und Glimmerplatten hindurchgehen können.

Daß *Elektronen* dünne Schichten durchdringen können, daß also die Atome keine undurchdringlichen Kugeln sind, hatte man schon gewußt (Teil 42). Jetzt fand man, daß auch materiell-atomare Körper, diese α-Strahlen durch Atome hindurchgehen können, daß sie also ähnlich klein sein müssen wie Elektronen. Aber sie hatten eine fast 8000mal größere

Masse — und daß es wirklich Helium war, wurde durch eine spektro-chemische Analyse bewiesen. — Außer den α- und β-Strahlen wurde noch eine dritte Strahlungsart gefunden, die gelegentlich bei radioaktiven Um-wandlungen auftrat. Sie unterschied sich von jenen vor allem dadurch, daß sie mit keinem Transport von elektrischen Ladungen verbunden war und durch feste Materie aller Art wesentlich ungeschwächter hin-durchging, als die α- und β-Strahlung. Man nannte sie „Gamma-γ-Strahlung". Sie glich in ihren Eigenschaften, der genannten Durch-dringungsfähigkeit und ihrer ionenbildenden Wirkung den Röntgen-strahlen.

44. DIE ANALYSE DES ALPHA-TEILCHENS

Nach dieser Übersicht über die Entdeckung und die Grunderschei-nungen der Radioaktivität wollen wir uns zunächst der Analyse der α-Strahlung zuwenden.

Die Aufklärung der Natur der Alpha (α)-Strahlen oder α-Teilchen war einer der wichtigsten Fortschritte, besonders hinsichtlich der Konsequenzen für die energetische und die chemische Aufklärung der radioaktiven Zerfallsreihen. Von den verschiedenen Methoden wollen wir die betrachten, die am anschaulichsten und lehrreichsten ist. Man hatte schon früher beobachtet, daß manche Kristalle in der Nähe von radioaktiven Präparaten leuchten und zwar besonders stark dann, wenn die starkionisierende Alpha-Strahlung ausgesendet wurde. Betrachtet man dabei etwa eine Schicht von Zinksulfid oder auch einen Diamant-Kristall mit einer starken Lupe, so löst sich das Leuchten in einzelne helle Lichtblitze oder Fünkchen auf, die zeitlich in ganz unregelmäßiger Folge, einmal hier, einmal da erscheinen. Läßt man auf eine an die Stelle des Kristalls gesetzte Metallplatte die Alphastrahlen auffallen, so erhält diese eine positiv-elektrische Aufladung. Kombiniert man beide Mes-sungen — E. Regener führte das 1908 aus —, die elektrische Aufladung und die Zahl der Lichtblitze, so ergibt sich, daß jedem Lichtblitz *zwei elektrische Elementarquanten*, also zwei Elektronenladungen, allerdings mit positivem Vorzeichen, entsprechen. Es war also nach den Erkennt-nissen über Elektrolyse und Gasentladungen sehr naheliegend, das Alphateilchen als ein doppelt-positiv geladenes Ion anzusehen. Aber was war der Träger dieser Ladung? Es konnte spektrochemisch analy-siert werden: in einem weitgehend evakuierten Glasrohr wurde das Auf-treten von dem Edelgas Helium, dem zweiten Element des periodischen Systems, nachgewiesen. Aber gewöhnliche Heliumionen konnten es auch wieder nicht sein: dazu konnten sie viel zu dicke Materieschichten gradlinig durchdringen; ein normales Atomion ist hierzu viel zu groß;

es würde durch die Moleküle der zu durchdringenden Substanz viel zu stark in seiner gradlinigen Fortpflanzung behindert. Man mußte annehmen, — wir behandeln dieses gleich näher — daß das α-Teilchen einen hunderttausendmal kleineren Durchmesser habe als ein Heliumatom. So entstand die Hypothese, daß es der mit positiver Ladung verbundene Massenkern eines Heliumatoms sei.

Hier bereitet sich das neue Bild über den Aufbau der Atome vor, zu welchem die radioaktive Forschung führte. Bisher wußten wir nur, daß ein Atom abspaltbare Elektronen enthält, deren Ladung man als negativ-elektrisch normiert hatte. Da die Atome normalerweise elektrisch-neutral sind, mußte angenommen werden, daß im Atom auch positive Ladungen vorhanden sind. Nun zeigt sich, daß diese positive Ladung offenbar mit der Masse verbunden ist, und zwar gleich aus zwei Beobachtungen: Wenn das doppelt-positiv geladene α-Teilchen 2 Elektronen anzieht, so wird es ein normales Heliumatom; *und* das α-Teilchen — Masse *mit* Ladung — kommt aus einem Radiumatom heraus; also besteht in letzterem offenbar auch diese Bindung von Masse und positiver Ladung.

Der α-Zerfall eines radioaktiven Atomes und damit seine Umwandlung in ein anderes Atom besteht also in dem Verlust der doppelt positiv geladenen Heliummasse. Es gelang auch die Geschwindigkeit, mit welcher das α-Teilchen aus dem zerfallenden radioaktiven Atom herausfliegt, zu messen: sie war sehr groß, von der Größenordnung 1/10 der Lichtgeschwindigkeit. Dies bedeutet, daß das einzelne α-Teilchen eine enorm große kinetische Energie hat. Auf dieser beruhen die Nachweismethoden, auf dieser beruht *die Nachweismöglichkeit eines einzigen α-Teilchens*, d. h. *eines* Atomes (bzw. *eines* Atomkernes). Beim Durchgang durch ein Gas ionisiert ein α-Teilchen so viele Gasmoleküle, daß eine leicht meßbare elektrische Leitfähigkeit des Gases auftritt. In den genannten Kristallen sprengt es einen Kanal, wobei Ladungen frei werden, welche sich in kleinen Fünkchen ausgleichen, ganz entsprechend den elektrischen Fünkchen, welche das Leuchten beim Durchbrechen eines Zuckerkristalls bedingen.

Jedes eine immerhin erhebliche Helligkeit gebende Fünkchen ist also die Folge der Abbremsung *eines einzigen* α-Teilchens. Ein durch *ein* atomares Teilchen erzeugter Vorgang wird sichtbar, weil dessen große Energie sich auf die sehr große im Fünkchen auftretende Zahl von Lichtemissionsvorgängen aufteilt. Das ist auch der Grund für die starke Ionisation durch die α-Strahlen: seine Energie reicht aus, um (rund) 100000 Ionenpaare zu bilden, welche die leicht nachweisbare elektrische Leitfähigkeit eines von einem α-Strahl durchlaufenen Gases bedingen.

Es ist sehr einfach, sich diese Wirkung *eines* α-Teilchens anzusehen: man braucht nur nachts im dunklen Zimmer (wenn das Auge „ausgeruht" ist) mit einer Lupe die Ziffern oder Zeiger einer Leuchtuhr zu betrachten; dann sieht man diese huschenden Lichtblitze — man nennt sie *Scintillationen* —; denn der Leuchtfarbe ist eine Spur von radioaktiven Substanzen zugemischt, welche α-Strahlen aussenden. Geht der Aussendungs- und Abbremseffekt zufällig einmal in der Oberfläche vor sich, so sieht man sogar einen ganz scharfen Lichtblitz. Die radioaktive Substanz ist *gleichmäßig* in der Masse verteilt; die Lichtblitze erfolgen aber einmal hier, einmal dort, einmal in längeren, einmal in kürzeren Abständen: *man sieht den statistischen Charakter der α-Aussendung* und damit der radioaktiven Umwandlung (vgl. Teil 50). — Diese Erscheinung ist deshalb so eindrucksvoll, weil sie einen atomistischen Elementarvorgang auf Grund der großen Energie *eines* Atomkerns „makroskopisch" sichtbar macht. —

Wenn wir von der Verbrennungsenergie der Kohle sprechen, so beziehen wir diese für technische Zwecke auf ein Kilogramm verbrannte Kohle; physikalisch ist von größerem Interesse die Bezugnahme auf eine bestimmte Zahl von Kohleatomen, was wir ja bei der spezifischen Wärme auch taten, z. B. auf die Loschmidtsche Zahl. Machen wir das mit den α-Teilchen genauso, so ist die Bremswärme der α-Teilchen eine Million mal größer als die Verbrennungswärme der gleichen Anzahl von Kohlenstoffatomen. Die naheliegende Frage, warum man denn nicht mit α-Teilchen heizt, ist leicht beantwortet: weil es in der Natur zu wenig radioaktive Substanz gibt! Wichtiger ist die Frage, woher das α-Teilchen die Energie erhält, mit der es aus dem Atom herausfliegt (s. Teile 53 und 60).

45. DIE ENTDECKUNG DES ATOMKERNS

Die Beobachtung, daß die α-Teilchen relativ große Strecken von Materie gradlinig durchdringen können, hatte uns zu der Folgerung geführt, daß sie sehr klein sein müssen, so klein, daß sie *durch die Atome* hindurchgehen können. Die Beobachtung, daß sie nur eine gewisse Strecke von Materie durchdringen können, bedeutet zunächst, daß sie ihre sehr hohe kinetische Energie verlieren, daß also eine äquivalente Energie anderer Form auftreten muß. Dieses ist in mehrfacher Beziehung der Fall: beim Durchgang durch Gase ionisieren sie ja die Gasmoleküle, sie trennen von ihnen Elektronen ab, was eine Arbeitsleistung verlangt. Beim Durchgang durch feste Körper wird auch Wärme erzeugt, die Bewegungsenergie setzt sich durch einen reibungsähnlichen Vorgang in Wärme um. Deshalb ist das radioaktive Präparat immer wärmer als die Umgebung.

Zu dem Versuch, diese Absorption von α-Strahlen in fester Materie näher zu untersuchen, führte aber noch eine Überlegung, welche wir für ein anderes Problem bereits einmal durchgeführt haben (Teil 42). Wenn ein α-Teilchen ein so großes Stück durch Materie hindurchgehen kann, daß die einzige Möglichkeit zum Verständnis die ist, daß es eben *durch* die Atome hindurchlaufen kann, so muß doch auch einmal ein Zusammenstoß mit einem der *Bestandteile* der Atome eintreten; die Folge sollte dann aber, wie bei dem Durchgang eines Atoms durch ein Gas (Teil 21) eine Streuung, eine Ablenkung des α-Teilchens aus seiner ursprünglichen Richtung sein. Und hieraus sollte sich (ebenso wie man aus der Streuung des Atomstrahls zu dem „mittleren Atomquerschnitt" kommt) der „Wirkungsquerschnitt" der materiellen Bestandteile der Atome für den Stoß eines α-Teilchens ergeben: dabei sind die Versuchsbedingungen für die Streuung eines α-Strahls besonders günstig, weil man ein einzelnes α-Teilchen relativ leicht nachweisen kann, z. B. durch die große Ionisation, die es da erzeugt, wo es sich infolge der Streuung weiterbewegt.

Man ließ somit einen durch Blenden sehr schmal begrenzten α-Strahl durch dünne Schichten verschiedener Metalle hindurchgehen. Das erste Ergebnis war, daß Atome auch für α-Teilchen — ähnlich wie für Elektronen — weitgehend „leerer Raum" sind. Dann prüfte man, wieviel in der ursprünglichen Richtung aus ihr wieder herauskamen und wieviel unter verschiedenen Winkeln gegen die Eintrittsrichtung gestreut wurden; auch achtete man darauf, ob etwa solche Zusammenstöße erfolgten, welche ein α-Teilchen ganz zurückwarfen, so daß es also aus der Einstrahlfläche wieder herauskam, also „Rückwärtsstreuung" zeigte. Der Name ist nach dem Vorgang der Lichtstreuung gebildet: auch der Scheinwerferstrahl einer Autolampe wird durch Streuung in einer Nebelschicht diffus und ein Teil des Lichtes strahlt zurück (und blendet den Fahrer!).

Das Ergebnis der Versuche war, daß die Streuung und vor allem auch die Rückwärtsstreuung in einfachster Art von der Atomart abhängt, aus welcher die durchstrahlten Schichten bestehen: einzig und allein ihre Ordnungszahl, d. h. ihre Stellung im periodischen System war hierfür von Bedeutung. Ganz gleichgültig war es (wie bei Elektronen), ob die Materie fest oder gasförmig war; nur die Art des Atoms, nicht seine Bindung ist wesentlich. Da Aluminium das 13. Element, Kupfer das 29. und Gold das 79. ist, stand die Rückwärtsstreuung in diesen Metallschichten im Verhältnis 13 : 29 : 79! Nicht das Atomgewicht, sondern die Ordnungszahl war maßgebend, während bei einem mechanischen Ablenkungsstoß die Masse, also das Atomgewicht sich hätte bemerkbar machen müssen. Auch die Winkelverteilung wäre anders.

Hierin liegt der grundsätzliche Unterschied zwischen der Streuung der Elektronen und der α-Teilchen beim Durchgang durch Materie. Auch die Streuung der Elektronen nimmt mit der Ordnungszahl der Atome der

durchstrahlten Schicht zu, bei den α-Strahlen aber nur die Rückwärtsstreuung. Beides ist dann zu erwarten, wenn die die Elektronen streuenden Kraftzentren gleich stark und gleichmäßig im Atom verteilt sind
und nur ihrer Zahl nach mit der Ordnungszahl der streuenden Atome
zunehmen, wenn dagegen die α-Strahlen nur von *einem Zentrum* pro
Atom gestreut werden, dessen Kraft auf das α-Teilchen mit der Ordnungszahl zunimmt.

*Dieses Versuchsergebnis ist die Grundlage des Rutherfordschen Atom-
modells* und damit auch der Bohrschen Vorstellungen. Wir hatten gelernt, daß die Analyse des α-Teilchens (Teil 44) die reine Heliummasse
verbunden mit zwei elektrisch positiven Elementarladungen ergeben
hatte. Auf ein solches geladenes Teilchen wirkt eine elektrische Kraft,
wenn es an einem anderen geladenen Teilchen vorbeiläuft. Hat dieses
andere geladene Teilchen auch eine positive Ladung, so tritt eine Ablenkung („elektrostatische Abstoßung" durch die — nach dem Entdecker genannte — „Coulombsche Abstoßungskraft") ein, um so stärker,
je größer die Ladung ist. Läuft ein positiv geladenes Teilchen etwa
zentral auf ein gleich geladenes Teilchen zu, so wird es abgebremst und
in der rückwärtigen Richtung wieder fortgetrieben. Hieraus schließt
Rutherford: 1. Der das α-Teilchen streuende Körper ist ein sehr kleines
geladenes Teilchen, dessen positive Ladung gleich der Ordnungszahl ist.
2. Jedes Atom enthält — wie das für das α-Teilchen als Heliummasse ja
schon angenommen war — einen elektrisch-positiv geladenen Massenkern, dessen Ladung gleich der Ordnungszahl des Elementes im periodischen System ist. 3. Die Streuung des α-Teilchens beruht auf der Cou-
lombschen Kraft zwischen Kernladung und α-(d. h. Heliumkern-)La-
dung. Die Anordnung der Elemente, die Stellung jedes Elements im periodischen System ist durch diese Kernladung festgelegt. Die räumliche
Ausdehnung dieses Kernes muß sehr viel kleiner sein als die des Atoms,
bezogen auf den Radius etwa 100 000 mal, bezogen auf den Querschnitt
also etwa ein zehnmilliardstel des gaskinetischen Atomquerschnitts.

46. DAS RUTHERFORDSCHE ATOMMODELL

Da die Atome elektrisch-neutral sind, müssen sie im normalen Zustand
negative Elektronen enthalten, deren Zahl gleich der positiven Ladungs-
zahl des Massenkernes ist. Diese Folgerung hat van der Broek 1913
hieraus gezogen: *Die Reihenfolge der Atome im periodischen System der
Elemente ist durch ein elektrisches Aufbauprinzip gegeben, welches derart
ist, daß von Element zu Element der Massenkern um eine positive Ladung
und die Zahl der Elektronen um ein Elektron zunimmt.* Das erste Element,

das Wasserstoffatom, besitzt einen Massenkern mit *einer* positiven und *ein* Elektron mit *einer* negativen Ladungseinheit. Das 92. Element, das Uran, hat von jeder Sorte 92.

Daß dem Wasserstoff die Bedeutung des Grundelementes wirklich zukommt, d. h. daß sein Massenkern die (nach bisheriger Kenntnis) kleinste positiv geladene Masseneinheit ist, ersieht man daraus: wenn das Wasserstoffatom das Elektron verloren hat, so kann dem Kern durch eine elektrische Kraft eine hohe Geschwindigkeit erteilt werden. Dann zeigt er alle die Eigenschaften, welche der Heliumkern, das α-Teilchen, hat, wenn man berücksichtigt, daß seine positive Ladung nur halb so groß ist. Man bezeichnet daher den einfachsten und leichtesten Massenkern als *Proton*, abgeleitet von dem griechischen Wort für „das Erste" und nennt ihn das *Elementarteilchen der positiv-elektrischen Masse*; entsprechend heißt das *Elektron* das *Elementarteilchen der negativ-elektrischen Ladung*.

Aber nur die *Ladungen* zeigen diese Regelmäßigkeit des Aufbaus, nicht die Atommassen, die Atomgewichte. Die so naheliegende Annahme, daß das 92. Element aus 92 Wasserstoffkernen und 92 Elektronen aufgebaut ist, stimmt nicht; die Masse des Uranatoms ist 237,2 mal größer als die des Wasserstoffatoms und — um nur noch ein Beispiel zu geben — die Masse des Vanadiumatoms ist 50,5 mal größer, während das Vanadiumatom als das 23. Element 23 positive Ladungen und 23 Elektronen hat. Es muß uns also noch die Kenntnis von einem Massebestandteil fehlen; und sonderbarerweise sind die Atomgewichte keine ganzen Zahlen, so wie die Ladungen!

Diese *Ladungs*systematik, also die Bedeutung der Ordnungszahl der Elemente, findet eine vollkommene Bestätigung in der *Chemie* der radioaktiven α-Umwandlung. Die Abgabe eines α-Teilchens bedeutet, daß das radioaktive Atom 2 positive Ladungen verliert. In der Tat wandelt sich das Atom hierbei um in ein anderes Atom, welches im periodischen System, d. h. seinem chemischen Verhalten nach, um zwei Stellen tiefer steht als das Ausgangsatom, also eine um 2 Einheiten niedrigere Ordnungszahl hat.

Das Atomgewicht dieses neu entstandenen Atoms ist um 4 Masseneinheiten niedriger als das des Ausgangsatoms, entsprechend dem Atomgewicht 4 des Heliumkernes. Außerdem muß mit dieser Umwandlung eine Energiedifferenz verbunden sein, welche sich in der kinetischen Energie des α-Teilchens zeigt. Es ist bemerkenswert, daß diese Energiedifferenz für *jede* radioaktive Umwandlung, d. h. zwischen Ausgangsatom und Endatom, eine ganz bestimmte Größe hat; sie ist leicht qualitativ ersichtlich aus der Reichweite der α-Teilchen, d. h. der Strecke, welche diese z. B. in Luft von normaler Dichte durchlaufen können, bis sie ihre Energie verloren haben.

47. DIE ANALYSE DES BETA-ZERFALLS

Ehe wir zeigen, daß es zahlreiche radioaktive Atome gibt — bisher nannten wir nur Uran, Radium und Polonium — welche sich unter Abstoßung von energieärmeren und energiereicheren α-Teilchen in andere Atome (die auch wieder selbst radioaktiv sein können) verwandeln, müssen wir auf die als β-Strahlung bezeichnete Erscheinung und die mit ihr verbundene Elementverwandlung näher eingehen.

Die Natur der β-Strahlen war relativ einfach aufklärbar: es sind Elektronen, negative Elementarladungen der Elektrizität. Auch sie verlassen das radioaktive Atom mit kinetischer Energie; ihre Geschwindigkeiten haben sehr verschiedene Größen, sie können sogar nahe an die Lichtgeschwindigkeit heranreichen. Anfänglich sah es so aus, als ob diese β-Strahlung mit der α-Strahlung zusammen auftreten würde — aber dieses ist keineswegs der Fall. Vielmehr fand man, daß es wiederum ganz bestimmte Elemente, Atomarten sind, die sich chemisch charakterisieren lassen, welche unter Abgabe von β-Teilchen (Elektronen) sich in andere chemische Elemente umwandeln. Es gibt also außer der α-Umwandlung noch eine zweite Art von natürlicher Radioaktivität: die β-Umwandlung. Das neu entstandene Element war seinem chemischen Verhalten nach eine Atomsorte mit einer um eine Einheit *größeren* Ordnungszahl: die „Tochtersubstanz" bei der β-Umwandlung ist ein „höheres" Atom als die Muttersubstanz, während bei der α-Umwandlung die Tochter um zwei Ordnungszahleinheiten tiefer, ein „tieferes" Atom ist als die Mutter. Ebenso wie es ganz verschiedene radioaktive α-Strahler gibt, so existieren auch zahlreiche β-Strahler — *immer* liegt die Tochtersubstanz um eine Ordnungszahl höher. Das ist experimentell die Erscheinung der β-Umwandlung.

Wir hatten großen Wert darauf gelegt, den bestimmenden Einfluß der Ordnungszahl auf die Stellung im periodischen System der Elemente und die Gleichsetzung von Ordnungszahl mit der positiven Ladung der Atomkerne zu begründen. Wollen wir an diesem Ordnungssystem festhalten, so müßten wir die Aussendung des β-Teilchens und die damit verbundene Kernumwandlung so deuten: das Elektron komme aus dem Massenkern, stellt also den Verlust einer negativen Ladungseinheit dar; dieses ist ja elektrisch gleichbedeutend mit einer Zunahme der positiven Ladung um eine Einheit. So konnte zunächst ein Kernmodell voll befriedigen: der Kern enthält eine viel größere Zahl von positiv-elektrischen Masseeinheiten, von Protonen, als seine Ordnungszahl angibt, nämlich so viel „Protonen", als dem Atomgewicht entspricht; gleichzeitig enthält er eine Zahl von Elektronen, welche einen Teil der positiven Kernladung kompensiert. Ein Zahlenbeispiel: das Quecksilber hat die Ordnungszahl 80, aber das Atomgewicht 200; also sind von den 200 Protonen nur 80 bezüglich ihrer positiven Ladung wirksam; es müßten

200 — 80 = 120 durch Kernelektronen elektrisch kompensiert, neutralisiert sein. Wenn bei einer β-Umwandlung eines der Kernelektronen fortgeht, so wird eine positive Ladung „frei" — die Ordnungszahl der Tochter steigt um eine positive Einheit, was den vielfachen Beobachtungen entspricht.

So schön und einfach dieses Modell ist, es enthält zwei Schwierigkeiten. Die erste kennen wir schon: die Atomgewichte vieler Atome sind nicht ganzzahlige Vielfache der Protonmasse (die zu kleine Masse der Elektronen kann daran nicht schuld sein!). Und: es gab sehr wesentliche Gründe dafür, daß im Kerne keine Elektronen enthalten sein *können*. Die Physik sah sich vor etwa 30 Jahren in einer sonderbaren Lage: die β-Elektronen kommen aus dem Kern, denn der Kern des Atoms ändert sich; aber der Kern kann keine Elektronen enthalten!

Die Aussendung des β-Teilchens kann also nicht der primäre Effekt dieser Atomkernumwandlung sein. Es muß offenbar ein Vorgang im Kern des radioaktiven Elements ablaufen, bei welchem ein Elektron entsteht und dann fortfliegt. Für eine solche auf den ersten Blick sonderbar künstliche Hypothese sprechen zwei Erscheinungen, die wir bisher nur kurz erwähnten. *Die erste experimentelle Feststellung* war, daß die Geschwindigkeiten, also die kinetischen Energien der abgegebenen β-Elektronen bei einer bestimmten β-Umwandlung nicht — wie die der α-Teilchen — eine definierte Größe zeigten, sondern sehr verschiedene Werte hatten. Der Übergang eines ganz definierten Atomes in ein anderes ebenfalls definiertes Atom geht einmal mit einer großen, einmal mit einer kleinen Energieabgabe vor sich. Das scheint doch dem Energiegesetz zu widersprechen! *Die zweite Beobachtung* war, daß mit der β-Umwandlung (und ganz selten auch mit der α-Strahlung) noch eine andere Strahlung auftrat, die schon kurz erwähnte γ-*Strahlung*. Diese Energieemission war als eine sehr hochfrequente Lichtstrahlung erkannt worden, von noch höherer Frequenz als die damals bekannten Röntgenstrahlen.

48. DIE GAMMA-STRAHLUNG

An dieser Stelle laufen wieder einmal zwei Forschungsrichtungen aus ganz verschiedenen Gebieten zusammen: die Bearbeitung der Probleme der Lichterregung, der Aussendung elektromagnetischer Schwingungen hoher Frequenz und die Forschungen über die Atomkerne; man kann sagen in einer etwas älteren, aber treffenden Ausdrucksweise: die Physik des Äthers und die Physik der Materie. Die Erforschung der Strahlungsemission von Atomen — seien es die sichtbaren „Licht"-Strahlen oder die unsichtbaren „Röntgen"-Strahlen — hatte ergeben, daß die Energie der ausgesandten Strahlung die Folge eines Umbaus, einer Veränderung der Anordnung der Elektronensphäre ist, welche die Atomkerne umgibt. Dieser Umbau erfordert Energie, welche in verschiedener Weise auf das Atom übertragen werden kann, z. B. durch hohe Temperatur, also Atomstöße oder im elektrischen Strom, also Elektronenstöße. Diese Energieaufnahme führt (wie wir sagten) zu einem Umbau der Elektronensphäre, also zu einem Energiezustand, welcher gegenüber dem normalen Atom erhöht ist. Deshalb hat dieses veränderte, energiereichere Atom das Bestreben, in den normalen Zustand zurück zu gehen und dabei die aufgenommene Energie wieder abzugeben. Diese Abgabe erfolgt im allgemeinen in Form einer elektromagnetischen Strahlung. Und hier liegt die Bedeutung dieser Erkenntnis für die Physik des Atomkernes, für das Verständnis der γ-Strahlung, die mit der β-Strahlung verbunden ist.

Wenn in einem Atomkern „von selbst" oder „spontan" ein Vorgang abläuft, bei welchem ein β-Teilchen entsteht, so heißt das, daß im Kern ein Energieüberschuß vorhanden war. Bei dem Übergang in einen tieferen Energiezustand, d. h. das neue Atom, wird die freiwerdende Energie *teils* als kinetische Energie des β-Teilchens, *teils* als γ-Strahlung abgegeben. Je nach der Art, wie dieser Vorgang im Atom abläuft, wird mehr Energie vom β-Teilchen oder von der γ-Strahlung fortgeführt. Die γ-Strahlung ist der Energiebetrag, welcher nach Bildung des β-Elektrons und seinem Fortfliegen noch im Kern überschüssig vorhanden ist. Man kennt übrigens einen analogen Vorgang bei der Lichtanregung: daß die aufgewendete Energie zum Teil im Ablösen eines Elektrons und der hierfür nicht verbrauchte Rest als Lichtemission auftritt.

Bei Aussendung einer γ-Strahlung tritt keine Atomumwandlung ein, letztere verlangt die Änderung der Ladung des Atomkerns. γ-Strahlung kann nur als Begleiterscheinung einer radioaktiven Umwandlung entstehen.

Gehen wir nun nochmals zum α-Zerfall. Auch hier *ist* ein Atomkern der Muttersubstanz zu energiereich, um noch stabil zu sein. Durch Abstoßen des α-Teilchens geht er in einen energieärmeren Zustand über. Der definierten Energiedifferenz entspricht die Energie des α-Teilchens. Ein anderer Atomkern wird seinen Energieüberschuß auf andere Weise los: es findet eine innere Umbildung statt, bei der ein Elektron entsteht und die frei werdende Energie teilt sich auf in kinetische Energie (die β-Strahlung) und in elektromagnetische Strahlung (die γ-Strahlung).

49. DIE RADIOAKTIVEN ZERFALLSREIHEN

Es ist aber nicht gesagt, ob nach einer α- oder einer β-Umwandlung schon ein wirklich stabiler Atomkern erreicht wird. Dieses ist im allgemeinen *nicht* der Fall: es folgen auf *eine* Umwandlung weitere, es können mehrere α-Umwandlungen hintereinander ablaufen, jede mit definierter Energie des α-Teilchens, es können sich auch α- und β-Umwandlungen abwechseln. So entstehen die *radioaktiven Zerfallsreihen*; eine solche, welche vom Uran schließlich zum *stabilen* Endprodukt, dem Blei führt, wird im folgenden (in etwas vereinfachter Form) mitgeteilt.

Radioaktive Umwandlungsreihe Uran-Radium-Blei

1. Element:	Uran	Uran X1	Uran X2	Uran II
2. Ordnungszahl:	92	90	91	92
3. Atomgewicht:	238	234	234	234
4. Strahlung:		α	β	β
5. Halbwertszeit:	4,6 Md Jahre	24,1 Tage	1,14 min	0,27 Mill. Jahre

1. Element:	Ionium	Radium	Ra-Emanation	RadiumA	RadiumB
2. Ordnungszahl:	90	88	86	84	82
3. Atomgewicht:	230	226	222	218	214
4. Strahlung:	α	α	α	α	α
5. Halbwertszeit:	76000 Jah.	1580 Jah.	3,8 Tage	3 min	26,8 min

1. Element:	RadiumC	RadiumC'	RadiumD	RadiumE	Polonium	Blei
2. Ordnungszahl:	83	84	82	83	84	82
3. Atomgewicht:	214	214	210	210	210	206
4. Strahlung:	β	β	α	β	β	α
5. Halbwertszeit:	19,7 min	0,0001 5sec	25 Jahre	5 Tage	136 Tage	*stabil*

Wenn also — wir wollen eine solche Annahme einmal machen — eine bestimmte Menge ganz reinen Urans hergestellt würde, so wandelt dieses sich nicht explosionsartig in das stabile Element Blei um, sondern über eine große Reihe von Zwischenprodukten; auch diese Zwischenumwandlungen geben nicht für alle Atome gleichzeitig vor sich, sondern in zeitlich ganz unregelmäßiger Folge — langsamer oder schneller. Die hiermit zusammenhängende „Halbwertszeit" (letzte Reihe der Tabelle) wird im folgenden Teil behandelt.

Ähnliche Zerfallsreihen gehen von den Elementen Aktinium und Thorium aus, auch sie führen zum stabilen Element Blei als Endprodukt.

Aber hierbei ergibt sich eine Schwierigkeit: die Zerfallsreihe des Thoriums z. B., führt zu einem Blei, welches das Atomgewicht 208 haben sollte. Chemisch ist es sicher dasselbe Blei wie das aus Uran entstandene mit dem Atomgewicht 206 und auch das in der Natur vorkommende; letzteres hat aber das Atomgewicht 207,2. Wieder ist uns die Zahl, die man Atomgewicht nennt, unklar (s. Teil 55).

50. DAS RADIOAKTIVE ZERFALLSGESETZ

Der Energieüberschuß, der zur natürlichen radioaktiven Atomumwandlung führt, ist in der Natur, in dem Bau der Atome begründet, welche sich als „natürlich radioaktiv" erweisen. Es wurde schon gesagt, daß weder die Art noch die Geschwindigkeit des Zerfalls sich irgendwie beeinflussen lassen. Das Zerfallsgesetz ist für alle radioaktiven Umwandlungen (übrigens auch für die später zu behandelnden „künstlichen radioaktiven Umwandlungen") das gleiche; die verschiedenen Umwandlungen unterscheiden sich nur durch die Geschwindigkeit, welche in der Zerfallskonstante definiert ist. Das experimentell ermittelte *Zerfallsgesetz* ist ein *Wahrscheinlichkeitsgesetz*. Wenn zu irgend einem Zeitpunkt eine bestimmte Menge einer einheitlichen radioaktiven Substanz, eines radioaktiven Elementes vorhanden ist (z. B. durch chemische Trennung isoliert), so beginnt der Zerfall (etwa durch die im Teil 44 besprochene *Zählung* der ausgesandten α-Teilchen bestimmbar); die Menge m der in einer bestimmten Zeit t — sagen wir in einer Minute — sich umwandelnden Atome ist um so größer, je größer die Ausgangsmenge M war, und zwar ist m streng proportional zu M; wenn von M gerade die Hälfte zerfallen sei — 1 Minute ist dann die *Halbwertzeit* des betreffenden radioaktiven Atoms —, so wird in der darauffolgenden Minute nur noch halb soviel, also $^1/_2\, m$ zerfallen, weil ja die Ausgangsmenge dann nur $^1/_2\, M$ war. Beobachtet man nun wieder während der Halbwertszeit, so ist nach dieser nur noch $^1/_4\, M$ vorhanden, und in der folgenden Minute zerfällt nur noch $^1/_4\, m$. Die Zahl, welche größenmäßig die in der Zeit t zerfallende Menge m mit der Gesamtzahl zu Beginn der Zählung verbindet, heißt die radioaktive Zerfallkonstante. Nennen wir diese z, so drückt sich der beschriebene experimentelle Befund aus in der Formel: $-m = z \cdot t \cdot M$. Überlegt man das etwas genauer, so erkennt man, daß diese Formel nur gültig sein kann, wenn von einer sehr großen Menge M in der Zeit t eine sehr kleine Zahl m sich umwandelt; denn die Menge M ändert sich ja dauernd, also wird bei unserem Beispiel nach einer halben Minute M schon kleiner geworden sein, also das $(-m)$ in der zweiten *halben* Minute schon kleiner sein als in der ersten. Deshalb muß man eine solche Abhängigkeit in differentieller Form (durch den Buchstaben d gekennzeichnet) schreiben: $-dm = z \cdot dt \cdot M$. (Es sei bemerkt, daß man es hier mit dem gleichen Gesetz zu tun hat, nach welchem der barometische Luftdruck mit der Höhe abnimmt: auch hier ist die Abnahme des Drucks $(-db)$ mit etwa 1 m (dh) Steigung proportional dem herrschenden Druck B: $-db = z \cdot dh \cdot B$).

Führt man nun eine solche Messung mit der gleichen Menge M wiederholt aus, so mißt man in einer bestimmten Zeit t einmal mehr, einmal weniger α-Teilchen, deren Zahl um einen Mittelwert schwankt, und zwar um so stärker, je kleiner die Zahl der gemessenen α-Teilchen, je kleiner also z. B. die Menge der Ausgangssubstanz ist. Es handelt sich also um einen der statistischen Vorgänge, welche uns aus dem täglichen Leben bekannt sind. Wenn wir in der Zeitung lesen, daß im vergangenen Jahr an jedem Tag 24 Kinder geboren wurden, oder (da der Tag 24 Stunden hat) in jeder Stunde ein Kind, so heißt das bekanntlich nur, daß im ganzen Jahr von 365 Tagen 8760 Kinder zur Welt kamen. Die mathematische Statistik, mit welcher die Lebensversicherungen oder die Ämter für Bevölkerungsstatistik rechnen, sagt, wie wahrscheinlich es ist, daß im ersten Halbjahr genau die Hälfte, also 4380 Kinder, geboren wurden oder nur 4000 und dafür im zweiten Halbjahr 4760; oder sie sagt, in welchen Grenzen die Geburtenzahlen pro Monat schwanken können — vorausgesetzt, daß es sich um einen rein-wahrscheinlichen Vorgang handelt. Ergeben die wirklichen Geburtenzahlen von Monat zu Monat ganz andere Werte, so zeigt dieses, daß ein äußerer, etwa saisonbedingter Einfluß auf die Geburtenzahl vorhanden ist: das statistische Gesetz ist nicht erfüllt. Beim radioaktiven Zerfall ist dieses aber nach allen unseren Kenntnissen immer und in aller Strenge erfüllt: Diese Atomumwandlung, ihre Art und ihre Geschwindigkeit sind im Bau der radioaktiven Atomkerne festgelegt. Es sagt aber noch mehr: wenn wir — z. B. — 100 radioaktive Atome einer bestimmten Art haben, so ist es unmöglich zu sagen, *wann* das erste, das zweite usw. zerfällt, ebenso wie es unmöglich ist zu sagen, *welches* der 100 Atome als erstes, welches als zwanzigstes zerfällt. Aber wir wissen, nach welcher Zeit im Mittel 50 Atome umgewandelt sind. — Es sei hierzu nochmals auf den in Teil 44 beschriebenen Versuch hingewiesen: die Betrachtung der radioaktiven Leuchtfarben mit der Lupe. Hier sieht man eindrucksvoll diese Statistik des Zerfallsvorgangs — an dem räumlich und zeitlich schwankenden Auftreten der Lichtblitze. Noch einige Worte zur Statistik. Man kann sagen: der einzelne atomare Zerfallsprozeß ist nicht determiniert; die Ursache für den Zerfall ist ein zu großer Energieüberschuß in dem Atomkern; die Umwandlung ist energetisch-kausal bedingt, ihr Ablauf entspricht dem Energiegesetz; aber das Eintreten des Zerfalls ist nur statistisch determiniert. Dabei ist es ganz gleichgültig, ob es sich um die α- oder um die β-Umwandlung handelt.

Das gilt auch für andere atomare Energieumsetzungen, so für den schon erwähnten Vorgang der Lichtemission. Wir beschränken uns hier auf ein Gedankenexperiment, d. h. wir benutzen mögliche, aber in Wirklichkeit nicht realisierbare Versuchsbedingungen; diese sind also so beschaffen, daß sie nicht der Wirklichkeit widersprechen, sondern nur unvermeidliche Komplikationen fortlassen. Wir nehmen an, daß in einem bestimmten Zeitpunkt eine Anzahl N Atome eines Gases die gleiche Energiezufuhr erhalten hätten, so daß sie „strahlungsfähig" geworden sind. Mißt man dann die Intensität des Leuchtens — wobei jeder elementare Strahlungsvorgang der Energieabgabe eines Atoms entspricht, — also die Strahlungsenergie während der Zeit dt der Anzahl dn der leuchtenden, die Energie abgebenden Atome, so ist wiederum — $dn = z \cdot dt \cdot N$.

Das „Ausleuchten" erfolgt nach dem gleichen statistischen Gesetz wie die radioaktiven Umwandlungen. — Die Halbwertzeiten sind (Tab. S. 95) sehr verschieden. Von 1 gr heute aus einem Erz abgetrennten Polonium ist in 136 Tagen noch $^1/_2$ gr vorhanden; die Erde hat jetzt etwa die Hälfte des Urangehalts wie bei der vor 4—5 Milliarden Jahren geschätzten Bildung des Sonnensystems. Seit dieser Zeit entstehen und zerfallen laufend *alle* Elemente der Zerfallsreihe, deren Mengen im *radioaktiven Gleichgewicht* stehen: bei der jetzt auf der Erde vorhandenen Radiummmenge zerfallen laufend so viel Atome, wie sich neu aus dem Uranvorrat bilden; sie ist wie die Menge der andern Radioelemente für lange Zeiten konstant.

51. GEIGERROHR UND WILSONKAMMER

Ehe wir nun zur weiteren Analyse der Atomkerne übergehen — es fehlt uns noch die Erklärung des Atomgewichts und zwar sowohl des erheblichen Massenbetrages, der nicht als positiv-elektrische Protonen im Kern vorhanden sein kann, als auch der merkwürdig gebrochenen Zahlen der Atomgewichte; und es fehlt uns noch die Kenntnis der Energiequelle, welche z. B. dem α-Teilchen seine hohe Bewegungsenergie erteilt — ehe wir hierzu übergehen, wollen wir noch andere Methoden kennen lernen, um die atomaren Vorgänge einzeln zu untersuchen. Wir erinnern uns daran, daß z. B. die Aussendung der α-Teilchen daran erkannt wurde, daß diese eine gewisse Gasstrecke, die sie durchlaufen, hochgradig ionisieren, also elektrisch leitend machen (das gleiche bewirken auch die β-Elektronenstrahlen und die γ-Lichtstrahlen); und wir erinnern uns, daß die α-Strahlen Kristalle zerstören und dabei die mit Lichterscheinung verbundenen elektrischen Fünkchen, die *Scintillation*, erregen. In allen Fällen wird die große Energie des einzelnen atomaren Teilchens in eine sehr große Zahl von kleinen Energiegrößen aufgespalten, deren Summe mit Instrumenten oder dem Auge leicht nachgewiesen wird — man kann sagen, so wie man die große Bewegungsenergie *eines* Geschosses an der Erwärmung eines Bleiklotzes, also der erhöhten kinetischen Energie einer *sehr großen Zahl* von Bleiatomen erkennt, wenn es in ihm stecken geblieben ist.

Die wichtigsten Methoden sind unter den Bezeichnungen *Wilsonkammer* und *Geiger-Müller-Zählrohr* bekannt. In beiden Fällen ist der Primäreffekt die Ionisation eines Gases; verschieden ist die Art ihres Nachweises.

Daß ein Gas, in welchem sich radioaktive Substanzen befinden, elektrisch leitend wird, war ja die Beobachtung, welche überhaupt zur Entdeckung der natürlichen radioaktiven Elemente führte. Eine elektrische

Leitfähigkeit eines Gases, z. B. von Sauerstoff, tritt ein, wenn von einem Molekül ein Elektron abgespalten wird. Dann wird aus dem neutralen O_2-Molekül ein positives $O_2{}^+$-Ion; das Elektron lagert sich an ein anderes O_2-Molekül an und macht dieses zu einem negativen $O_2{}^-$-Ion.

Zur Abspaltung eines Elektrons ist Aufwendung von Energie erforderlich, aber verglichen mit der Bewegungsenergie eines α-Teilchens nur sehr wenig. Deshalb wird dieses eine große Zahl von solchen Ionisationsprozessen verursachen, bis es seine gesamte Energie verbraucht hat. Man darf dieses rein-mechanisch verstehen, so wie eine Flintenkugel, durch ein Schicht von Holzbrettern geschossen, ein Brett nach dem anderen durchschlägt und Splitter von ihm abspaltet, bis sie so viel Bewegungsenergie verloren hat, daß sie in einem Brett stecken bleibt. Daß diese Vorstellung richtig ist, folgt aus der Tatsache, daß die „*Reichweite*" eines α-Teilchens in einem Gase einen bestimmten Wert hat. Diese ist für α-Teilchen des Elements Radium in Luft von Atmosphärendruck ungefähr 3,8 cm. Hat das Gas den Druck von $1/_2$ Atm., so ist die Reichweite doppelt so groß, weil die Zahl der getroffenen Gasmoleküle pro Zentimeter nur halb so groß ist (im Beispiel: wenn die Brettchen den doppelten Abstand haben). Die Gültigkeit dieser einfachen mechanischen Überlegung sei besonders betont.

Damit erhält also das von einem α-Teilchen durchlaufene Gas eine elektrische Leitfähigkeit, deren Größe durch die Zahl der gebildeten Ionenpaare gegeben ist. Befinden sich in diesem Gas zwei Elektroden, an welchen eine genügend hohe Spannung liegt, geht ein Strom immer dann und nur dann über, wenn durch *ein* α-Teilchen die hohe Ionisation erzeugt ist. Jedes α-Teilchen erzeugt einen Stromstoß, der mit einem Meßinstrument (oder auch mit einem Lautsprecher) nachgewiesen werden kann. Der Strom besteht in der Abwanderung der positiven und negativen Ionen aus dem Gasraum, er hört also auf, sobald die von dem einen α-Teilchen gebildeten Ionen an die Elektroden abtransportiert sind. *Das ist die Grundlage des Geigerschen Spitzenzählers* und des weit wichtiger gewordenen *Geiger-Müllerschen Zählrohres. —*

Diese Ionen, in einem feuchten Gase erzeugt, haben die Fähigkeit, Wasserdampfmoleküle an sich anzulagern und so zu Tröpfchen zu kondensieren: das ist die Grundlage der Wilsonkammer oder der Nebelbahnmethode.

In der Wilsonkammer wird eine allgemein bekannte Wärmeerscheinung mit einer Entdeckung aus der Elektro-Atomistik benutzt. Die erste Erscheinung hatten wir schon besprochen (Teil 10). Die Luft kann eine gewisse Menge Wasserdampf aufnehmen, welche von der Temperatur abhängt; hat sie diese aufgenommen, so sagt man: sie ist mit Wasserdampf gesättigt. Diese zur Sättigung erforderliche Menge ist bei tiefer Temperatur sehr klein, mit steigender Temperatur wird sie schnell größer. Wir sind gewohnt, z. B. in Wetterberichten zu lesen, daß die

Luft eine gewisse „prozentige Feuchte“ hat. Für Sättigung setzt man: 100%. Herrscht also 75%ige Feuchtigkeit, so enthält die Luft $^3/_4$ der maximal möglichen Menge. Bei tiefer Temperatur ist — wegen der kleinen Sättigungsmenge — ein hoher Prozentsatz schon mit viel weniger Feuchtigkeit erreicht als bei hoher Temperatur; daher kommt es, daß bei „trockener Kälte“ oft 100% Feuchtigkeit, bei feuchter Wärme aber nur 80% oder sogar noch weniger Feuchtigkeit gemessen werden.

Besteht bei irgendeiner Temperatur Sättigung, so wird der Dampf bei Temperaturerniedrigung *über*sättigt; es fällt soviel Wasserdampf als „Nebel“, d.h. als Flüssigkeitströpfchen, aus, bis die Sättigung bei der tieferen Temperatur erreicht ist. So ist ja bekannt: Bei Kälteeinbruch — Eindringen kalter Luftmassen — gibt es Nebel. Eine Abkühlung einer Gasmasse tritt aber auch ein, wenn ihr Druck plötzlich erniedrigt wird, etwa im Laboratoriumsversuch dadurch, daß man einen Kolben, der eine Gasmenge in einem Zylinder einschließt, plötzlich zurückzieht, so daß das Gas sich auf einen größeren Raum ausbreitet; man nennt dieses die Abkühlung bei „Expandierung eines Gases“.

Macht man diesen Versuch, so stellt man mit einiger Verwunderung fest, daß trotz der leicht meßbaren Temperaturabnahme und trotz nachweisbarer Übersättigung *kein* Nebel auftritt, wenn nicht die Expandierung eine gewisse Größe überschritten hat. Bei zu geringer Expansion bilden sich nur sehr kleine Tröpfchen, welche sich durch die mit der Kondensation verbundene starke Wärmeentwicklung wieder auflösen. Befinden sich aber Staubteilchen *oder auch elektrisch-geladene Moleküle, also Ionen in dem Gasraum,* so tritt auch bei geringer Expansion schon Tröpfchenbildung ein; man sagt: Staub oder Ionen wirken als „Kerne“, „Kondensationskerne“; an ihnen lagern sich die Tröpfchen an und werden dadurch stabilisiert. Man kennt diese Erscheinung im täglichen Leben: Fabrik- und Bahnhofsgegenden haben mehr Nebel oder „dunstige Luft“ als freies Gelände, weil in den ersteren viele Kondensationskerne enthalten sind.

Man kann sich von diesem Effekt durch einen einfachen Versuch überzeugen: wenn auf einer elektrischen Kochplatte ein Kessel mit siedendem Wasser steht, so sieht man, daß der aus der Schnauze ausströmende Wasserdampf sich erst in einigem Abstand von demselben zu „Dampfwolken“, d. h. zu Nebeltröpfchen, kondensiert; erst dort ist die Abkühlung, d. h. die Übersättigung des Wasserdampfes so groß, daß die „spontane“ Kondensation zu Tröpfchen vor sich geht. Man braucht nun nur ein Streichholz anzuzünden und dieses in Richtung auf die Schnauze auszublasen: sofort tritt eine verstärkte Nebelbildung ein, die aber sogleich wieder verschwindet, wenn der Rauch und die Flammengase des Streichhölzchens durch den Dampfstrom weggeführt sind. Es sind die ionisierten Flammengase, welche als Kondensationskerne wirken (wobei auf den Versuch in Teil 37 hingewiesen sei, daß diese in der Tat eine elektrische Leitfähigkeit haben). Genau das gleiche tritt ein, wenn ein α-Teilchen durch einen nur wenig übersättigten Wasserdampf (oder auch irgendeinen anderen Dampf) hindurchgeht: an den Ionen bilden sich Tröpfchen, *der Weg, die Bahn des α-Teilchens wird sichtbar.*

Mit der Wilsonkammer wird die erforderliche geringe Übersättigung so hergestellt, daß man — wie oben beschrieben — mit einem Kolben das Volumen eines mit einem Gas und mit gesättigtem Wasserdampf gefüllten Gefäßes plötzlich vergrößert. Fliegen in diesem Augenblick α- (oder auch β-)Teilchen durch diesen Raum, so sieht man ihre Bahn an hellen scharf begrenzten Nebelstreifen.

Zu dem Prinzip des Geiger-Müllerschen Zählrohres sei noch eine Bemerkung gemacht. Es besteht aus einem Metallrohr, durch welches, elektrisch von ihm isoliert, zentrisch ein dünner Metalldraht geführt ist. Gefüllt ist es mit einem Gase verminderten Drucks. Zwischen Draht und Rohr liegt eine Spannung, die so hoch ist, daß gerade noch keine selbständige Entladung eintritt. Geht ein ionisierender „Strahl" durch den Gasraum, so werden die primär gebildeten Ionen so sehr beschleunigt, daß sie durch Stoßionisation (Teil 38) eine Ionenlawine erzeugen; es wird also die primäre Ionisation verstärkt und damit auch der nun übergehende Stromstoß. Dieses ist der Vorteil gegenüber der Wilsonkammer: man sieht zwar nicht wie in dieser die Nebelbahn, also den Weg des ionisierenden Teilchens; aber durch die Stoßionisation werden auch Strahlen, welche nur eine sehr kleine primäre Ionisation erzeugen, nachweisbar. — Sobald die Ionen durch die Spannung zwischen den Elektroden forttransportiert sind, hört der Strom auf; der Zähler ist für den nächsten „Strahl" wieder nachweisbereit. Im allgemeinen werden diese Stromstöße durch eine Verstärkeranordnung noch verstärkt, so daß sie genügend groß sind, um einen Telefonzähler zu betreiben, von dem dann die Gesamtzahl der in einer bestimmten Zeit aufgetretenen ionisierenden Strahlen abgelesen werden kann. —

Grundsätzlich können mit Geiger-Müller-Rohr und Wilsonkammer nur *elektrisch geladene* Korpuscularstrahlen oberhalb einer bestimmten Energie nachgewiesen werden.

52. DIE ANALYSE DER ATOMKERNE

Wir gehen zurück zu dem berühmten Rutherfordschen Atommodell, ermittelt aus dem Durchgang bzw. der Ablenkung der α-Teilchen beim Durchgang durch Materie. In einem Atom sitzt in einem sehr kleinen Bereich eine positive Ladung, diese hat für das 10. Atom die Ladung 10 Einheiten, für das 50. 50, für das 90. 90. Das α-Teilchen selbst hat, wie ja mehrfach erwähnt, zwei positive Ladungen und muß sehr klein sein; es ist materiell (oder chemisch) Helium — und das ist in der Tat das *zweite* Element im System der Elemente; das α-Teilchen ist ein freier Heliumkern, er hat zwei positive Ladungen. Mit der positiven Ladung ist die Masse verbunden — im ganzen übrigen Raum des Atoms befinden sich nur die sehr leichten Elektronen, und zwar so viel, daß das ganze Atom nach außen elektrisch neutral ist. Der von der positiv-elektrischen Masse, dem Atomkern eingenommene Raum ist nur ein winziger Bruchteil des ganzen Atomvolumens, in welchem die kleinen Elektronen herumfliegen — so wie unser Sonnensystem ja auch fast leer ist. In seiner Mitte steht die Sonne, welche fast die ganze Masse des Sonnensystems hat, in weiten Abständen von den viel leichteren Planeten umkreist. Nur *eines* ist anders: Im Sonnensystem sorgt die Gravitationskraft für das Gleichgewicht, im Atom sind es elektrische Kräfte zwischen Kern und Elektronen.

Das α-Teilchen, also der Heliumkern, und das Proton, der Wasserstoffkern, sind die einzigen *Atomkerne*, die in freiem Zustand bekannt und zum Experimentieren verfügbar sind. Sie sind beide aus den Atomen relativ leicht herstellbar, insbesondere die Protonen, welche in jeder elektrischen Entladung durch Wasserstoffgas auftreten; es muß nur die Energie vorhanden sein, die Wasserstoffmoleküle in die Atome zu dissoziieren ($H_2 \rightarrow H + H$) und dem so gebildeten H-Atom das Elektron zu entziehen ($H \rightarrow H^+ + \varepsilon$; H^+ ist das Proton, oft auch kurz p geschrieben). Um den höheren Elementen ihre sämtlichen Elektronen zu entziehen, sind die im Laboratorium herstellbaren Energiebedingungen nicht geeignet; relativ leicht gelingt es, die zwei Elektronen des Heliums abzuspalten, so daß der Heliumkern, doppelt-positiv geladen, übrigbleibt. Elektronen von höheren Atomen abzuspalten und auf diese Weise höhergeladene positive Ionen zu machen, ist im Laboratoriumsversuch möglich. Aber in den sehr heißen Sternen dürften die Bedingungen zum Abspalten der gesamten Elektronensphäre vorliegen. Die Folge ist dann, daß die übrigbleibenden Rümpfe der Atome, bestenfalls die Atomkerne, sehr klein sind und damit die Annäherungsmöglichkeit derselben stark zunimmt; denn der Durchmesser der Kerne ist nur etwa der 100000. Teil des „normalen" Atomdurchmessers. Diese Möglichkeit der engeren Packung der Atomrümpfe oder gar Atomkerne führt dann zu einer größeren Dichte der Materie der Sterne. Dieses ist wahrscheinlich der Grund dafür, daß manche heiße Sterne eine ungeheuer große Dichte haben, die tausendemal größer sein kann als die der irdischen Materie, welche aus den voluminösen Atomen besteht. —

In diesem Bild der Atome fehlt noch ein wichtiger Punkt: die Massen der Atomkerne sind wesentlich — über das Doppelte größer, als aus der Zahl der positiven Ladungen, d. h. der Protonen im Kerne, erklärbar ist.

Schon das α-Teilchen hat die vierfache Masse des Protons, aber nur die doppelte elektrische Ladung. Wir müssen daher überlegen, ob es eine Möglichkeit gibt, auch den Atomkern analytisch zu zerlegen. Daß er ein zusammengesetztes Gebilde ist, scheint nach allem, was wir bis jetzt wissen, sicher. Zur Zerlegung brauchen wir wohl sehr kleine Geschosse mit sehr großer Energie, denn es ist zu erwarten, daß die Atomkerne sehr fest gebunden sind. Solche Geschosse stehen in den natürlichen α-Teilchen und den „künstlichen" Protonen zur Verfügung. Ob eine Zerlegung bei einem Beschuß eines Atomkerns geglückt ist, werden wir wohl daran erkennen, daß positiv-geladene Bruchstücke auftreten, die von einem zersplitterten Kern ausgehen. Die Schwierigkeit wird darin bestehen, daß sowohl die Geschosse wie die zu treffenden Atomkerne so sehr kleine Gebilde sind, daß die Treffwahrscheinlichkeit äußerst gering ist. Das einfachste experimentelle Hilfsmittel zu ihrer Beobachtung dürfte also die Wilsonkammer sein; man wird danach zu sehen haben, ob in dieser dann und wann einmal Nebelbahnen auftreten.

53. ATOMKERNREAKTIONEN, ATOMKERNENERGIE

Der erste entscheidende Versuch glückte 1918 Ernest Rutherford. Von einem starken radioaktiven Präparat geht eine große Zahl von α-Strahlen in eine Wilsonkammer, jedes Teilchen kenntlich an einer einige Zentimeter langen Nebelbahn. Ganz selten — so vielleicht einmal auf 50000 α-Teilchen — passiert etwas Neues: an einer Stelle hört die α-Nebelbahn auf; scheinbar verzweigt sie sich in zwei Bahnen, eine ganz kurze dicke nach einer Seite und eine sehr lange dünne nach einer anderen Seite; die α-Bahn selbst hört auf. Es hat ein Zusammenstoß stattgefunden, dabei ist offenbar irgendetwas auseinandergeflogen. Weil die neuen Bahnen als Nebelbahnen sichtbar sind, müssen sie von geladenen Teilchen herrühren, weil nur diese die Gasmoleküle der Wilsonkammer ionisieren. Weil die neuen Bahnen geradlinig sind, müssen sie von sehr kleinen Materieteilchen stammen, weil sie sonst nicht genau wie die α-Teilchen geradlinig durch das Gas laufen könnten. Nach den allgemeinen mechanischen Stoßgesetzen muß die lange Bahn von einem leichten, die kurze Bahn von einem schweren Teilchen stammen. Die nächstliegende Annahme ist also: es sind positiv geladene Atomkerne, welche aus dem Zusammenstoß der α-Teilchen mit einem Gasatom der Wilsonkammer herausfliegen. Die schließlich gefundene und als richtig erkannte Deutung ist die folgende.

Das α-Teilchen, der Heliumkern, ist auf den Kern eines Stickstoffatomes (Luftstickstoff ist ja in der Wilsonkammer) gestoßen — weil beide so klein sind, geschieht das äußerst selten. Beide haben sich vereinigt, sind aber nicht zusammengeblieben; vielmehr ist eine Auftrennung in einen Sauerstoffkern (kurze dicke Bahn) und einen Wasserstoffkern, ein Proton (lange dünne Bahn), erfolgt. Es ist eine Umwandlung von chemischen Elementen erfolgt, eine „Reaktion", wenn wir es mit einem chemischen Ausdruck bezeichnen wollen; aber nicht eine chemische Reaktion, bei welcher sich Moleküle umlagern, Atome zu Molekülen verbinden oder Moleküle in Atome aufspalten, sondern eine Reaktion der Kerne, welche zu anderen Grundstoffen führt: Aus (— nun schenken wir uns der Kürze halber den Zusatz „Kern" —) Helium und Stickstoff wird Sauerstoff und Wasserstoff. Das nennt man eine *Kernreaktion*.

Wenn man eine chemische Reaktion prüft, so kontrolliert man zunächst die Massen oder besser die Zahl der an der Reaktion beteiligten Atome und Moleküle. Soll z. B. aus Wasserstoff, Sauerstoff und Kohlenstoff Äthyl-Alkohol entstanden sein, so müssen dazu 6 Wasserstoffatome, 1 Sauerstoffatom und 2 Kohlenstoffatome verbraucht worden sein; umgekehrt hatte man ein Molekül Äthylalkohol, wenn seine restlose Zerlegung, die „Elementaranalyse", 6 Wasserstoff-, 1 Sauerstoff- und 2 Kohlenstoffatome liefert. Die Atome sind die Charakteristika der chemischen Reaktionen.

Charakteristisch für die Atom*kerne* sind in erster Linie die positive Kernladung, in zweiter Linie die Kernmassen — bezüglich der letzteren gibt es aber noch ungeklärte Punkte; hier Klarheit zu schaffen, ist ja der Zweck dieser Versuche. Bei einer Kernreaktion müssen also die Ladungen der reagierenden und der entstehenden Kerne gleich sein. Wasserstoff hat eine, Helium (α-Teilchen) zwei, Stickstoff sieben, Sauerstoff acht positive Kernladungen. Wir schreiben nun die Kernreaktion formelmäßig:

1. Chemisches Element: Helium + Stickstoff = Sauerstoff + Wasserstoff
2. Kernladung: 2   +   7   =   8   +   1
3. *Chemische* Massen: 4   +   14   =   17 (?)   +   1
 (Atomgewichte)

Während die Reihe 2 stimmt, ist in der Reihe 3 eine Masseneinheit zuviel, denn Sauerstoff soll das Atomgewicht 16 haben, es müßte aber ein Sauerstoffkern mit der Masse 17 sich gebildet haben: wieder das Rätsel der Kernmassen! (s. S. 108).

Eine andere Kernreaktion fanden 1932 Cockroft und Walton. Protonen mit hoher Geschwindigkeit, die sie durch einige hunderttausend Volt erlangt hatten, stießen auf einen Lithiumkern; beobachtet wird:

1. Chemisches Element: Wasserstoff + Lithium = 2 Helium
2. Kernladung: 1   +   3   = 4 = 2 $\times$ 2
3. Atomgewichte: 1   +   7   = 8 = 2 $\times$ 4

Hier stimmt alles — aber es tritt eine andere zunächst unverständliche Begleiterscheinung auf, welche sich späterhin als viel wichtiger erweisen wird als die Kernreaktion selbst. Die beiden Heliumkerne fliegen nämlich mit einer äußerst großen kinetischen Energie auseinander, exakt nach entgegengesetzten Richtungen, genau um 180°. Ihre Energie ist um viele Größenordnungen größer als die Energie des stoßenden Protons. Woher stammt diese große kinetische Energie? Die entgegengesetzte Richtung der beiden fortfliegenden Heliumkerne ist wieder nach dem mechanischen Grundgesetz zu verstehen: wenn durch die Vereinigung von Proton (Wasserstoffkern) und Lithiumkern sich ein explosibler Massenkern ergeben hat und dieser in zwei Bestandteile gleicher Größe auseinanderfliegt, so müssen diese in entgegengesetzter Richtung auseinanderfliegen. Aber: woher stammt die Explosionsenergie?

Wir haben gerade gesagt, daß bei der Proton-Lithium-Kernreaktion die Massenbeziehung stimmt. Das ist nun nicht genau richtig. Die exakten Kernmassen (in Teil 56 und 60 werden wir hierüber noch näheres erfahren) liefern nämlich:

Chemische Kerne: Proton + Lithiumkern = 2 Heliumkerne

*Kern*massen:

$$1,008131 + \underbrace{7,01816}_{8,02629} = (2 \times 4,00386 =) \ 8,00772 + 0,01857$$

Die Zahlengleichung stimmt nur, wenn wir rechts 0,01857 hinzufügen! Es fehlt also ein Teil der Masse, nämlich 0,01857 von 8,02629, also 0,23%. Bei der Bildung von Helium ist ein *Massendefekt* aufgetreten. Es fehlt aber in der Grundgleichung auch eine Angabe, welche man bei chemischen Reaktionen macht: die Energie. Für den chemischen Verbrennungsvorgang von Kohle schreibt man

Kohle + Sauerstoff = Kohlensäure + 6 Calorien pro 1 g verbrannte Kohle (1 techn. Calorie erwärmt 1 kgr Wasser um 1° C).

Die Kernreaktion müßte heißen

Proton + Lithium = 2 Helium + 395 Millionen Calorien oder 459000 kWh pro 1 g verbrauchten Wasserstoff.

So groß ist nämlich die kinetische Energie der beiden Helium-Kerne. *Es ist Energie freigeworden, es ist wägbare Masse verlorengegangen.* Wir kommen dem Rätsel der nichtganzzahligen Atomgewichte näher: es liegt offenbar in einer in den Atomen vorhandenen, mit ihrer Masse verbundenen Energie: der *Atomkernenergie* (Teil 60).

Wie im 18. Jahrhundert das Einführen der Waage in die chemische Forschung zur chemischen Atomistik führte, so bringt nun die

Verfeinerung der Atommassenbestimmung die Erkenntnis der Atomkernenergie.

54. DAS NEUTRON

Bei dem Suchen nach anderen, von α-Strahlen bewirkten Kernreaktionen stieß man auf eine neue Unstimmigkeit. Aus einem Kern des
sehr leichten Elementes Beryllium (er hat 4 positive Kernladungen)
wird mit einem α-Teilchen (mit 2 Kernladungen) ein Kohlenstoffkern
(mit 6 Kernladungen) aufgebaut. Hierbei fehlt aber *eine ganze* Masseneinheit, die *Masse* eines Protons; es entsteht aber sicher nicht (wie bei
α + Stickstoff) ein Proton, von seiner Bahn ist in der Wilsonkammer
keine Spur zu sehen, auch fehlt keine Kern*ladungs*einheit; denn die
Summe α (2) + Beryllium (4) = Kohlenstoff (6) stimmt ja, während die
Massenaddition α (4) + Beryllium (9) = Kohlenstoff (13 — statt 12!)
ergibt.

Nun ist in der Wilsonkammer aber doch etwas zu sehen: fernab von
der Stelle, wo das α-Teilchen auf das Berylliumatom auffiel, wo sich also
der Kohlenstoffkern bildete, treten geradlinige Nebelbahnen auf: manchmal eine lange dünne Wasserstoffkernbahn, manchmal eine kurze dicke
Stickstoffkernbahn. Es muß also an solchen Stellen etwas angekommen
sein, was aus den Atomen der Gasfüllung der Wilsonkammer Kerne mit
großer Energie in Bewegung gesetzt hat; es muß von der (α-Beryllium)-
Reaktionsstelle ein materielles Teilchen fortgeflogen sein, und zwar ein
Teilchen ohne Ladung, weil es keine Nebelbahn machte, ein Teilchen mit
großer Energie, weil es die Kerne in schnelle Bewegung setzte, ein
Teilchen mit sehr kleinem Durchmesser, weil es große Strecken der
Wilsonkammer durchlaufen konnte, ehe es mit einem Atomkern der Gasfüllung zusammenstieß.

Diese Überlegungen machte Chadwick (1932); und es gelang ihm, aus
den einfachen mechanischen Stoßgesetzen, den Gesetzen des Billard-
oder Kegelspieles, die Eigenschaften dieser Masse aus den genannten
Beobachtungen zu berechnen: ein Teilchen ohne elektrische Ladung mit
einer Masse und einem Volumen sehr nahe dem des Wasserstoffkerns, des
Protons. Man nannte dieses neue Elementarteilchen der Materie das
„*Neutron*".

Die Entdeckung des Neutrons im Atomkern ist ein Beispiel moderner
physikalischer Kriminalistik — Indizienbeweise, welche *nur* von zwei
Grundgesetzen der Mechanik, dem Gesetz der Erhaltung der Energie und
dem Gesetz von der Erhaltung des Impulses Gebrauch machen. Diese
Gesetze der makroskopischen Welt gelten also auch in der Welt der sub-
mikroskopischen Elementarteilchen.

Nachdem man nun einmal das Neutron hatte, fand man, daß es in unserer Welt gebunden in allen Atomkernen (außer dem Proton) vorhanden ist, daß es aber auch überall frei in der Natur vorhanden ist. Seine Feststellung war nur deshalb früher nicht geglückt, weil es keine elektrische Ladung hat.

Nun erkennen wir, warum die Atommassen nicht gleich der Zahl der Protonen sind: weil die Atomkerne aus Protonen *und Neutronen* aufgebaut sind.

Der Heliumkern enthält 2 Protonen und 2 Neutronen, der Berylliumkern 4 Protonen und 5 Neutronen; bildet sich aus beiden durch eine Kernreaktion Kohlenstoff mit 6 Protonen und 6 Neutronen, so wird ein Neutron frei.

55. DIE ISOTOPEN ELEMENTE

Wir sagten im Teil 18: alle Materie besteht aus so viel Atomsorten, als es chemische Elemente gibt. „Sortiert" man die Atome nach ihrem chemischen Verhalten, so ist das richtig; zu dem chemischen Verhalten gehört auch das Verbindungs- oder Atomgewicht, denn es bestimmt die gewichtsmäßige Zusammensetzung von Molekülen aus Atomen. So mußte man zu der Ansicht kommen (und wir haben diese bisher auch immer benutzt), daß die Atome eines chemischen Grundstoffes alle einander gleich sind, also besonders auch die gleiche Masse haben. Gerade diese Folgerung erwies sich als falsch: es gibt Atome, die sich chemisch in nichts unterscheiden, die also im chemischen Sinn einen einheitlichen Namen, sagen wir einmal Zinn, mit vollem Recht verdienen, aber Zinnatome von sehr verschiedenen Massen sind. Da man die Elemente im sogenannten periodischen System nach ihrem chemischen Charakter geordnet hatte, in welchem also jedem Grundstoff ein Platz zukommt, müssen die nur durch ihre Masse sich unterscheidenden Elemente in diesem chemischen periodischen System auf ein und denselben „Platz" gesetzt werden. Man nannte sie deshalb die „*Isotope*" („Gleichplatzige") des betreffenden Grundstoffs. Nun hatten wir aber doch zur Kennzeichnung der Atome ihr Atomgewicht eingeführt; das Atomgewicht des Zinn ist 118,70; das sollte eigentlich heißen, daß ein Atom des chemischen Grundstoffes oder Elements Zinn 118,70 mal schwerer ist als die Atomgewichtseinheit; hierfür nahm man früher das leichteste Atom, das Wasserstoffatom. Nun zeigt sich auf einmal, daß diese ganze Überlegung nicht richtig ist, da es 10 verschiedene Arten von Zinnatomen verschiedener Masse, also 10 „Zinnisotope" gibt, und daß es auch zwei verschiedene Wasserstoffatome gibt, deren Massen sich nahezu wie $1:2$ verhalten, der „leichte" und der „schwere" Wasserstoff.

Wie kommt es denn, daß trotz so grober Irrtümer über die Grundtatsachen die ganze quantitative chemische Verbindungslehre nicht nur nicht völlig falsch, sondern sogar ganz genau richtig ist? Der Grund ist, daß die verschiedenen Atomarten einer Atomsorte, die Isotopen des chemischen Elements *immer* im gleichen Verhältnis miteinander gemischt sind. Wo man den Wasserstoff auch hernimmt: auf 5000 Atome „leichten" Wasserstoffs kommt 1 Atom „schwerer" Wasserstoff. Auf 5000 Protonen kommt ein „Deuteron", ein Kern aus einem Proton und einem Neutron. Und eine gewisse Menge Zinn mit dem *mittleren* Atomgewicht 118,7 enthält immer 0,9% Atome mit dem wahren Atomgewicht 112, 0,6% mit 114, 0,4% mit 115, 14,1% mit 116, 7,5% mit 117, 24,0% mit 118, 8,6% mit 119, 33,0% mit 120, 4,8% mit 122 und 6,1% mit 124. Alle Zinnkerne haben 50 Protonen, aber 62 oder 64 oder 65, 66, 67, 68, 69, 70, 72, 74 Neutronen! Als „Einheit" für das Atomgewicht ist auch nicht mehr der Wasserstoff benutzt, sondern $^1/_{16}$ der zu 16,00000 gesetzten Atommasse von Sauerstoff, der auch wieder 3 Isotope (16, 17, 18) enthält. Bei der α-Stickstoff-Reaktion (S. 104) entsteht das Sauerstoffisotop 17.

Wenn es einmal vorkommt, daß die Isotopenzusammensetzung eines aus einem Erz isolierten Elements von der sonst immer gefundenen abweicht, so bedeutet dieses, daß in diesem Erz eine anomale Entstehungsursache für *ein* Isotop dieses Elementes gewirkt hat oder noch wirkt. Wir erinnern uns daran, daß (Teil 49) das Element Uran und das Element Thorium sich über eine ganze Zahl von Zwischenelementen, die radioaktive Zerfallsreihe, in das stabile Element Blei verwandeln, daß aber das Atomgewicht der beiden Endprodukte nicht das gleiche sein kann. Denn aus dem Atomgewicht des Urans folgt nach Abzug der Masse der verlorenen α-Strahlen (in runder Zahl) 206, aus dem des Thoriums aber 208. Es entstehen also zwei verschiedene Bleiisotope und das „mittlere", das chemische Atomgewicht eines Bleies wird davon abhängen, wieviel „Radioblei" und „Thoriumblei" in ihm vorhanden ist. Es sei hier nur auf eine Folge dieser Erkenntnis hingewiesen. Ist in dem Bleierz Uran enthalten, so wird sich im Lauf langer geologischer Zeitspannen ein Teil desselben in Blei umgewandelt haben, nach dem Zerfallsgesetz berechenbar. Aus der Menge des Isotops Radioblei kennt man die Größe dieses Teils und kann damit berechnen, wie lange das Erz mit dem Uran in der Erde zusammengelegen ist, d. h. das geologische Alter dieser Erzlagerstätte festzustellen.

Wenn wir ganz genau sein wollen — und für sehr wichtige spätere Betrachtungen ist das nötig — so sind die wahren Atomgewichte (bezogen auf das Sauerstoffnormal 16) etwas kleiner als die angegebenen ganzen Zahlen, so beim Beispiel der Zinnisotopen statt 118 richtig 117,94 oder statt 124 richtig 123,94 — was zugleich ein Hinweis auf die erstaunliche

Höhe der Meßtechnik für diese elementaren Größen ist: Wir nähern uns der Erklärung der Massendefekte, welche wir bei den kleinen Massenverlusten bei den Kernreaktionen (Teil 53) kennenlernten.

Wir sehen, wie recht der alte Robert Wilhelm Bunsen hatte, als er es ablehnte, von „Atomgewichten" zu sprechen, solange nicht die einzelnen Atome gewogen waren, und nur den Begriff „Verbindungsgewicht" gelten ließ, welcher das Ergebnis experimenteller Erfahrungen über die Massenverhältnisse bei der chemischen Bindung von Atomen zu Molekülen war.

56. DIE TRENNUNG VON ISOTOPEN

Hat man nun mittlerweile gelernt, einzelne Atome zu wiegen? Wie kann man denn die Isotope einer Atomsorte trennen?

Auf der Waage ist ein Atom nicht zu wiegen — man brauchte ja dann auch atomare Massen als „Gewichtsstücke"! Aber indirekt ist eine Wägung sogar mit sehr großer Genauigkeit möglich. Das Verfahren beruht auf einer einfachen mechanischen Überlegung, die wir schon kennen gelernt haben: Die Beschleunigungen b, welche verschieden große Massen m_1, m_2, m_3 . . . durch die gleiche Kraft K erfahren, sind nur von der Masse abhängig; nach dem Newtonschen Kraftgesetz gilt $K = m_1 b_1 = m_2 b_2 = m_3 b_3$ usw. Man kann aber zur Beschleunigung nicht die Gravitationskraft (oder die Schwerkraft) benutzen, weil dann ja alle Massen die gleiche Beschleunigung erfahren; denn dann ist die Kraft ja auch von der Masse abhängig und man erhielte z. B. aus $K_1 = m_1 g = m_1 b_1$ das Ergebnis $b_1 = g$ und entsprechend für alle Beschleunigungen der anderen Massen auch g. Wenn man also die Atommassen aus der durch eine Kraft ihnen erteilten Beschleunigung messen will, so muß die Kraft unabhängig von der Masse sein, mit anderen Worten sie darf nicht an der Masse angreifen.

Diese Möglichkeit ist gegeben, seit man gelernt hat, geladene Atome, *Ionen* herzustellen. An dieser *Ladung können* nämlich *elektrische Kräfte angreifen*; *beschleunigt wird* aber *die Masse*, welche mit der Ladung verbunden ist. Hierzu wird der Dampf eines chemischen Elements, also sein Isotopengemisch ionisiert und durch eine elektrische Spannungsdifferenz zwischen zwei Platten einer elektrischen Kraft unterworfen. Die beschleunigten Ionen treten dann durch ein kleines Loch in einer der Platten aus diesem elektrischen Feld aus; mit einer von ihrer Masse abhängigen Geschwindigkeit (die schweren langsamer, die leichten schneller) fliegen sie hintereinander her.

Es kann genügen, wenn das Prinzip geklärt ist; wie man dann die Massen mit verschiedener Geschwindigkeit trennt, können wir übergehen. Man bezeichnet solche Apparate als „Massenspektrometer"; sie liefern nicht nur die Werte der Isotopenmassen, sondern können auch zur Auftrennung der „Mischelemente" in ihre Isotopen, in die „Reinelemente" dienen.

Für die allgemeine Chemie ist eine solche Auftrennung ohne Interesse, wohl aber für spezielle Fragen. Ein solches Beispiel aus der Chemie des Lebensprozesses sei erwähnt. In unserem Körper laufen chemische Reaktionen aller Art ab, z. B. Auf- und Abbauprozesse von Eiweiß. Eiweißmoleküle enthalten Stickstoff; dieses ist ein Mischelement bestehend aus Atomen der Massen 14 (zu 99,62%) und 15 (zu 0,38%). Die Masse eines Eiweißmoleküls hängt also davon ab, welches Isotop in ihm vorhanden ist, welches Isotop ihm bei der Bildung zur Verfügung stand; und dasselbe gilt für die Zersetzungsprodukte: ihre Massen hängen davon ab, ob sie das eine oder das andere Stickstoffatom enthalten. Durch solche Analysen ist es also möglich festzustellen, wann sich das dem Körper zugegebene einheitliche Stickstoffisotop N 15 in Eiweiß einbaut und wie dieses sich wieder zersetzt. Man nennt dieses die „Markierung" von Molekülen oder Reaktionen mit Isotopen; wir werden nachher noch ein anderes Verfahren zum gleichen Zwecke kennen lernen, die Verwendung von radioaktiven Isotopen (Teil 58).

Das in mancher Beziehung unterschiedliche Verhalten von Isotopen führte zur Entwicklung technischer Verfahren, Mischelemente in die Reinelemente zu zerlegen. Sie beruhen sämtlich — wie das schon kurz beschriebene — auf der Verwendung von Vorgängen, welche *nur* von der Masse, dem einzigen Unterschied zwischen den Isotopen, abhängen. Dieses sind vor allem Bewegungsvorgänge: die Verdampfungsgeschwindigkeit, die Diffusionsgeschwindigkeit, die elektrolytische Wanderungsgeschwindigkeit u. a. des Isotops mit der kleineren Masse ist größer als die des schwereren.

57. NEUTRONEN-KERNREAKTIONEN
DIE KÜNSTLICH-RADIOAKTIVEN ISOTOPE

Wir kehren zurück zur Physik der Neutronen, jener Elementarteilchen der Materie, welche keine elektrische Ladung und ungefähr die Protonenmasse haben. Da sie Bestandteile der Atomkerne sind, liegt die Frage nahe, ob Atomkerne zusätzlich noch weitere Neutronen aufnehmen können. Grundsätzlich muß dies möglich sein. Wenn man einem Atomkern ein Proton oder ein α-Teilchen einfügen will — Beispiele haben wir in Teil 53 kennengelernt —, so muß dieses eine sehr hohe Bewegungsenergie haben; denn es hat positive Ladung, alle Atomkerne ebenfalls, sie stoßen sich also elektrisch ab; die Abstoßungskraft muß überwunden werden. Das Neutron hat keine Ladung, wird also von einem Atomkern weder abgestoßen noch auch angezogen. Es kommt nur darauf an, daß sie sich treffen. Die Wahrscheinlichkeit hierfür wächst mit der Menge der Neutronen; diese kann man aber (nach Teil 54) durch Zusammenmischen von α-strahlendem Radium und Beryllium, beides in Pulverform, leicht sehr groß machen. Somit ergibt sich die ganz einfache Aufgabe und experimentelle Anordnung: was geschieht, wenn man dieser „Neutronenquelle" andere Elemente zugibt? Da das Neutron wegen seiner Kleinheit und Ladungsfreiheit alle Materie widerstandslos durchläuft, kann man die Neutronenquelle in ein Glas- oder Metallröhrchen einschmelzen und die zu untersuchende Substanz neben oder um dieses Röhrchen bringen.

Das Ergebnis solcher Versuche war, daß fast alle chemischen Elemente durch Anlagerung von Neutronen sich in andere Elemente umwandeln — aber nicht unmittelbar. Es entsteht (in den meisten Fällen) durch den Einbau eines Neutrons in dem Kern eines Elementes ein isotoper Elementkern, welcher sich *radioaktiv* — meist unter Aussendung eines β-Teilchens, eines Elektrons — in das nächsthöhere Element umwandelt (siehe auch Teil 47). Wenn ein Silberatomkern, der als stabiler Kern 47 Protonen und 62 Neutronen enthält, ein Neutron aufnimmt, so entsteht das *künstlich-radioaktive Silberisotop* (47 Protonen und 63 Neutronen), welches mit einer Halbwertszeit von 22 sec durch Abgabe eines β-Teilchens in das stabile Cadmiumisotop übergeht, dessen Kern 48 Protonen und 63 Neutronen enthält.

Der durch Aufnahme eines weiteren Neutrons gebildete Silber-Kern ist also instabil; in ihm wandelt sich offenbar ein Neutron um in ein Elektron und ein Proton, ersteres verläßt den Kern als „β-Strahl".

58. ANWENDUNGEN DER KÜNSTLICH-RADIOAKTIVEN ISOTOPEN

In Teil 56 war gezeigt, daß die verschiedene Masse von Isotopen, z. B. des Stickstoffs, die Möglichkeit geben, festzustellen, welchen Weg ein Stickstoffatom bei einer chemischen Umlagerung nimmt: man hat nur zu bestimmen, in welchem Reaktionsprodukt die Stickstoffatome etwa der Masse 15 auftreten, welche einem der Ausgangsprodukte eingefügt waren. Ein anderes Beispiel ist der Austausch von Wasserstoffatomen — etwa die Frage, ob bei Mischung von Alkohol und Wasser die Moleküle ihren Wasserstoff austauschen: man mischt normalen Alkohol mit „Schwerem" Wasser, welches statt aus H_2O aus D_2O besteht ($D =$ Deuterium = [Proton + Neutron]-Kern. Aber experimentell sind solche Verfahren umständlich und dazu auf wenige Fälle beschränkt.

Die Möglichkeit, fast alle Elemente in radioaktive Isotope umzuwandeln, erlaubt solche Verfahren nicht nur für fast alle Elemente anzuwenden; diese werden auch einfach, weil die künstliche Radioaktivität,

d. h. die β-Strahlungsaussendung so einfach und so außerordentlich empfindlich mit dem Geiger-Müller-Zählrohr nachweisbar ist. Man fügt irgendeiner der Reaktionssubstanzen ein künstlich-radioaktives Element, z. B. Phosphor oder Natrium oder Jod, zu und kann nach Ablauf der Reaktion dann nachweisen, in welchem der entstandenen Produkte *diese* Atome enthalten sind. Von den sehr zahlreichen Möglichkeiten der anorganischen und organischen Chemie sei nur als Beispiel die Aufnahme von Düngemitteln durch die Pflanzen erwähnt. Wenn die Nährlösung solche künstlich-radioaktiven Atome in unwägbaren Spuren enthält, läßt sich bestimmen, in welche Teile der Pflanzen und in welchen Mengen diese hineingegangen sind. —

Wenn auch fast alle Atomkerne durch Neutronen umgewandelt werden können — also Neutronen beim Zusammenstoß absorbieren können —, so hängt doch die Wahrscheinlichkeit, daß ein Atomkern und ein Neutron sich verbinden, in recht hohem Maße von der Art des Atomkernes und außerdem in höchst komplizierter Weise von der Geschwindigkeit der Neutronen ab. Das führt zu einer merkwürdigen Folgerung. In Teil 97 lernen wir die Absorption der Röntgenstrahlen kennen, sie hängt nur von der Ordnungszahl der absorbierenden Substanz ab, ist also für Wasserstoff praktisch Null, für Bor ebenfalls noch sehr klein, für Blei sehr groß. Neutronen werden aber gerade von Wasserstoff und Bor sehr stark, von Blei sehr schwach absorbiert. Ein für Schwefelsäure bestimmter Bleitank läßt Röntgenstrahlen wegen der Absorption in Blei nicht hindurch; Neutronen aber absorbiert er nur, soweit er mit Säure gefüllt ist. Eine mit Wasserstoff gefüllte Stahlflasche läßt Neutronen nicht hindurch, ist sie leer, so gibt sie keinen „Neutronenschatten".

Wie kann man aber die Neutronen „sichtbar" machen? Alle für andere Strahlen übliche Verfahren versagen — müssen versagen, weil sie keine Ladung haben und weil sie keine elektromagnetische Strahlung sind. So erregen sie auch keine Fluoreszenz wie Kathodenstrahlen oder Röntgenstrahlen. Die in Teil 54 beschriebene Entdeckungsmethode wäre viel zu umständlich. Man benützt zu ihrem Nachweis die durch Neutronen erregte künstliche Radioaktivität, die hierbei ausgesandte β-Strahlung. So kann man in ein gewöhnliches Geiger-Müller-Zählrohr etwas Bor bringen (als festen Stoff oder als gasförmiges Bortrifluorid), welches Neutronen äußerst stark absorbiert, wie wir gerade sagten. Fallen Neutronen in dieses Zählrohr, so werden Elektronen aus dem Borkern abgegeben, welche nun das Geiger-Müller-Rohr zum Ansprechen bringen, um so mehr, je mehr Neutronen einfallen. —

Eine andere Anwendung ist die chemische Spurenanalyse. Will man z. B. feststellen, ob in einer Legierung Rhodium vorhanden ist, so bestrahlt man diese mit Neutronen. Ist sie nachher radioaktiv mit der für Rhodium charakteristischen Halbwertszeit, so ist das Vorhandensein von Rhodium nachgewiesen — viel empfindlicher als mit anderen Methoden und vor allem gänzlich „zerstörungsfrei". —

Eine besondere Anwendung der radioaktiven Analyse ist die sogenannte C14-Methode, der Nachweis des radioaktiven Kohlenstoffs mit der Massenzahl 14 in alten Holzgegenständen zur Bestimmung ihres Alters. Wir erwähnten schon, daß in der Atmosphäre Neutronen vorhanden sind, sie entstehen bei Kernreaktionen, welche die Höhenstrahlung bewirkt. Fallen sie auf Stickstoff auf, so können sie diesen in ein radioaktives Isotop des Kohlenstoffs verwandeln, ein radioaktives Kohlenstoffatom mit der Masse 14, daher der Name C14. Dieses hat eine sehr lange Lebensdauer, eine Halbwertszeit von fast 6000 Jahren. Der Kohlenstoff verbindet sich mit Sauerstoff zu Kohlensäure, welche von den Pflanzen aufgenommen und zum Aufbau der Pflanze in Kohlenwasserstoffe umgesetzt wird.

Alle Pflanzen haben also eine Spur radioaktiven Kohlenstoff, von jedem Gramm Kohlenstoff zerfallen in der Minute 16 Atome unter Aussendung je eines β-Teilchens. Da dem Holz eines Baumes nach dem Fällen keine Kohlensäure mehr zugeführt wird, so zerfällt allmählich der radioaktive Kohlenstoff. Aus der Menge des Kohlenstoffs und der Stärke der β-Strahlung kann man dann bestimmen, wieviel Prozent radioaktiven Kohlenstoffs noch vorhanden ist, und daraus das Alter des Holzes feststellen. Man konnte nicht nur das Alter von Tausende von Jahren altem Holz, sondern auch von ägyptischen Mumien, von alten Geweben, von Torf und von Knochen bis zurück zu weit über 10000 Jahren recht genau zeitlich lokalisieren. Eine interessante Nebenbemerkung: in Kohle und Öl ist wegen des Alters von 10 oder 100 Millionen Jahren kein radioaktiver Kohlenstoff mehr vorhanden — also auch nicht in der Kohlensäure, welche aus dem Auspuff von Autos kommt. Es „leben" aber die Pflanzen längs den Autostraßen von dieser Kohlensäure, sie enthalten also wenig oder keinen radioaktiven Kohlenstoff: sie erscheinen bei der Analyse als Tausende von Jahren alt! — zugleich ein Beweis für die Verpestung der Luft durch Abgase und für die reinigende Wirkung von Pflanzen!

59. DIE URAN-NEUTRONEN-KERNREAKTION

Eine — physikalisch und bezüglich ihrer Folgen — besondere Kernreaktion mit Neutronen tritt ein, wenn der Kern (oder das Uranisotop) mit der Atommasse 235 (92 Protonen, 143 Neutronen) ein Neutron einfängt. Das primär gebildete Uran 236 spaltet — wie Otto Hahn und Fritz Strassmann 1938 fanden — spontan in mehrere Teile; zwei davon sind niedere Atomkerne, die anderen Neutronen. Diese Spaltung geht mit einer sehr großen Energieentwicklung vor sich, d. h. die Spaltstücke fliegen mit großer kinetischer Energie auseinander. Werden sie in der umgebenden Materie gebremst, so entsteht Wärme, und zwar für 1 g gespaltenes Uran 16,61 Millionen Calorien oder — umgerechnet in elektrische Energieeinheit — 19300 Kilowattstunden. Da bei jedem Spaltprozeß Neutronen entstehen, können diese wieder andere Uranatome spalten — es entsteht die Kettenreaktion, welche im Uranreaktor zur laufenden „Freimachung" von Atomkernenergie und damit zu ihrer technischen Verwertung benutzt wird. Hierüber werden wir nicht weitersprechen, weil zum Kennenlernen dieser Fragen schon so viele Darstellungen zur Verfügung stehen.

Eine besondere, grundsätzlich wichtige Reaktion tritt ein, wenn ein anderes Uranisotop, Uran 238 (also der Kern mit 92 Protonen und 146 Neutronen) mit einem Neutron sich vereinigt: dann entsteht unter β-Emission ein höheres Element, das Neptunium (93 Protonen), und dieses ist wieder radioaktiv, es wandelt sich in das nächsthöhere Element Plutonium (94 Protonen, 145 Neutronen) um. Damit sind die ersten künstlich aufgebauten Atome jenseits des früheren Endes des Systems der Elemente hergestellt, die „Transurane". Auch das Plutonium ist radioaktiv, hat aber eine sehr lange Lebensdauer, so daß es auf dem genannten Wege heute schon in großen Mengen technisch gewonnen wird. Leider wird es bisher in den furchtbaren Atombomben schnell wieder verpulvert.

Spaltprodukte des Uran 235 sind unter anderem Barium, Strontium, Jod, Xenon, Krypton, Tellur, Zirkon, Silber, Ruthenium, alle seltenen Erden und noch andere Elementkerne. Sie entstehen aber zunächst sämtlich als radioaktive Kerne, als *künstlich-radioaktive Isotope*. Der Uranreaktor liefert also nicht nur Energie, sondern auch in großen Massen diese wertvollen Substanzen.

Da bei der Spaltung, wie bemerkt, auch freie Neutronen entstehen — wieder in großen Massen —, können auch andere Elemente, in den Reaktor hineingebracht, durch Neutronenkernreaktionen in radioaktive Isotope übergeführt werden. So kann man in großen Mengen etwa radioaktives Kobalt oder radioaktives Gold fabrizieren. Mit diesen Möglichkeiten ergeben sich für die Verwendung radioaktiver Isotope (vgl. Teil 58) ganz neue Wege: Denn die radioaktive Strahlung dieser Isotopen — meist β-Strahlung, aber auch γ-Strahlung — stellt ja auch eine Energie dar, dazu in sehr eigenartiger Form, nämlich als sehr schnelle Elektronen, also in dem kleinen Volumen des β-Teilchens konzentriert, und als „Gammaquant"(-Röntgenstrahlung). Die letztere Strahlung, sonst nur durch große Röntgenanlagen für technische und medizinische Zwecke erzeugbar, geht von stecknadelkopfgroßen Präparaten aus, welche teilweise große Halbwertszeit, also lange Verwendbarkeit haben.

Große Mengen radioaktiver Isotopen haben schon mannigfache technische Anwendung gefunden: Mutationen für Pflanzenzüchtungen, neuartige Kunststoffe durch besondere Polymerisationsvorgänge unter β-Strahleneinfluß, Bekämpfung von Bakterien. Auch die Umwandlung von β-Strahlen in elektrische Energie in Halbleitersystemen ist grundsätzlich — vorerst allerdings noch nicht technisch — möglich.

60. DIE ATOMKERNENERGIE

Zwei Probleme der Physik der Atomkerne haben wir mehrfach angeschnitten, aber noch nicht zu Ende geführt: die nicht-ganzzahligen Atomgewichte der Isotopen und die Atomkernenergie. Die Feststellung des Massendefekts bei der Bildung von Helium aus Wasserstoff- und Lithiumkern und die dabei auftretende Energiefreigabe (Teil 53) ließen uns einen Zusammenhang zwischen beiden vermuten; das ist in der Tat der Fall.

Berechnet man aus der Zahl der Protonen und der Masse des einzelnen freien Protons sowie der Zahl der Neutronen und der Masse des einzelnen freien Neutrons die „Atomgewichte", so erhält man für alle *Atommassen* Werte, welche größer sind als die direkt gemessenen Werte: *Alle* Atome haben also einen Massendefekt. Dieser ist bei dem Heliumkern besonders groß, allgemein nimmt er zu bis zu den Atomen in der Mitte des periodischen Systems (Teil 26), dann wird er bis zu den schwersten Atomen wieder kleiner.

Die nächstliegende Annahme ist wohl die: wenn die Atomkerne aus Protonen und Neutronen bestehen, so werden sie sich wohl durch Zusammenlagerung von Protonen und Neutronen gebildet haben; also müßte bei dieser Bildung Masse verschwunden sein. Gleichzeitig aber denken wir: wenn sich die so sehr stabilen Atomkerne so bilden, dann müssen ja Verbindungen von Protonen und Neutronen in einem Kern energetisch günstiger sein als im freien, getrennten Zustand. Das ist ein allgemeines Gesetz, daß die stabilen Gebilde sich aus instabilen bilden, weil hierbei Energie frei wird: Wenn ein Stein aus der erzwungenen hohen Lage fällt, gibt es kinetische Energie; wenn Kohle mit Sauerstoff verbrennt, d. h. in die stabile Verbindung Kohlensäure übergehen, so wird Wärmeenergie frei. Wenn das auch für die Kernbildung gilt, so muß dabei Energie frei werden. Dieses *ist der Fall*, wie man aus zahlreichen künstlichen Atomkernbildungen weiß. Also muß ein Äquivalent dieser freiwerdenden Energie vorhanden sein, sie muß „aus etwas entstanden" sein.

Aus den sehr genauen Kernmassenbestimmungen mit dem Massenspektrometer (Teil 56) und den Messungen der bei einfachen Kernreaktionen freiwerdenden Energie ergibt sich, daß zwischen Massendefekt und Energie stets die gleiche zahlenmäßige Verbindung besteht: das Verhältnis von Energie E zu dem Massendefekt m ist konstant, zahlenmäßig gleich 9×10^{20}, d. h. gleich dem Quadrat der Lichtgeschwindigkeit c (Teil 66), wenn man E und m in den physikalischen Grundeinheiten mißt, d. h. im Energiemaß *erg* und im Massenmaß *gramm* — anders ausgedrückt: $mc^2 = E$. Diese Äquivalenzbeziehung, welche sagt, daß (nun in gewohnten Einheiten ausgedrückt) 1 g Masse einer Energie von 25 Millionen kWh äquivalent ist, war bereits 1905 von A. Einstein in der speziellen Relativitätstheorie aufgestellt worden. Die Kernphysik lieferte die erste sichere Möglichkeit ihrer Prüfung — und ihre experimentelle Bestätigung.

Wir wollen zunächst einige Beispiele für die Umwandlung von Masse in Energie angeben.

Bei der natürlichen radioaktiven α-Umwandlung war (Teil 44) die Frage gestellt, woher das α-Teilchen seine hohe Energie bekommt. Wenn ein radioaktiver Kern mit der Masse A sich durch Abstoßen eines α-Teilchens (die Masse sei α) in die *stabile* Tochtersubstanz mit der Kernmasse B umwandelt, dann sollte die Kernmasse $B = A - \alpha$ sein. In Wirklichkeit ist sie aber etwas kleiner: $B = A - \alpha - m_E$, worin der Massendefekt m_E das Äquivalent für die kinetische Energie des α-Teilchens ist. Der Massendefekt von B wird also größer sein als der von A. Weil der Massendefekt, wie vorhin erwähnt, der schwersten Atome klein ist, ist die Bindung ihrer Kerne nicht so sehr fest, und deshalb sind sie radioaktiv.

Der Heliumkern (oder das α-Teilchen) besteht aus 2 Protonen und 2 Neutronen; seine Masse sollte also sein: $2 \times 1{,}008131 + 2 \times 1{,}00895 = 4{,}034162$, sie ist aber nur $4{,}00386$. Zur völligen Klarheit sei nochmals bemerkt, daß wir nicht die Masse der einzelnen Kerne angeben, sondern immer die Masse von $6{,}02 \times 10^{23}$ Kernen, d. h. von einem Mol; wir schließen uns also der chemischen Übung an, das „Atomgewicht" zu schreiben. (Siehe z. B. Teil 19.) Der Heliumkern hat also einen Massendefekt von $0{,}031302 = 0{,}759\%$ — fast 1%? Deshalb ist der Heliumkern so ganz besonders stabil, deshalb wird auch bei dem inneren Kernumbau, welcher zum radioaktiven α-Zerfall führt, der sehr stabile Heliumkern gebildet und abgestoßen. — Wenn sich also 1 Mol ($=$ rund 4 g) Helium aus den Elementarteilchen bildet, so entsteht (alles in runden Zahlen) ein Massendefekt von $0{,}031$ g und damit (aus 1 g $= 25$ Millionen kWh) eine Energie von rund $0{,}8$ Millionen kWh. —

Ein anderes Beispiel: Wenn (Teil 53) ein Proton mit einem Lithiumkern sich vereinigt, so entsteht ein instabiles Gebilde; es zerfällt so, daß die Endprodukte so stabil als nur möglich sind. Das ist der Fall, wenn es sich in zwei Heliumkerne trennt. Der auftretende Massendefekt ist

rund $^1/_4\%$, die kinetische Energie der auseinanderfliegenden Heliumkerne
ist (bei 1 g Wasserstoff $+$ 7 g Lithium $= 2 \times 4$ g Helium $= 2$ Mol Helium)
zu 500000 kWh *gemessen* — das entspricht genau dem Äquivalent von
25 Millionen kWh pro 1 g. —

Der Massendefekt ist also ein Maß für die Festigkeit der Atomkern-
bindung. Hiermit ist auch geklärt, warum bei der Spaltung des Uran-
atomkerns (Teil 59) sich zwei Elemente aus der Mitte des periodischen
Systems der Elemente bilden: diese haben den größten Massendefekt,
sind also die stabilsten Zerfallsprodukte, es wird so am meisten Energie
frei. Diese beträgt pro 1 kg gespaltenes Uran 235 rund 20 Millionen kWh.

Wir sagten, daß durch künstliche Kernreaktionen — man spricht auch
kurz von der „Kernchemie" im Gegensatz zur Atom- oder Molekül-
chemie — sehr viele Isotope hergestellt werden können, die sich durch
ein Neutron als Kernbestandteil unterscheiden. Ihre Massendifferenz
entspricht aber nicht genau der Neutronenmasse: die Abweichung hängt
von der Bindungsfestigkeit des isotopen Atomkerns ab.

An der Massen-Energie-Äquivalenz ist nicht mehr zu zweifeln: *auch die
Masse ist eine Energieform* — wie Strahlung oder Wärme —, welche sich
in andere Energieformen, z. B. in kinetische Energie oder auch in γ-
Strahlungsenergie, umformen kann. Hiermit ist ein Strukturelement
unserer Welt erkannt, das man nicht — oder noch nicht? — auf andere
Phänomene zurückführen kann, welches also in üblicher Ausdrucksweise
unanschaulich oder nicht-verstehbar ist. Verstehen heißt ja immer das
Zurückführen auf noch tiefer liegende Gründe — ein „Letztes" ist nicht
mehr aus Anderem ableitbar, seine Gültigkeit ergibt sich aus der Richtigkeit der Folgerungen.

Die Erkenntnis der „Massenenergie" oder der „*Atomkernenergie*"
unterscheidet sich in dieser Beziehung gar nicht von anderen Grund-
erkenntnissen, z. B. der Gravitationsenergie (Teil 3): wir kennen die
Massenanziehung, wir wissen, daß die Existenz des Sonnensystems wie
das Fallen des Steins auf ihr beruhen; aber „erklärbar" ist sie heute noch
so wenig wie die Atomkernenergie. —

61. DIE THERMO-NUCLEAREN REAKTIONEN

Die Bildung von Atomkernen, wie z. B. von Helium aus Protonen und
Neutronen oder aus Protonen und Lithium (— es gibt auch noch
andere! —), bezeichnet man als „thermonucleare Reaktionen". Im
Gegensatz zu den Kern-*Spaltungs*reaktionen spricht man auch von Kern-
*Fusions*reaktionen. Ein wesentlicher, auf der Ladungsfreiheit des
Neutrons beruhender Unterschied ist der, daß zur Spaltung keinerlei
Energie aufgewendet werden muß, während zur Fusion Elementar-
teilchen oder Kerne wegen ihrer positiven Ladung so große kinetische

Energie haben müssen, daß sie trotz der abstoßenden elektrischen Kraft zusammentreffen können. Allerdings ist die hierfür aufzuwendende Energie — etwa die kinetische Energie des stoßenden Protons — verschwindend klein gegenüber der beim Fusionsprozeß freiwerdenden Energie. Im Laboratorium erzeugt man — wie in Teil 53 schon gesagt —, die kinetische Energie der Kerne durch hohe Spannungen (z. B. einige 100000 Volt oder mehr), welche die Protonen (oder auch Deuteronen oder andere niedere Atomkerne) zu großer Geschwindigkeit (und damit großer kinetischer Energie) beschleunigen; grundsätzlich könnten die Kerne („nuclei") ihre Energie auch thermisch erhalten, also die Kernfusion auch durch Erhitzen eines Protonengases auf sehr hohe Temperaturen erfolgen (daher thermo-nucleare Reaktion genannt) — doch ist dieses im Laboratorium in größerem Maße bisher nicht gelungen.

Dagegen besteht wohl kein Zweifel, daß in der Sonne die Temperaturbedingungen herrschen, welche zum Ablauf der Fusionsreaktion ausreichen, so daß sich 4 Wasserstoffkerne (Protonen) unter Verlust von 2 positiven Kernladungen („Positronen", siehe Teil 62) zu Helium vereinigen. Selbst wenn man im Sonneninneren (aus astrophysikalischen Gründen) eine Temperatur von 20 Millionen Grad annimmt, würden die Protonen nur eine Geschwindigkeit haben, welche durch etwa 2500 Volt im Laboratorium schon erreicht ist. Mit dieser Energie ist aber die Wahrscheinlichkeit für das Eintreten einer Fusion zwar nicht Null, aber doch minimal. In der Sonne haben aber alle Bestandteile diese Energie, so daß bei Zusammenstößen kein Energieverlust eintritt und die kleine Stoßwahrscheinlichkeit wegen der Größe der Sonne eben doch ausreicht. Die Temperatur bleibt konstant, weil die gebildete Wärme der Ausstrahlung der Sonne das Gleichgewicht hält.

Man bemüht sich, für die thermonuclearen Reaktionen technisch-durchführbare Anordnungen zu schaffen, da sie die Energiegewinnung mit dem Uranreaktor, die manche Schattenseiten hat, unnötig machen würde. Vor allem würde das „Brennmaterial" Wasserstoff ja in fast beliebiger Menge zur Verfügung stehen; mit 1 g Wasserstoff entspr. 9 g Wasser wäre die Wärmeenergie von über 10 t Kohlen zu erreichen.

Der Massenverlust bei der Heliumbildung müßte zur Deckung der Ausstrahlungsenergie 5 Millionen Tonnen pro Sekunde sein.

Auf den ersten Blick erscheint diese Folgerung unsinnig — aber die Masse der Sonne ist so ungeheuer groß, daß während eines Lebensalters der Sonne von einigen Milliarden Jahren bei Annahme eines dauernden Verlustes von 5 Millionen Tonnen je Sekunde der Massenverlust noch kein Tausendstel der Sonnenmasse betragen würde! (Ein Jahr hat rund 3×10^7 sec, 3 Milliarden Jahre also $3 \times 10^7 \times 3 \times 10^9 = 9 \times 10^{16}$ sec; multipliziert mit 5 Millionen Tonnen $= 5 \times 10^{12}$ g gibt den Massenverlust in 3 Milliarden Jahren zu $9 \times 10^{16} \times 5 \times 10^{12} = 4{,}5 \times 10^{29}$ g. Die Masse der

Sonne ist rund 10^{33} g). Ihr Wasserstoff reicht für Milliarden Jahre, da sie wesentlich aus ihm besteht.

Es ist wahrscheinlich, daß in vielen Fixsternen ganz andersartige Kernreaktionen ablaufen, um ihre Ausstrahlung zu decken. Wir haben schon darauf hingewiesen, daß in manchen Sternen die Atome ihrer ganzen Elektronenhülle beraubt werden; sie bestehen also nur aus Kernen und freien Elektronen und haben deshalb eine außerordentlich hohe Dichte. (Die Astronomen nennen diese Sterne „weiße Zwerge".) Man kann annehmen, daß in ihnen sich aus Protonen nicht nur Helium, sondern aus Protonen und Elektronen Neutronen bilden, so daß auch Möglichkeiten für den Aufbau höherer Kerne gegeben sind. Dieser kurze Hinweis muß genügen: sicher ist die Kernenergie die Energiequelle in Sonne und Sternen; Einzelheiten sind noch problematisch. —

Wir wollen noch die Energie-Bilanz in der Sonne angeben. Aus der meßbaren Strahlungsenergie, welche etwa auf 1 m^2 der Erde fällt, und unter Berücksichtigung der Strahlungsverluste in der Atmosphäre ergibt sich die gesamte Strahlungsenergie der Sonne in den Weltenraum in jeder Sekunde zu rund 100 Trillionen $= 10^{20}$ kWh. Diese soll durch den sekundlichen Masseverlust von 5 Millionen Tonnen Materie $= 5 \times 10^{12}$ g gedeckt sein. Nach dem Äquivalenzgesetz ist die Energie dieses Massenverlustes durch Multiplikation mit dem Quadrat der Lichtgeschwindigkeit (3×10^{10}) im physikalischen Energiemaß (*erg*) gleich $5 \times 10^{12} \times 9 \times 10^{20} = 4,5 \times 10^{33}$ *erg*. Da 1 *erg* $= 2,8 \times 10^{-14}$ kWh, sind $4,5 \times 10^{33}$ *erg* $= 1,2 \times 10^{20}$ kWh, also der oben angegebene Strahlungswert der Sonne.

62. DAS POSITRON UND DIE ZERSTRAHLUNG DER MATERIE

Der Ausgangsversuch für die Analyse der Atomkerne und damit für die Entdeckung des Neutrons, der künstlichen Umwandlung der Elemente und der Herstellung künstlich-radioaktiver Elemente aller Art war der Stoß von α-Teilchen auf Atomkerne. Er führte noch zu einer weiteren Entdeckung. Bei der Prüfung, welche Kernreaktionen durch α-Strahlen eintreten, war unter anderem gefunden worden, daß ein Aluminiumkern durch ein aufgenommenes α-Teilchen sich in ein stabiles Phosphorisotop umwandelt, wobei ein Proton abgestoßen wird (analog wie aus α-Teilchen plus Stickstoff, Sauerstoff plus Proton entsteht, Teil 53). 1934 fanden Frederic Joliot und Irene Joliot-Curie, daß auch noch eine zweite Kern-Reaktion eintreten kann: es wird zunächst ein Neutron abgegeben; aus dem Aluminiumkern mit 13 Protonen und 14 Neutronen wird nach Aufnahme des Helium-(α)-Kerns und Abgabe eines Neutrons ein Phosphorkern mit 15 Protonen und 15 Neutronen. Dieser Phosphor erwies sich wieder als radioaktiv, aber er sendet eine *positive* Ladungseinheit aus! — Gleiche Masse und gleicher Ladungswert wie das Elektron, aber entgegengesetztes Ladungsvorzeichen: *Positron* heißt dieses seltene (es gibt noch einige andere künstlich radioaktive Isotopen mit Positronenabgabe) elektrische Elementarteilchen. Das stabile Endprodukt ist ein Siliciumisotop. (Historisch sei bemerkt, daß bei dieser Kernreaktion erstmals die „künstliche" Radioaktivität beobachtet wurde — von Tochter und Schwiegersohn der Entdeckerin der „natürlichen" Radioaktivität.)

Offenbar geht im radioaktiven Phosphorisotop eine Umwandlung eines Protons in ein Neutron und ein Positron vor sich, so wie bei den früheren Beispielen der β-Radioaktivität ein Neutron in ein Proton und ein Elektron sich verwandelt.

Das Positron war fast zwei Jahre früher schon von Anderson als ein in der kosmischen Ultrastrahlung vorkommendes Teilchen entdeckt worden. Es ist in unserer Welt nicht stabil: sobald es sich einem Elektron nähert (und Elektronen sind frei oder gebunden ja überall vorhanden), verbindet es sich mit diesem: die Ladung verschwindet und die Masse der beiden Ladungsteilchen wandelt sich um in Strahlungsenergie. Das ist der Laboratoriumsbeweis für die „Zerstrahlung von Masse". Wir kommen in Teil 99 nochmals hierauf zurück, wenn wir das atomistische Maß für die Strahlungsenergie erkannt haben — vorher können wir den Beweis für die Materie-Strahlungs-Umwandlung nicht führen; dann aber werden wir auch den umgekehrten Vorgang, die Bildung von Materie aus Strahlung, die „Materialisation der Strahlung" kennenlernen. In diesen Prozessen vereinigen sich die letzten Konsequenzen der Materie-Atomistik und der Strahlungs-Atomistik.

KAPITEL IV

DIE ELEKTROMAGNETISCHE STRAHLUNG

63. STRAHLUNG ALS ENERGIEFORM

Schon zweimal, an zwei entscheidenden Punkten der elektrischen Atomistik, wurde auf die Erscheinung der Strahlung hingewiesen: das war einmal die Strahlung, welche mit der Elektrizitätsleitung, insbesondere der Stoßionisation in Gasen verbunden ist. Diese Strahlung (zumindest ein Teil von ihr) wird von unserem Auge als „Licht" aufgenommen. Eng damit zusammenhängend erschien uns die Röntgenstrahlung, wiewohl unser Auge sie nicht als Licht empfindet; der Zusammenhang mit der Strahlung bei der Gasentladung ist dadurch gegeben, daß die Röntgenstrahlung beim Energieverlust von Elektronen beim Aufprallen auf feste Körper auftritt, während das Gasleuchten durch Elektronenstoß auf freie Atome oder Moleküle entsteht.

Wir hatten darauf hingewiesen, daß diese Strahlungen mit dem Bau der Atome zusammenhängen, und zwar mit der Elektronensphäre. Betrachten wir diese Vorgänge energetisch — vorerst ohne spezielle Frage nach der Art der hierbei ablaufenden Vorgänge —, so handelt es sich um die unmittelbare Umsetzung von Bewegungsenergie von Elektronen (d. h. elektrische Energie) beim Zusammenstoß mit Gasatomen oder bei ihrer Bremsung in festen Körpern in Strahlungsenergie. „Unmittelbare Umsetzung" soll heißen, daß bei ihr keine Erwärmung auftritt, daß also die Strahlungsenergie nicht über Wärmeenergie als Zwischenstufe aus der elektrischen Energie entsteht.

Hierin unterscheidet sich diese Strahlung von der zweiten Strahlungserscheinung, die wir bei der Umwandlung von elektrischer Energie in Lichtenergie in einem Draht als Begleit- oder Folgeerscheinung der hohen Temperatur kennen lernten oder der Strahlung, welche von der Sonne ausgesandt wird, die ebenfallls eine Folge ihrer hohen Temperatur ist, also aus der in ihr aus Atomkernenergie entstehenden *Wärme*energie stammt.

Die beiden Strahlungserscheinungen zeigen — soweit sie mit dem Auge beobachtet werden können — einen ganz charakteristischen Unterschied. Die „kalte" Atom- (oder Molekül-)strahlung hat leuchtende Farben, in erster Linie abhängig von der Art der Atome; die Strahlung erhitzter Körper hat eine nur von der Temperatur derselben abhängige „Färbung", unabhängig von ihrer materiellen Zusammensetzung. Die Untersuchung der letztgenannten Strahlung wurde 1900 durch Max Planck mit der Quantentheorie, der Entdeckung *der Atomistik der Strahlung* vollendet. Mit dem durch sie gegebenen Schlüssel eröffneten 1913 Niels Bohr und dann Arnold Sommerfeld die *Quantentheorie des Atombaus*. —

Der Gedanke, das Licht, die Strahlung als eine Energieform anzusehen, für welche das Gesetz der Erhaltung der Energie gilt, stammt von J. R. Mayer. Im Sinn dieses Grundgesetzes liegt es, daß auch *jede* Wirkung einer Strahlung auf einer Umsetzung von Strahlungsenergie in eine andere Energieform beruht. Damit ist eine absolute Meßbarkeit derselben gegeben, z. B. durch die Umsetzung in Wärmeenergie; man kann etwa bestimmen, welche Menge Eis durch eine gegebene Strahlungsenergie geschmolzen wird. Zur Wirkung gelangt dabei natürlich nur der Teil der Strahlung, welcher im Eis (oder dem „Eiscalorimeter") absorbiert wurde, nicht auch der, welcher vom Eis reflektiert wurde. (Um solche Verluste möglichst klein zu machen, muß man den Strahlungsempfänger schwärzen.) Vergleicht man die Ergebnisse solcher Messungen verschiedenartiger Lichtquellen mit dem Helligkeitseindruck, welchen sie über unsere Augen erzeugen, so kann man die allergrößten Widersprüche finden: In unserem Auge wird durch die absorbierte Lichtenergie, ohne daß dabei eine Erwärmung entsteht, ein chemischer Prozeß ausgelöst, welcher in Nerven und Gehirn bestimmte „Reaktionen" bewirkt. Aber auch sehr intensives rotes Licht wird vom Auge immer noch dunkler empfunden als relativ schwaches grünes Licht; auch für violett ist das Auge sehr wenig „empfindlich". Alle diese Prozesse hängen noch von sehr viel anderen Faktoren ab als nur von der Größe der von der Lichtquelle in das Auge gelangenden Intensität.

Die im Auge unter Lichteinfluß ablaufenden Primärreaktionen nennt man *photochemische Reaktionen*; sie sind im Grundsätzlichen gleicher Art wie die in der photographischen Platte und in der wachsenden Pflanze ablaufenden Reaktionen. Man kann das so ausdrücken: Strahlungsenergie wird in chemische Reaktionsenergie umgewandelt; denn sie bringt Stoffe zur Reaktion, welche ohne diese *Energie*zufuhr nicht reagieren. Auch kann chemische Reaktionsenergie, die im allgemeinen als Wärme auftritt, unmittelbar zur Lichtemission führen: z. B. das „kalte" Licht der Glühwürmchen, des oxydierenden Phosphors oder faulenden Holzes. Von der photographischen Platte weiß jeder, daß sie auch durch recht intensive rote Strahlung nicht, aber schon durch sehr kleine Intensitäten violetter Strahlung stark beeinflußt wird. Offensichtlich spielt immer dann, wenn die Strahlung in die atomistische Struktur von Atomen oder Molekülen eingreift, neben der Art dieser Materie auch die Art der Strahlung eine Rolle. Dagegen ist die *Wärmeenergie*, in welche in einem *absorbierenden* Körper die Strahlung umgeformt wird, für alle Strahlungsarten gänzlich unabhängig von der materiellen Zusammensetzung und Struktur des absorbierenden Körpers. Wir sehen hier eine bemerkenswerte Parallelität mit den beiden zu Anfang dieses Abschnittes erwähnten Vorgängen bei der Strahlungserregung. Die energetische Messung einer Strahlung ist also immer richtig, aber sie genügt nicht, die verschiedenartigen materiellen Wirkungen verschiedenartiger Strahlungen zu verstehen. Aber auch für die atomaren und molekularen Wirkungen gilt der Energiesatz, daß nur die Strahlung wirken kann, welche absorbiert wird; aber ob sie absorbiert wird und ob als Folge Erwärmung oder z. B. chemische Reaktionen auftreten, hängt von anderen Faktoren ab.

Wir beginnen die zur Klärung erforderliche physikalische Analyse der Strahlung mit der Betrachtung bekannter Licht- und Strahlungserscheinungen.

Die physikalische Analyse des Phänomens „Strahlung" ist viel schwieriger als die anderer Gebiete, weil sie unanschaulicher ist. In der klassischen physikalischen und der chemischen Atomistik hat man die Atome gewissermaßen in der Hand, man kann mit ihnen arbeiten und denken, als ob sie Kugeln — allerdings außerordentlich kleine — wären. Mit der hierbei geübten Abstraktion war die elektrische Atomistik und auch das materielle Problem des Aufbaus der Atomkerne, der Elementarteilchen und das Experimentieren mit den Elementarteilchen behandelbar. Bei der Analyse der Strahlung versagen solche Gedankengänge. Erst da, wo das atomistische Element der Strahlung zwangsläufig erscheint, wo seine energetische Wechselwirkung mit der elektrischen Atomistik aus dem Experiment folgt, treffen wir wieder auf die gewohnten Gedankengänge. Wo sich bei der phänomenologischen Behandlung eine solche Möglichkeit andeutet, werden wir deshalb stets schon darauf hinweisen, auch ehe wir genügend Kenntnis der erforderlichen Bestimmungsgrößen für die Atomistik der Strahlung haben. —

In den nächsten Teilen werden wir stets von Erfahrungsbeispielen ausgehen und diese allmählich einer immer exakteren physikalischen Analyse unterwerfen.

64. DIE ZERSTREUUNG DES LICHTS

Die Energieübertragung von der Sonne durch den fast materieleeren Weltenraum geht durch Strahlung vor sich, von der ein Teil auch unsere

Erde, unseren Mond und die anderen Planeten mit ihren Monden erreicht. Ein Teil dieser Strahlung wird von den Planeten (wie auch von der Erde) wieder fortreflektiert in den Weltenraum. Das Sonnenlicht, das z. B. der Planet Venus in Richtung auf unsere Erde reflektiert, macht uns diesen Planeten sichtbar; denn wir wissen sicher, daß er so kalt ist, daß er selbst nicht leuchtet. Wir sehen also die Planeten und auch unseren Mond durch den gleichen Vorgang, der uns auch die Gegenstände unserer Umgebung erkennen läßt. Wir nennen diesen Vorgang die *Zerstreuung des Lichtes* an materiellen Körpern. Das Weiß der Wolken ist an den Wassertröpfchen oder Eiskriställchen zerstreutes Sonnenlicht; und man weiß zuverlässig, daß wir von der Venus nicht die feste Oberfläche, sondern nur eine dichte Wolkenatmosphäre sehen.

Der nächtliche Himmel über einer beleuchteten Stadt ist hell, weil das nach oben strahlende Licht von der Atmosphäre, ganz besonders von ihren Verunreinigungen wie Wassertröpfchen oder Staubteilchen nach allen Richtungen zerstreut wird — deshalb sieht man den „Lichtschein" von Städten oder Feuersbrünsten schon von weit her. Die Luft ist am Tage „diesig" durch die Zerstreuung des Lichts im feinsten Dunst; in *sehr* trockenen Gegenden ist der Himmel am Tage schwarzblau, so dunkel, daß man helle Sterne sehen kann, deren schwaches Licht bei unseren atmosphärischen Verhältnissen in dem viel helleren zerstreuten Licht der unreinen Atmosphäre untergeht. Der tiefblaue Himmel Italiens und die das charakteristische „südliche Licht" bestimmenden tiefschwarzen, „harten" Schatten beruhen auf der geringen Zerstreuung des Lichts in der reinen Luft. Der Photograph „hellt die Schatten auf", indem er von weißen Schirmen zerstreutes Licht auf die beschatteten Partien fallen läßt.

Eine solche Zerstreuung des Sonnenlichts erfolgt nicht nur an den festen und flüssigen Bestandteilen der Erde, sondern auch an den Molekülen der atmosphärischen Gase. Das lehrt uns eine bekannte Monderscheinung. Die Mondphasen kommen bekanntlich dadurch zustande, daß ein Teil des Mondes in dem Schatten liegt, welchen die Erde in der Sonnenstrahlung wirft. Nun sieht man aber diesen Schatten nie ganz dunkel, sondern *immer* etwas aufgehellt: eben durch das von der Erdatmosphäre nach allen Seiten, also auch in den Kernschatten der Erde und damit auf den beschatteten Teil der Mondoberfläche abgestreute und von dieser zurückgestreute Sonnenlicht.

65. FARBIGE LICHTERSCHEINUNGEN

Bei der Zerstreuung geht manchmal eine merkwürdige Veränderung mit dem weißen Lichte der Sonne vor sich: manche Gegenstände erscheinen uns weiß wie der Schnee, andere grau wie Kalkfelsen, wieder andere gefärbt, bunt, wie Kleider, Blumen oder Bilder.

Im Sonnenlicht stehend empfinden wir Wärme. Eine Erfahrungstatsache ist es, daß ein dunkel gefärbtes Kleid im Sonnenschein wärmer wird als ein weißes. Ein dunkles Kleid zerstreut weniger Licht als das weiße — deshalb ist es ja „dunkler" — es muß in ihm ein größerer Teil der Sonnenstrahlungsenergie in Wärme umgesetzt werden als im weißen Kleid. Das ist der Erhaltungssatz der Energie bei der Strahlung: Ein Teil der auffallenden Strahlung wird vom beleuchteten Körper aufgenommen, verschluckt oder *absorbiert* und verwandelt sich in Wärme, der Rest wird als Licht wieder abgestrahlt, zerstreut.

Aber warum erscheinen uns hierbei manche Körper gefärbt? Ist dieses etwa eine Umwandlung von weißem Licht in gefärbtes Licht? Mißt man die Temperaturerhöhung eines uns in der Sonne farbig erscheinenden Körpers, so stellt man wieder fest, daß er sich erwärmt, daß also ein *Teil* der Strahlung in ihm absorbiert wurde. Offenbar ist das gefärbte zerstreute Licht ein *Teil* des weißen Lichts.

Wir kennen aber noch einen anderen Fall, in welchem Farben auftreten: wenn wir weiße Gegenstände durch ein „gefärbtes" Glas betrachten oder wenn die Sonne durch ein buntes Kirchenfenster scheint, dann sehen wir auf weißen Wänden oder weißem Fußboden bunte Flecken. Man kann wieder feststellen, daß ein buntes Glas sich stärker erwärmt als ein klares, farbloses, daß also wieder ein Teil der Sonnenstrahlen sich in Wärme umwandelte, daß das durch das gefärbte Glas hindurchgegangene farbige Licht also nur ein Teil der außen auffallenden Sonnenstrahlung ist. Wieso kann ein Teil der Sonnenstrahlung uns einmal als grau, ein anderes Mal als farbig erscheinen? —

Eine andere Farbenerscheinung in der Natur ist der blaue Himmel. Er erhält doch sein Licht von der Sonne (denn nachts ist er ja schwarz) — warum ist er blau? Auch graue Gebirgswände und weiße Schneefelder können blau und violett erscheinen; im weißen Tageslicht sieht verwässerte Milch bläulich aus; bläulich steigt der Rauch aus einer brennenden Pfeife, während der aus Mund oder Nase ausgeblasene Rauch weiß ist. Auch „der Himmel" kann rot und gelb und violett leuchten. Und daß die Sonne *manchmal* dunkelrot untergeht, hat jeder schon gesehen; sie kann doch ihre Temperatur dabei nicht ändern!

Wieder eine andere natürliche Farbenerscheinung ist der Regenbogen. Man weiß aus Erfahrung, daß das Sehen des Regenbogens an zwei Bedingungen geknüpft ist: es müssen Regenwolken da sein auf der der Sonne gegenüberliegenden Himmelshälfte und der Beobachter muß die Sonne im Rücken haben. Der Regenbogen ist also Sonnenlicht, welches in den Tropfen einer Regenwolke in einer bestimmten Richtung abgelenkt wird, so daß er in das Auge kommt. Hierbei wird aus dem weißen Sonnenlicht ein Farbenband, das aus den (wie man sagt) „Regenbogenfarben" rot, gelb, grün, blau, violett besteht; der Physiker nennt es die *Spektralfarben* oder das *Spektrum* des Sonnenlichtes. Und oft sieht man, wenn Sonnenlicht auf gefüllte Gläser, auf geschliffene Vasen und „Kristallschalen" auftrifft, unter irgendwelchen Richtungen auf Tisch, Wand oder Decke leuchtende Farbbänder.

Bei Diamanten in Fingerringen beobachtet man das gleiche: hierdurch kommt das „Funkeln" der Steine bei Bewegung des Fingers zustande.

Wir denken auch an die in dem weißen Sonnenlicht in verschiedenen Farben glitzernden Tautropfen, an die gelegentlich am fast klaren Himmel zu sehenden leuchtenden farbigen Kreise und Bögen, an den Mondhof, an die „Nebensonnen", an die sogenannten Halo-Erscheinungen.

Allen diesen Erscheinungen ist eines gemeinsam: durch irgendwelche *Wechselwirkungen zwischen* dem *weißen* Sonnen*licht* und der bestrahlten oder durchstrahlten *Materie* kann aus dem weißen Licht farbiges Licht werden. Insbesondere bei den zuletzt erwähnten Phänomenen wird das in die Tröpfchen oder Kriställchen einfallende weiße Licht in eine andere Richtung, in welcher es aus ihnen austritt, umgelenkt. „*Brechung des Lichtes*" (Teil 66) nennt man diese Erscheinung, und die hiermit verbundene Auffächerung des Lichtes, das Austreten verschiedener Farben unter verschiedenen Austrittsrichtungen heißt die *Dispersion*.

Überlegen wir einmal, wo wir sonst noch Farberscheinungen beobachten. Ein Blick zu einem klaren Sternenhimmel zeigt uns Sterne, die rötlich, andere die grünlich, wieder andere, die weiß erscheinen. Diese Fixsterne sind heiße Körper wie die Sonne, strahlen also Licht aus. Das gleiche tut auch ein zu stark geheizter Ofen: er „glüht" (wie man sagt) dunkelrot; öffnet man dann die Ofentüre, so glühen die Kohlen gelbrot — sie sind heißer als der äußere dunkelrot leuchtende Ofen. Unsere Glühlampen — elektrisch geheizte Metalldrähte — leuchten des Nachts weiß; wenn aber durch eine Störung in der Stromversorgung die Netzspannung absinkt, der Glühfaden also kälter wird, so *leuchten* sie dunkler *und* gelblich oder gar rot. Zünden wir aber am Tage eine Glühlampe an, so *erscheint* sie uns gelb gegenüber dem weißen Sonnenlicht.

Wirft man in eine Flamme Kochsalz, so färbt sie sich gelb; hält man eine Zigarre in einen Gasbrenner, so leuchtet er fahlviolett. Und die leuchtenden Reklamelampen zeigen verschiedenartige, von der Gasfüllung abhängige Farben. Beleuchtet man gewisse Kristalle oder z. B. mit Uransalzen gefärbte Gläser mit violettem Licht, so strahlen diese intensiv farbiges Licht aus wie die vielbenützten Leuchtfarben (Teil 92). In allen Fällen ist die Farbe oder die Färbung in allen Richtungen die gleiche. Es liegt eine andere *Wechselwirkung zwischen Materie und*

Licht vor. Es wird nicht aus weißem Licht durch Zerstreuung, Absorption oder Brechung farbiges Licht; es handelt sich um die Erregung von farbig getöntem oder auch einheitlich farbigem Licht, welche z. B. von der Temperatur oder von der chemischen Konstitution des Strahlers abhängt.

66. DIE FORTPFLANZUNG DES LICHTS IN MATERIE; DIE LICHTBRECHUNG

Die *Übertragung* der Strahlungsenergie vom Ort ihrer Entstehung zum Ort ihrer Wirkung bedarf der Materie nicht; doch kann sie, wie uns Brechung und Dispersion zeigen, durch Materie beeinflußt werden, und hierbei tritt wieder die Art der Materie in Erscheinung. Auch der „materiefreie Raum" überträgt die Strahlung, und zwar nicht nur die von unserem Auge wahrgenommene Strahlung, „das Licht", sondern auch die Röntgenstrahlen und die Strahlung der Antennen, der Sendestationen des Rundfunks; und seit einigen Jahren wissen wir, daß durch den Weltenraum nicht nur das Licht von Sternen aus zwar meßbaren, aber unvorstellbar großen Entfernungen uns erreicht, sondern auch Energien der gleichen Art wie die der „Rundfunksender". Und alle diese *Energien* pflanzen sich im leeren Raum mit der gleichen Geschwindigkeit fort, welche fast 300000 km in der *Sekunde* beträgt. Das Licht des Mondes braucht 7 sec, das der Sonne $8^1/_3$ min bis zur Erde, und es gibt Sterne, deren Licht schon Millionen von Jahren unterwegs war, bis wir es wahrnehmen; jeder Blick auf den gestirnten Himmel läßt uns Vorgänge aus unvorstellbar weit zurückliegender Vergangenheit aus der Geschichte der Welt sehen. —

Die Wechselwirkung zwischen Licht und Materie bei der *Fortpflanzung* des Lichtes tritt in einer Verringerung der Geschwindigkeit in Erscheinung. So pflanzt sich die uns sichtbare Strahlung in Wasser um rund $^3/_4$, in Glas um rund $^2/_3$ langsamer fort, d. h. mit 225000 bzw. 200000 km pro Sekunde. Diese Lichtgeschwindigkeit in „durchsichtiger" Materie hängt von der Farbe des Lichtes ab; sie ist für rotes Licht immer ein wenig größer als für violettes Licht; das ist der physikalische Inhalt des Begriffes „Dispersion". Und die Änderung der Lichtgeschwindigkeit beim Übergang des Lichtes von einem „Medium" in ein anderes Medium, etwa von Luft in Wasser oder vom Vakuum in Glas ist der physikalische Grund für die Brechung des Lichtes. Nehmen wir an, daß Licht senkrecht aus der Luft in eine Glasplatte einfällt, so nimmt seine Geschwindigkeit mit dem Übergang auf den kleineren Wert ab und um den gleichen Betrag wieder zu, wenn es auf der anderen Seite wieder in die Luft austritt. Fällt das Licht unter einem schrägen Winkel auf die Grenzfläche, so ändert es im zweiten Medium seine Richtung. Diese allgemeinen Fragen der Lichtfortpflanzung wollen wir nicht behandeln. Bemerkt sei nur, daß die Linsen, also die Grundelemente aller Abbildungsinstrumente, von Fernrohr und Mikroskop, von Brille, Lupe und auch von unserem Auge auf dieser *Brechung* beruhen.

Da, wie gesagt, die verschiedenen Farben in den verschiedenen Medien verschiedene Fortpflanzungsgeschwindigkeit haben, rot schneller als violett (was auf mehrfache Weise direkt meßbar ist), müssen also bei der Brechung die verschiedenen Farben in verschiedene Richtungen gebrochen, also etwa ein violetter Lichtstrahl mehr als ein roter aus seiner ursprünglichen Richtung abgelenkt werden. Nun war aber unsere Grundbeobachtung doch die, daß bei der Brechung *weißen* Lichtes dieses sich in ein Farbenband „verwandelt". Da bei dem Wassertropfen wegen seiner Rundung das Licht an jeder Stelle unter einem anderen Winkel auffällt, vereinfachte Isaak Newton die Versuchsbedingungen dadurch, daß er einen prismatischen Glaskörper, dessen Querschnitt ein gleichseitiges Dreieck war, herstellte, kurz „ein Prisma" genannt; er stellte dieses im dunklen Zimmer auf und ließ einen schmalen Strahl Sonnenlicht, der durch ein kleines Loch im Vorhang kam, auffallen: der Strahl trat aufgespalten in ein zusammenhängendes Band leuchtender Farben — vom dunkelsten Rot über Orange, Gelb, Grün, Blau bis zum dunkelsten Violett mit allen Zwischenfarben — in anderer Richtung aus dem Prisma aus; und zwar war die Richtung des austretenden violetten Lichtes viel mehr abgelenkt von der ursprünglichen Richtung des weißen Lichtstrahls als die des roten. Woher kommen die Farben? Newton stellt hinter das Prisma eine Sammellinse, mit der er die unter verschiedenen Winkeln „divergent" austretenden Strahlen wieder vereinigte: sie lieferten zusammen das gleiche *weiße* Licht, aus dem sie entstanden waren. Und wenn er in die einzelnen Teile des aus dem Prisma austretenden Farbenbands ein zweites Prisma brachte, so wurde jede Farbe erneut abgelenkt — wieder das Violett mehr als das Rot —, aber die Farbe wurde nicht mehr verändert.

Die Folgerung aus diesen Versuchen ist, daß das, was wir als „weißes Licht" bezeichnen, eine Mischung aus den verschiedenen Farben ist, die durch die Brechung in das *„kontinuierliche Spektrum"* zerlegt wird.

In dem kontinuierlichen Spektrum gehen die Farben ganz „kontinuierlich" vom dunkelsten Rot über alle Zwischenstufen bis zum dunkelsten Violett über. Die durch eine erneute Brechung nicht mehr veränderten Farben nennen wir die *Spektralfarben*. Die Aufteilung des Lichtes durch Brechung in die Spektralfarben wird die spektrale Analyse des Lichtes oder kurz *Spektralanalyse* genannt.

67. DER ULTRAROTE SPEKTRALBEREICH

Unsere erste physikalisch-analytische Frage soll die sein, warum das Farbenband auf der einen Seite mit einem ganz dunklen Rot, auf der anderen Seite mit einem ganz fahlen Violett aufhört. Man kann leicht feststellen — z. B. bei Beobachtung mit sehr gut ausgeruhtem Auge und ganz im Dunklen —, daß sowohl das Rot nach der einen, als auch das Violett nach der anderen Seite des kontinuierlichen Spektrums immer lichtschwächer wird, allmählich verschwindet. Es liegt also nahe, unser Auge hierfür verantwortlich zu machen und zu fragen, ob auch jenseits der Enden des Spektrums noch eine Energie vorhanden ist. Wir denken dabei an das Ohr, welches ja auch nur Schallschwingungen eines bestimmten Frequenzbereiches (Tonbereichs) „hört"; ein Erwachsener hört eine Stimmgabel mit etwa 10 000 Schwingungen pro Sekunde gerade noch als ganz hohen Ton, ein Kind hört aber auch 15 000 und 20 000 noch. Die Frage ist also: gibt es objektiv „Farben", welche nur *unsere* Augen nicht wahrnehmen können, vielleicht aber die von anderen Wesen.

Zur Beantwortung müssen wir uns eines Meßinstrumentes bedienen, welches nur auf Strahlungs*energie* anspricht: wir benützen hierfür ein sehr empfindliches elektrisches Thermometer; man kann z. B. die Tatsache ausnützen, daß der elektrische Widerstand eines Metalls mit steigender Temperatur zunimmt; da eine Widerstandsänderung sehr empfindlich zu messen ist, kann man schon Erwärmungen um ein Millionstel Grad nachweisen. Nach den allgemeinen Erfahrungen (Teil 63) werden wir das Metall mit einer Rußschicht schwärzen, damit seine Reflexion verschwindet, die auffallende Strahlungsenergie also voll absorbiert wird. Wir setzen nun dieses „Widerstandsthermometer" (man sagt auch „Bolometer") in die verschiedenen Farben des kontinuierlichen Spektrums des Sonnenlichts und messen die durch Absorption der verschiedenen Farben erzeugte Wärmeenergie; — dieses Experiment machte, wenn auch noch nicht mit so vollkommenen Mitteln wie das heute möglich ist, um 1800 William Herschel. Das Ergebnis ist: steht das Bolometer im Grün, so zeigt es die größte Energieaufnahme; wird es über Gelb nach Rot verschoben, so nimmt die Energie etwas ab und jenseits des dunkelsten Rot bleibt eine erhebliche Energie, auch wenn das Bolometer sicher ganz im dunklen Bereich liegt. Es ist also aus dem Prisma noch eine Strahlung ausgetreten, welche weniger brechbar ist als das, was unser Auge als „rot" empfindet; erst wenn das Instrument ziemlich weit über das Rot hinausbewegt wird, fällt die Energie auf Null ab. Man bezeichnet diese jenseits des Rot vorhandene, energetisch-nachweisbare, auf unser Auge nicht wirkende Strahlung als das „*Ultrarot*" oder das „*Infrarot*". — Verschiebt man das Bolometer von Grün zu Blau zu Violett, so nimmt die Energie schnell ab; Herschel konnte hier keine weitere Strahlung entdecken. — Wiederholt man den Versuch mit anderen Lichtquellen, welche ein kontinuierliches Spektrum liefern, z. B. einer Bogenlampe oder dem Gasglühlicht oder einer Glühlampe, so findet man stets den ultraroten Bereich des Spektrums, ja bei diesen Lichtquellen sogar ganz wesentlich intensiver, energiereicher als das sichtbare Licht. —

68. DER ULTRAVIOLETTE SPEKTRALBEREICH

Daß auch jenseits des violetten Endes des Spektrums noch ein Strahlungsanteil vorhanden ist, wurde zur gleichen Zeit durch Johann Wilhelm Ritter entdeckt (den wir schon bei der Entwicklung der Elektrochemie erwähnten). Er fragte, ob denn das Spektrum mit dem Violett aufhören solle, wo doch Herschel jenseits des sichtbaren Rot eine unsichtbare Strahlung gefunden hatte. Mit dem Thermometer hatte Herschel allerdings nichts gefunden, aber schon im sichtbaren Violett war die Wärmewirkung sehr klein. Folglich überlegte er, ob nicht durch eine andere Wirkung der Strahlung etwas zu finden sei. Er wählte den ersten photographischen Effekt (wie wir heute sagen), den Scheele entdeckt hatte: daß Kriställchen von Silberchlorid („Hornsilber"), die im Licht schwarz werden, im violetten Bereich des Spektrums viel schneller geschwärzt werden als z. B. im blauen oder grünen Teil. Er entwarf ein Spektrum der Sonne auf einem Papierblatt, das im Dunkeln mit Silberchlorid bestrichen war und fand, daß es bis *weit* außerhalb des violetten Endes des Spektrums nicht nur geschwärzt, sondern sogar viel stärker als durch das sichtbare Violett verändert wurde. Diesen Strahlenbereich nennen wir die *Ultraviolette* Strahlung. In den künstlichen Lichtquellen ist dieser Teil des Spektrums meist sehr schwach.

So wie es Farbfilter gibt, die bevorzugt Rot oder Grün oder Blau hindurchlassen, gibt es auch „Farbstoffe", welche nur Ultrarot oder nur Ultraviolett hindurchlassen. Eine konzentrierte Lösung von Jod in Schwefelkohlenstoff ist ein solches Filter für Ultrarot. Auch dünne Platten von Antimonglanz haben die Eigenschaft, alles sichtbare Licht zu absorbieren bzw. zu reflektieren, das Ultrarot aber hindurchzulassen. Doch haben diese Filter wesentliche Bedeutung nur für spezielle physikalische Probleme. Dagegen sind die „Ultraviolettfilter", also Stoffe, welche für das sichtbare Spektrum undurchsichtig sind, aber das Ultraviolett hindurchlassen, von sehr großer Bedeutung. Ein solches „Schwarzglas" wird z. B. durch Einschmelzen von Nickeloxyd in Glas fabrikmäßig hergestellt.

Bedeutungsvoll sind auch Filter, welche das Ultrarot bzw. das Ultraviolett absorbieren, aber für sichtbares Licht durchlässig, „durchsichtig" sind. Dicke Glasplatten z. B., welche das Sichtbare nur um einige Prozent schwächen, sind für Ultrarot wenig, für Ultraviolett gar nicht durchlässig. Umgekehrt absorbiert Wasser das Ultrarot fast ganz, das Ultraviolett aber wenig. Klare Kristalle von Quarz lassen Ultrarot wenig, Ultraviolett sehr weitgehend hindurch, klare Flußspatkristalle sowohl Ultrarot wie Ultraviolett.

Insekten, besonders die Bienen sehen das ultraviolette Licht als „Farbe". Ultrarot wird mit großer Wahrscheinlichkeit nicht gesehen werden können, die Begründung liefert erst die Quantentheorie des Lichtes. Sie liefert auch den Grund dafür, daß das menschliche Auge von ultraviolettem Licht zerstört werden kann.

69. DIE EMPFINDLICHKEITSKURVE DES AUGES

Die im Teil 67 besprochene Methode zur absoluten Messung von Strahlungsenergien läßt uns eine interessante Eigenschaft unserer Augen ermitteln: die Empfindlichkeit für verschiedene Farben. Hierunter versteht man die Feststellung, wie der *subjektive Helligkeitseindruck* bei verschiedenen Farben ist, welche *objektiv* mit gleicher Energie in unser Auge einfallen. Schon in Teil 67 war darauf hingewiesen worden, daß z. B. im Spektrum einer Kohlebogenlampe der rote Spektralbereich eine viel größere Energie enthält als der grüne, daß der letztere aber unserem Auge als viel heller erscheint. Offenbar ist also das Auge für Grün empfindlicher als für Rot — aber die Frage ist, um wieviel empfindlicher. Die Antwort ist gar nicht leicht zu geben, im Prinzip könnte man folgende Messung machen. Zunächst stellt man zwei enge Farbbereiche des Spektrums (sagen wir kurz immer von Rot und Grün) her, welche objektiv gemessen gleiche Energie haben, und beleuchtet damit zwei kleine weiße Plättchen. Nun vergrößert man den Abstand des roten und des grünen Plättchens vom Auge immer mehr, dann verschwindet in einem Abstand von r Meter das rote, in einem viel größeren Abstand von g Meter erst das grüne. Die von dem Plättchen ins Auge gelangende Intensität nimmt mit der Entfernung ab, und zwar mit ihrem Quadrat. Die Empfindlichkeit des Auges für gleiche Energien von Grün und Rot steht also im Verhältnis $g^2 : r^2$. Verfährt man so für alle anderen Bereiche des kontinuierlichen Spektrums, so erhält man die „Augenempfindlichkeitskurve". Das Maximum liegt im mittleren Grün, für Gelbgrün und Grünblau ist die Empfindlichkeit nur noch halb so groß, für mittleres Rot und mittleres Violett nur noch wenige Prozent des Maximums.

Es ist eine sehr bemerkenswerte Tatsache, daß die allermeisten Menschen die gleiche Augenempfindlichkeitskurve haben. Allerdings hängt diese von der sogenannten „Adaption" des Auges ab. Bei größeren

Lichtstärken („Helladaptation") sieht man mit den „Zäpfchen", bei kleinen Lichtstärken („Dunkeladaptation") mit den „Stäbchen". Beide haben verschiedene Empfindlichkeitskurven. Die oben gegebene prinzipielle Meßmethode würde die Empfindlichkeit bei Dunkeladaptation messen, sie ist auch nur als leicht übersehbares Beispiel gedacht, wie man solche Messungen ausführen kann. Für die medizinische Augenuntersuchung sind andere Methoden des Helligkeitsvergleiches erdacht, die auch den Vergleich von hellen farbigen Lichtern ermöglichen. Die oben gegebenen Zahlen beziehen sich auf die Helladaptation; bei Dunkeladaptation ist das Auge für Gelb und Rot sehr viel weniger, für Blau und Violett etwas mehr empfindlich. Hierauf beruhen die z. B. bei Blumen und bunten Kleidern sehr verschiedenen Farbtöne beim hellen Tag und bei Dämmerung; diese Erfahrung aus dem täglichen Leben sollte hier erklärt werden.

70. DER „SPEKTRALAPPARAT"

Wir haben bisher nur von „Spektralfarben" gesprochen, deren Definition in Teil 66 gegeben ist. Von diesen sind streng zu unterscheiden die natürlichen Farben, etwa Farbstoffe, Maler-, Blumen-, Kleiderfarben. Diese bezeichnet man im Gegensatz zu den *reinen* Spektralfarben als Mischfarben oder *Pigmente*. Welche Spektralfarben sind in diesen enthalten, wie entstehen sie? Wir wollen — so wie wir die Zusammensetzung des weißen Lichtes aus den Spektralfarben Rot bis Violett und die Bereiche „Ultrarot" bis „Ultraviolett" durch die Zerlegung desselben mit einem Prisma erkannten — nun auch die verschiedenen Farben durch ein Prisma betrachten; wir nennen dieses Verfahren allgemein „*Spektralanalyse*".

Wir müssen an dieser Stelle eine apparative Frage wenigstens kurz berühren, weil sie ausschlaggebend für alle folgende spektralanalytische und auch atomistische Forschung wurde. Newton machte seine Spektralversuche so, daß er in den Verdunkelungsvorhang, mit welchem das Zimmerfenster gegen Licht abgedunkelt war, eine *kleine* kreis- (oder auch spalt-) förmige Öffnung einschnitt. Von dieser geht dann ein sich immer mehr verbreiternder „divergenter" Lichtkegel aus. In diesen wurde das Prisma gestellt, welches dann die Strahlung ablenkte und zu dem kontinuierlichen Spektrum (d. h. das weiße Licht in seine Spektralfarben) „dispergierte". Das Studium der Brechung ließ lernen, daß die Größe der Brechung unter anderem von dem Winkel abhängt, unter welchem das zu analysierende Licht auf die Fläche des Prismas auffällt. Bei einem divergenten Lichtkegel ändert sich aber der Auffallwinkel auf das Prisma von Ort zu Ort, also auch der Brechungswinkel, und damit überlagern sich die Spektren der unter verschiedenen Winkeln auffallenden Lichtbündel; das Spektrum wird „unrein". Dieses kann vermieden werden, wenn man nur einen sehr kleinen Teil des Prismas oder (was dasselbe ist) ein durch mehrere Blenden schmal gemachtes Lichtbündel verwendet. Das tat Newton; sonst hätte er nie finden können, daß die Zerlegung in die Spektralfarben eine endgültige Zerlegung ist. Aber diese Maßnahme bedeutet, daß man von der Lichtenergie der Lichtquelle nur einen sehr kleinen Teil ausnützt. Erst um das Jahr 1800 war die Entwicklung der „geometrischen Optik", der Abbildungslehre so weit entwickelt, daß Wollaston *die* Lösung des Problems fand. Vor die Lichtquelle wird ein Schlitz oder Spalt gesetzt und dieser mit einer langbrennweitigen Linse durch das Prisma hindurch auf einem Projektionsschirm abgebildet (besser macht man aus dem vom Spalt kommenden Licht mit einer Linse ein paralleles Lichtbündel, läßt dieses durch das Prisma gehen und stellt in das gebrochene und dispergierte Licht hinter dem Prisma ein auf unendlich eingestelltes Fernrohr oder zum Photographieren einen Photoapparat). Dann entsteht an jeder Stelle der Bildebene ein Spaltbild in der Farbe, welche dem Brechungswinkel entspricht; das kontinuierliche Spektrum ist eine kontinuierliche Aneinanderreihung von streng einfarbigen Spaltbildern. — Das Gerät nennt man Spektralapparat (oder Spektroskop — bei Beobachtung mit dem Fernrohr — oder Spektrograph — wenn das Spektrum photographiert wird). Selbstverständlich kann jede Strahlung, jedes Licht einer solchen Analyse unterworfen werden.

71. ABSORPTIONSSPEKTRA

Woher kommen die Pigmentfarben? Warum gibt es gelbe und blaue und rote Farbstoffe? Die spektrale Analyse (Teil 69) zeigt uns z. B. bei bunten Glasfenstern, daß von dem einfallenden weißen Licht nur gewisse Gruppen von Spektralfarben hindurchgehen; die anderen werden in dem Farbstoff verschluckt, „absorbiert"; ihre Energie wird in Wärmeenergie umgewandelt. Diese *Absorption* ist also der entscheidende physikalische Faktor für das Auftreten von „Färbungen". Wir müssen daher ihre Analyse zuerst behandeln. Läßt man z. B. das rote Licht, welches durch ein von der Sonne durchschienenes rotes Glas hindurchgeht, durch einen Spektralapparat fallen, so liefert die spektrale Analyse ein unerwartetes Ergebnis: es erscheint ein Teil des kontinuierlichen Spektrums, von dunkelstem Rot bis zu Orange oder sogar Gelb. Das rote Glas — man sagt auch: das rote Lichtfilter — liefert keine Spektralfarbe, sondern eine Mischung aus verschiedenen Spektralfarben. Genau dasselbe wird beobachtet, wenn ein rotbemalter Gegenstand mit weißem Licht beleuchtet und das von ihm zerstreute Licht spektral analysiert wird; nicht selten erkennt man, daß das „Licht" einer roten Farbe im weißen Sonnenlicht nur bevorzugt die verschiedenen roten Spektralfarben aussendet, daneben aber alle anderen Farben des kontinuierlichen Spektrums mehr oder weniger intensiv. Die durch das farbige Glas hindurchgegangenen Spektralfarben mischt unser Auge zu der „Pigmentfarbe". Der Farbeindruck, welchen wir erfahren, hängt ab von der Mischung der Spektralfarben, ihren Intensitäten und auch von den Eigenschaften unseres Auges (Teil 69).

Welche Farben von dem Farbstoff absorbiert oder zerstreut werden, hängt von der chemischen Zusammensetzung des Farbstoffs ab, ist also eine Eigenschaft der Materie. Die überaus zahlreichen Farben zum Färben der Kleider sind künstlich hergestellte „organische Moleküle"; oft sind es ganz geringfügige Änderungen in ihrer Zusammensetzung, welche ganz verschiedene Farben oder — in anderen Fällen — die feinsten „Nuancen" von Farben geben. Die chemische Wissenschaft lehrte die Naturfarben der Pflanzen und der Tiere zu analysieren und dann künstlich zu synthetisieren; umgekehrt kann die spektrale Analyse — nachdem gewisse gesetzmäßige Beziehungen zwischen chemischer Konstitution und Absorption erkannt waren — wichtige Aufschlüsse über den Aufbau noch unbekannter Moleküle oder Molekulargruppierungen in organischen Molekülen geben. Man nennt diese Methode die „Absorptionsspektralanalyse oder -spektrographie", zum Unterschied von der spektralen Analyse der Lichtquellen, der Emissionsspektralanalyse. Auch anorganische Moleküle können bestimmte Farben oder Farbbereiche absorbieren; daher kommen die gefärbten Kristalle. Über „Absorptionsfilter "für weite Spektralbereiche, etwa Ultrarot oder Ultraviolett haben wir schon in Teil 67 gesprochen.

In vielen Fällen sind auch die Lösungen von solchen gefärbten Salzen farbig. Bekannt sind die leuchtend-blauen Kristalle von Kupfersulfat („Kupfervitriol"), in Wasser gebracht, geben sie eine blaue Lösung. Die Absorption dieser Lösung, spektral untersucht, zeigt, daß vor allem das Rot in ihr absorbiert wird, daß aber der Spektralbereich Gelb-Grün-Blau-Violett durchgelassen wird. Vom Auge gemischt, geben sie „das" Blau des Kupfersulfats, eine Farbe die *nicht* im Spektrum als reine Farbe vorkommt. Löst man die gelben Kristalle von Kaliumbichromat in Wasser auf, so erhält man eine gelb-bräunliche Lösung, deren Absorptionsspektralanalyse zeigt, daß Rot bis Blau hindurchgeht, nur der violette Spektralbereich absorbiert wird.

Nun wissen wir aus der Elektrolyse (Teil 25), daß in einer solchen Lösung die Moleküle in Ionen gespalten werden, z. B. positive Kupfer- (oder Kalium-) Ionen und negative Sulfat- (oder Chromsäure-) Ionen, und daß bei einer angelegten elektrischen Spannung diese Ionen in verschiedenen Richtungen wandern. Beobachtet man mit geeigneter Versuchsanordnung die Färbung während der Elektrolyse, so zeigt sich, daß sich bei Kupfersulfat die blaue Färbung zur Kathode vorschiebt, also daß sie auf den Kupferionen beruht, während die gelbbraune Farbe in der Kaliumbichromatlösung zur Anode wandert, also von den negativen Chromsäureionen herrührt: der optische Beweis der Ionenwanderung.

Untersucht man das Absorptionsspektrum der violetten Lösung von Kaliumpermanganat, so tritt eine neue Erscheinung auf: das ursprünglich kontinuierliche Spektrum der weißen Lichtquelle ist nach dem Durchgang durch diese Lösung in merkwürdiger Weise verändert: im roten, im gelben und im grünen Spektralbereich fehlen einige ganz scharf begrenzte Teile, andere sind vorhanden; das Blau und Violett geht ungeschwächt hindurch. Diese Moleküle haben also die Eigenschaft, nur ganz bestimmte Farben, nur diskrete Teile der genannten Spektralbereiche zu absorbieren. Man nennt solche Spektren „Absorptionsbandenspektren". Die tiefvioletten Dämpfe, welche von erhitzten Jodkristallen aufsteigen, zeigen eine ganz große Anzahl von solchen „Absorptionsbanden" der Jodmoleküle J_2. Absorptionsspektren solcher Art liefern auch Gläser, in deren Schmelze seltene Erden vorhanden sind, z. B. die als Sonnenbrillen gebrauchten „Didymgläser". Hier ist die Absorption und damit die Färbung eine Eigenschaft der *Atome*. Ehe wir uns dieser — die Strahlung mit der materiellen Atomistik verbindenden — Frage zuwenden, sei noch eine Bemerkung über Spektralfarben und Pigmente gemacht, deren Nichtkenntnis oder Nichtbeobachtung viel Verwirrung anstiftete.

72. SPEKTRAL- UND PIGMENTFARBEN

Läßt man mit einer geeigneten Vorrichtung ein bestimmtes spektrales Rot und Grün zusammen in das Auge fallen, so sieht das Auge weiß, ebenso bei der Mischung von bestimmtem spektralem Gelb und Blau. Solche Farben bezeichnet man als Komplementärfarben. Durch Mischung von zwei oder mehreren anderen Spektralfarben entstehen alle möglichen bunten Mischfarben, welche keine Vergleichsfarbe im Spektrum haben.

Mischt man aber rote und grüne Malerfarben oder mischt man im Auge das durch rotes und grünes Glas durchgegangene Licht (etwa indem man beides übereinander auf einen weißen Karton fallen läßt), so entsteht niemals weiß, ebensowenig bei der Mischung von „Blau" und „Gelb". Man kann überhaupt nicht voraussagen, welche Mischfarbe entsteht. Das hängt davon ab, welche Spektralfarbenbereiche in dem Blau und Gelb enthalten sind; meist wird Blau die Farben Gelb*grün* bis Violett, Gelb die Farben Hellrot bis *Grün* enthalten, gemischt addiert sich das

Grün, für welches das Auge besonders empfindlich ist, die anderen Farben mischen sich zu Weiß — das Auge sieht dann Grün mit „Weißverhüllung".

In welchen Farben bunte Stoffe, Kartons, Bilder dem Auge erscheinen, hängt aber noch von der Art des beleuchtenden Lichts ab; denn wir sehen ja das von dem betrachteten Gegenstand zerstreute Licht (Teil 64), es kann also keine Farben enthalten, es können also von einem bunten Gegenstand keine Farben ins Auge kommen, welche nicht in dem beleuchtenden Licht vorhanden sind. Ein *rein*-blauer Körper erscheint bei Beleuchtung mit *reinem* Gelb (etwa in einem Raum, der nur mit der Natriumlampe beleuchtet ist, Teil 74) vollkommen schwarz, d. h. er wird überhaupt nicht gesehen. Ein blaues Pigment aber, welches die Spektralfarben Gelb bis Violett enthält, mit reinem Gelb beleuchtet, zerstreut nur soviel Gelb, als in ihm enthalten, es wird also schwach-gelb erscheinen; ein daneben stehender gelber Körper ist hell-gelb. Ist nun nur gelbes Licht im Raum vorhanden (das ist die Bedingung für solche Versuche), so erscheint das Gelb dem Auge nur noch als hell, der Farbeindruck hört auf, und das genannte blaue Pigment erscheint „dunkler", d. h. als Grau.

Das hat allerlei praktische Konsequenzen. In Teil 67 lernten wir, daß die Helligkeit der verschiedenen Spektralbereiche in verschiedenen Lampen ganz verschieden ist — in der Glühlampe überwiegt das Rot und Gelb gegenüber Blau und Violett, in der Sonne das Grün und Blau gegenüber dem Rot. Pigmente erscheinen also im Licht dieser beiden Lichtquellen verschieden gefärbt und verschieden hell („Grauverhüllung"). Blumen, Kleider und Bilder (— man macht hiervon durch Wahl der künstlichen Beleuchtung in Kunstausstellungen Gebrauch! —) haben bei verschiedener Beleuchtung andere Farben und andere relative Helligkeiten der verschiedenen Farben. Hier haben die Bemühungen zur technischen Herstellung von „künstlichem Tageslicht" ihre Wurzel.

In welchen Farben bunte Gegenstände gesehen werden, hängt schließlich von den Eigenschaften des Auges ab, besonders von seiner Farbempfindlichkeitskurve (Teil 69); diese kann aber aus verschiedenen Gründen auch von der normalen abweichen. Das ist der Fall bei partiell- oder total-farbenblinden Menschen oder beim Tragen einer „dunklen" Brille. Ein (ideal-)graues Glas liegt vor, wenn dasselbe *alle* Farben um den gleichen Bruchteil schwächt, man nennt es gewöhnlich „Neutralgrau". Dann sollte sich also der Farbeindruck gar nicht ändern, nur die Helligkeit sollte herabgesetzt sein. Das ist auch der Fall — aber das Grau darf nicht so dunkel sein, daß das Auge mehr mit den Stäbchen als mit den Zäpfchen sieht; dann ist (Teil 69) die „normale" Farbempfindlichkeit eine andere. Deshalb zeigt auch ein buntes Bild bei hellem und bei

schwachem Licht (natürlich gleicher spektraler Zusammensetzung!) oft
sehr verschiedene Farbnuancen. —

Aus allen diesen Gründen treten leicht sonderbare Farben und Farb-
änderungen auf, welche manch leidenschaftliche Diskussion über die
„Farbenlehre" brachten und noch bringen. Wir haben einiges von dem
dargelegt, was physikalisch klar übersehbar ist. Aber auch dieses wird
oft durch physiologisch-psychologische Effekte nochmals modifiziert —
das Auge ist — physikalisch betrachtet — das unzuverlässigste Instrument.

73. ATOMABSORPTION; DIE ABSORPTION DER LUFTGASE

Die Beobachtungen in Teil 71 führen uns zu der Frage, ob auch freie
Atome die Eigenschaft haben können, bestimmte Farben zu absorbieren.
Dieses ist in der Tat der Fall — und sogar in einer ganz bemerkenswerten
Form. Erhitzt man Natriummetall in einer Glaskugel (aus welcher die
Luft oder zumindest der Sauerstoff der Luft, welcher das Natrium
oxydieren würde, entfernt ist) auf 200—300°C, so bildet sich in dieser
Natrium(-atom-)dampf, der uns gänzlich farblos erscheint. Läßt man
aber weißes Licht durch diesen Dampf hindurchgehen und analysiert
dieses dann spektral, so erkennt man, daß alle Farben des kontinuierlichen
Spektrums den Natriumatomdampf ungeschwächt passieren, nur ein
ganz schmaler Bereich im Gelb fehlt. Bei Kaliumdampf wird eine solche
„Absorptions*linie*" im Dunkelrot, bei Lithium im Hellrot, bei Calcium
im Tiefblau beobachtet.

Die Atome sind die einfachsten materiellen Gebilde, im Dampf sind
sie frei und fast ohne gegenseitige Störung; sie zeigen ein einfaches
Absorptionsspektrum: die freien Atome absorbieren nur *eine* ganz bestimmte Spektralfarbe, welche von der Art des Atoms abhängt. Sind die
Atome zu Atomgruppen oder zu Molekülen verbunden oder (wie im Fall
des Didymglases) im festen Körper gebunden, so zeigen sie aus vielen
nahe beieinander liegenden Absorptionslinien bestehende „Absorptionsbanden", die je nach der Art der Bindung noch diskret, d. h. noch voneinander getrennt oder in breiten Absorptionsbereichen verbunden sind.
Besonders schön zeigt den Unterschied zwischen der „Linienabsorption"
des Atomdampfes und der „Bandenabsorption" des Moleküldampfes der
vorhin beschriebene Natriumversuch: vergrößert man durch Steigerung
der Temperatur die Dampfdichte, so weiß man, daß sich außer Atomen
auch Natriummoleküle, aus zwei Natriumatomen bestehend, bilden:
jetzt tritt zu der gelben Linienabsorption eine im grünen und blauen
Spektralbereich liegende Bandenabsorption.

Ist die Luft, unsere Atmosphäre, für alle Farben durchsichtig? Für
das sichtbare Spektralgebiet ist das der Fall, aber im Ultravioletten

nicht mehr. Die Ausdehnung des Ultravioletts (im Versuch Teil 68) geht im Vakuum weiter, der Sauerstoff nimmt beträchtliche Bereiche fort; wir kommen hierauf noch zurück, auch auf die Frage, was aus dieser absorbierten ultravioletten Strahlungsenergie wird: sie verwandelt sich nämlich nicht in Wärme, sondern verändert den Sauerstoff chemisch, indem das Molekül, die in ihm normalerweise verbundenen zwei Sauerstoffatome, aufgetrennt wird, in atomaren Sauerstoff, so daß sich eine andere Modifikation, das aus 3 Atomen bestehende Ozon, bilden kann.

Im Ultraroten sind die Luftgase vollständig durchsichtig. Aber in der Atmosphäre befinden sich ja immer kleinere Mengen von Wasserdampf und Kohlensäure. Diese absorbieren das Ultrarot in bestimmten Bereichen sehr stark — auch hierauf kommen wir noch zu sprechen, weil diese Absorption für den Wärmehaushalt der Erde bedeutungsvoll ist (Teil 98).

Wasserdampf absorbiert übrigens auch etwas rotes und gelbes Licht, wenig, aber doch bei hohem Wasserdampfgehalt in dicken Schichten der Luft sehr merkbar. Manchmal erscheint uns die Atmosphäre, „der Himmel" gelblich (man spricht von der „schwefelgelben Luft" beim Gewitter). Die Analyse mit dem Prismenspektroskop zeigt uns den Grund: das kontinuierliche Spektrum der Sonne zeigt im Roten und im Gelben sehr stark geschwächte Bereiche, Absorptionsbanden nannten wir das in Teil 71. Man nennt sie die „Regenbanden". Der Wasserdampf ist also in genügender Schichtdicke sichtbar gefärbt — das schwefelgelbe Licht ist die Überlagerung aller Farben des Spektrums *ohne* die absorbierten roten und gelben Farbbereiche in unserem Auge.

In flüssigem Wasser in sehr großen Schichtdicken wird diese Absorption noch stärker, so daß es schließlich wie ein blaues Glasfilter erscheint.

Bei der beschriebenen Art der Beobachtung der Regenbanden fällt uns bei genauer Beobachtung noch etwas auf: das Sonnenspektrum ist gar nicht wirklich kontinuierlich, sondern durch eine Unzahl mehr oder weniger dunkler, scharfer Absorptionslinien unterbrochen, in allen Farben des Spektrums. Das sind die berühmten „*Fraunhoferschen Linien*", die in Teil 75 besprochen werden.

74. DIE EMISSIONSSPEKTRA DER ATOME

Wir erinnern uns, daß wir bei der Besprechung farbiger Lichtquellen auf die intensiven leuchtenden Farben von zum Leuchten angeregten Gasen hinwiesen, z. B. auf die gelbe „Natriumflamme", die man bei Verdampfung von Natriummetall oder auch von irgendeinem Natriumsalz

(z. B. Kochsalz) in einer Gasflamme erhält. Untersucht man diese Strahlung spektral, so erkennt man, daß sie nur aus einem ganz schmalen Farbstreifen im gelben Spektralbereich, einer „Emissions*spektrallinie*" besteht: das Emissionsspektrum der erhitzten Atomgase ist *nicht* mehr ein kontinuierliches Spektrum, sondern ein „Linienspektrum". Kirchhoff und Bunsen haben 1859 die überaus wichtige und folgenreiche Entdeckung gemacht, daß genau die gleiche Farbe, welche hocherhitzter Natriumdampf aussendet, von Natriumdampf absorbiert wird: betrachtet man (vgl. Teil 73) die gelbstrahlende Natriumflamme durch ein Gefäß, welches Natriumdampf enthält, so sieht man (fast) nichts von der Flamme: die Farbe, welche eine Atomsorte emittiert, wird von den gleichen Atomen absorbiert. Wir können das auch anders fassen: es muß ein energetischer Zusammenhang zwischen der Emission und der Absorption bestehen: die Energie, welche von einem Atom als Folge von Wärmeenergiezufuhr emittiert wird, wird von dem gleichartigen Atom als Strahlungsenergie aufgenommen, absorbiert. Kaliumdampf absorbiert das Licht der Kaliumflamme, aber keine Spur von dem Licht der Natriumflamme und umgekehrt.

Wir wollen an dieser Stelle einen Überblick über die Emissionsspektra anderer künstlicher Lichtquellen geben; das nähere Eingehen auf die vielfältige Bedeutung der Spektralanalyse, insbesondere für die Atomistik müssen wir vorläufig zurückstellen, bis wir das *physikalische* Charakteristikum der Farbe erkannt haben (s. Teil 80). Zu Anfang des letzten Jahrhunderts hatte die Entdeckung Voltas, die chemische Erzeugung von elektrischem Strom mit dem Volta-Element (oder der aus vielen Elementen bestehenden Volta-Batterie) zum ersten Male die Möglichkeit zur Erzeugung eines eine längere Zeit fließenden elektrischen Stromes beträchtlicher Leistung geschaffen. Humphry Davy sah beim „Ausschalten" eines solchen Stromes, d. h. beim Trennen zweier Leiterstücke (heute würden wir sagen, im „Schalter"), einen „Funken" und baute mit dieser Beobachtung die elektrische Bogenlampe. Schickt man durch einen geschlossenen Stromkreis, in welchem hintereinander zwei Stücke reine Kohle geschaltet sind, einen Strom und trennt dann langsam die beiden Kohlen, so daß eine kleine Luftstrecke (einige Millimeter) zwischen ihnen entsteht, so geht der Strom durch diese Luftstrecke über, die Kohlenenden werden weißglühend und der Luftraum zwischen ihnen leuchtet im allgemeinen bläulich-weiß. Bringt man etwas Kochsalz in diese „elektrische Flamme", so entsteht ein intensiv gelbes Leuchten, wie beim Gasbrenner. Im Spektrum sieht man vor allem wieder die helle gelbe Spektrallinie, aber auch rote, grüne, blaue. Das Spektrum der glühenden Kohlenenden ist ein kontinuierliches Spektrum (auch alle glühenden festen Metalle, bis zum Glühen erhitzte Steine, glühende Metall- und Glasschmelzen, kurz alle bis zur Glut erhitzten festen und flüssigen Körper senden Licht aus, dessen Spektrum kontinuierlich ist). Dagegen lieferte der eigentliche Lichtbogen, die leuchtende Gasstrecke, bei der Brechung in einem Prisma ein Linienspektrum. Wegen der hohen Temperatur werden alle Metalle und alle Salze im Lichtbogen verdampft. Die Spektrallinien, d. h. die reinen Spektralfarben, aus welchen die Spektra bestehen, hängen von der Art der Atome ab, welche im Lichtbogen als (Atom-)gase vorhanden sind. Jedes chemische Element liefert ganz charakteristische Spektrallinien, manche wenige, andere mehr, manche überwiegend in einem, etwa dem roten und gelben, andere überwiegend in einem anderen, etwa grünen und blauen Spektralbereich. Wir haben hieraus auf einen Zusammenhang der Lichtemission mit der Art, man darf wohl sagen, dem Bau der Atome zu schließen.

Genau das gleiche ergab sich, wenn ein elektrischer Hochspannungsfunken zwischen metallischen Elektroden überging: hierbei verdampft Metall und wird als Metallgas zum Leuchten angeregt. Es ergeben sich wieder „Linienspektren", deren Zusammensetzung von der Art der Atome, den chemischen Elementen der Elektrode abhängt.

Auch die Lichtemission von Atomen ist nicht auf den sichtbaren Spektralbereich beschränkt; es gibt auch ultrarote und ganz besonders ultraviolette Spektrallinien. Ein in Quecksilberdampf brennender Lichtbogen, z. B. die sogenannte „künstliche Höhensonne" oder „Quecksilberdampflampe" zeigt, im Spektralapparat betrachtet, eine Anzahl von scharfen Spektrallinien, im ultravioletten Bereich ebenfalls, aber von so viel größerer Energie, daß die Energie des Sichtbaren nur ein kleiner Teil hiervon ist. Die Quecksilberdampflampe — der Lichtbogen muß in einem Quarzrohr brennen — ist also eine Lichtquelle für intensives Ultraviolett.

75. DIE „FRAUNHOFERSCHEN LINIEN"

Als Kirchhoff und Bunsen die Entdeckung machten, daß zum Leuchten angeregte freie Atome die gleichen Spektrallinien, also die gleichen *reinen* Farben aussenden, welche vom Dampf dieser Atome absorbiert werden, erinnerten sie sich an Untersuchungen, welche über 40 Jahre vorher Josef Fraunhofer ausgeführt hatte. Fraunhofer hatte mit verbesserten spektroskopischen Apparaten das Sonnenspektrum beobachtet, welches man bisher — unter Verwendung der Newtonschen Untersuchungen — als ein kontinuierliches Spektrum betrachtete. Fraunhofer hatte aber festgestellt, daß das Sonnenspektrum keineswegs ein wirklich kontinuierliches Spektrum ist, sondern daß in allen Farbbereichen eine ganz große Zahl von reinen Farben fehlten (Teil 73). Das von Dunkelrot bis Dunkelviolett leuchtende Spektralband ist durch eine große Zahl von ganz schmalen farblosen Bereichen unterbrochen. Sie werden heute noch überall die „*Fraunhoferschen Linien*" genannt. So fehlte z. B. im gelben Bereich gerade die reine Farbe, welche der Emissionsfarbe des Natriumatoms entspricht oder welche von Natriumdampf absorbiert wird. So schlossen Kirchhoff und Bunsen: der strahlende Kern der Sonne sendet „weißes" Licht aus, liefert also nach der Brechung im Prisma ein kontinuierliches Spektrum; aber die „weißglühende Sonnenkugel" muß von einer Dampfatmosphäre umgeben sein, weil aus ihrem Innern die Atome, die sie bilden, herausverdampfen. In diesem Dampf werden Spektralfarben (Spektrallinien) absorbiert, genauso wie in dem Laboratoriumsversuch mit dem Natriumdampf. Und da die Emissionsspektrallinien die gleiche Lage im Spektrum hatten wie die Absorptionsspektrallinien, so kann man aus einem Vergleich die Atomarten feststellen, welche in der Sonnenatmosphäre enthalten sind: Man vergleicht die Emissionslinien der Elemente, die durch die spektrale Analyse etwa des Leuchtens des elektrischen Lichtbogens mit allen möglichen Atomen ermittelt werden, mit der Lage der Fraunhoferschen Absorptionslinien im Sonnenspektrum. Das Ergebnis war, daß die Sonnenatmosphäre *alle* die chemischen Elemente enthält, welche auch die Erde bilden.

Wir werden auf die spektralanalytische Methode und die aus ihr zu gewinnenden Aussagen noch einmal zurückkommen. Hier sei nur noch eine allgemein interessante Möglichkeit besprochen. Wir hatten (Teil 64) gezeigt, daß die Planeten gesehen werden, weil sie einen Teil des auf sie fallenden Sonnenlichts wieder zurückstrahlen. Man kann nun relativ leicht feststellen, ob das Sonnenlicht hierbei noch eine Veränderung erfährt: man hat nur das direkt und das indirekt zu uns kommende Licht zu spektrographieren. Zunächst ein einleuchtender Fall: ein Gemälde sehen wir, weil es Licht einer es bestrahlenden Lichtquelle zurückstrahlt; dieses wird von Stelle zu Stelle aber durch Absorption verändert, das liefert dann die Farben. Sind die Planeten „gefärbt"? Ja, viele von ihnen. Wasserdampf, Kohlensäure, Kohlenwasserstoffe (wie Methan) sind in gewisser Weise Farbstoffe, weil sie manche Strahlenarten absorbieren; diese fehlen dann im zerstreuten Licht, so wie etwa das Grün und Blau in dem von einer roten Farbe zurückgeworfenen „roten Licht". Die spektrale Zusammensetzung des Sonnenlichtes ist also verändert. Daher wissen wir, daß der Mond keinen Wasserdampf enthält, die Venus aber z. B. eine dichte Atmosphäre hat, in welcher unter anderem Kohlenwasserstoffe enthalten sind.

76. ENERGETISCHE BEZIEHUNGEN

Wir haben eine Reihe von spektralen Erscheinungen, die Zerlegung von Strahlungen mannigfacher Herkunft nach ihren farbigen Bestandteilen, das kontinuierliche und die diskontinuierlichen (Linien-)Spektra, die Absorptionsspektra unter anderem bisher rein phänomenologisch besprochen. Insbesondere die Erscheinung der Linienspektra zeigte eine enge Verbindung mit der Art der Atome. Nun entsteht die Frage: welcher Art ist dann dieser Vorgang, der sich in den Atomen bei der Lichtaussendung vollzieht? Dazu müssen wir aber zunächst einmal die Frage behandeln, welcher Art der physikalische Vorgang ist, der uns als Licht erscheint, der aber auch als ultrarote und ultraviolette Strahlung — auch diese Bezeichnung ist ja rein phänomenologisch — sich manifestieren kann; wodurch unterscheiden sich die Farben physikalisch? Wenn wir uns erinnern, daß mit rotem Licht eine chemische Reaktion (in der Photoplatte) nicht bewirkt werden kann, wohl aber mit violetten und erst recht mit ultraviolettem Licht, so werden wir offenbar auf einen energetischen Unterschied bei der *Wirkung, auf eine Differenzierung nach der molekularen Arbeitsfähigkeit der verschiedenen Spektralfarben* zu achten haben.

Die bisherigen Erkenntnisse geben uns noch einen energetischen Anhaltspunkt, einen Hinweis auf eine Beziehung zwischen Energie und Farbe bei der *Lichtentstehung*. Wir wiesen auf die bekannte Erscheinung hin, daß z. B. ein Metalldraht, welcher durch eine Flamme oder durch elektrischen Strom zum Glühen erhitzt wird, zuerst dunkelrot leuchtet, daß mit zunehmender Temperatur, d. h. Wärmeenergie, die Strahlungsintensität zunimmt und die *Färbung* hellrot, kirschrot wird, dann kommt die „Gelbglut", schließlich die „Weißglut". Analysiert man diese Färbung mit dem Spektralapparat, auch unter Zuhilfenahme von Meßgeräten zum Nachweis von ultraroter und ultravioletter Strahlung, so ergibt sich eine interessante und recht einfache Gesetzmäßigkeit: solange die Temperatur des geheizten Körpers unter 530°C liegt, emittiert er fast nur ultrarote Strahlung.

Wir kennen diese Emission unsichtbarer Strahlung eines geheizten Ofens: setzt man einen „Ofenschirm" zwischen Ofen und unseren Körper, so fühlt man *sofort* weniger Wärme; ein in der Sonne stehendes Thermometer zeigt eine höhere Temperatur als ein beschattetes, auch wenn beide in unmittelbarer Nähe sich befinden. Es kann sich also nicht darum handeln, daß die Lufttemperatur etwa durch den Ofenschirm geändert wird. Daß es sich um eine nicht-materielle, eine Strahlungsenergie handelt, zeigt der Physiker z. B. dadurch, daß diese Wärmeübertragung auch durch einen evakuierten Raum hindurch erfolgt, also ohne Vermittlung durch Materie, und daß die Übertragungsgeschwindigkeit genau so groß ist wie die „Lichtgeschwindigkeit". Jeder „warme" Körper strahlt einem „kälteren" Körper Energie zu, so auch die Erde dem kalten Weltenraum. Steigt die Temperatur (was ja doch bedeutet, daß die Bewegungs*energie* der Moleküle des Körpers zunimmt) kontinuierlich weiter an, so tritt rotes Licht, dann zu diesem gelbrotes, dann dazu noch gelb, dann dazu noch grün, dann blau usw. hinzu. Gleichzeitig werden alle Farben heller. Unsere normalen Glühlampen senden (bei normaler Belastung etwa 2700°C warm) ein kontinuierliches Spektrum aus, welches aus Ultrarot, Rot bis Violett und ein wenig Ultraviolett besteht. Und das Spektrum der Sonne (ihre strahlende Oberfläche ist etwa 6000°C heiß) enthält die gleichen Farben, nur alle in viel größerer Intensität, besonders aber sind Grün, Blau, Violett *und Ultraviolett* enorm gesteigert.

Wir erkennen hier eine energetische Beziehung zwischen der die Strahlung bewirkenden Temperaturenergie und den emittierten Farben, welche ganz parallel zu der Beziehung zwischen molekularer Arbeitsfähigkeit der Strahlung und ihrer Farbe läuft; etwa: damit violettes Licht emittiert wird, ist große Temperaturenergie erforderlich; violettes Licht ist eine Strahlung mit höherer molekularer (z. B. chemischer) Arbeitsfähigkeit als z. B. grünes Licht. Mit kleiner Temperaturenergie wird noch kein Ultraviolett, sondern z. B. nur noch Gelb ausgesendet.

Daß bei höherer Temperatur des geheizten festen (oder flüssigen) Körpers *auch* Gelb (und alle anderen Farben) emittiert werden, ist leicht verständlich: die molekulare Energie schwankt ja um einen Mittelwert, welcher mit höherer Temperatur größer wird. Es sind also immer alle molekularen Energiewerte vorhanden.

Diese Feststellungen (weiteres hierüber s. Teil 83, 84) sind energetisch offenbar von großer Bedeutung; aber sie liefern uns kein physikalisches Kriterium für das, was das (normale!) Auge als Farbe empfindet. Um zu diesem zu kommen, müssen wir eine ganz andere Farbenerscheinung betrachten.

77. FARBEN DÜNNER PLÄTTCHEN

Wir haben bei dem Nachdenken über Farbenerscheinungen, die uns im täglichen Leben auffallen, einige noch nicht erwähnt: die bunten, fast kreisförmigen Ölflecken auf *nassen* Straßen (z. B. Asphaltstraßen), die kreisförmigen bunten Ringe, die man beim Schauen nach einer Straßenlaterne durch ein beschlagenes Fenster sieht (eine Erscheinung, die dem Mondhof sehr ähnlich ist). Mancher erinnert sich auch der oft lebhaften Buntheit von Seifenblasen und des farbigen Glanzes von Perlmutt, dem feinkristallinen Überzug der Innenseite von Muschelschalen. Die Analyse dieser Farberscheinung wird uns unverhofft eine tiefe Einsicht in die physikalische Natur der „Farbe" bringen.

Bleiben wir zunächst bei den farbigen Ölschichten, weil sich uns bei ihnen die experimentellen Bedingungen für ihr Auftreten unmittelbar anbieten: Auf trockener Straße sieht man im allgemeinen nichts davon;

auf dem Wasserfilm der nassen Straße breitet sich ein Öltropfen zu einem Ölfilm aus, dieser muß sehr dünn sein; er ist aber in der Nähe des Tropfens im allgemeinen dicker und wird nach außen dünner; er ist also in jeder Radialrichtung keilförmig. Die nasse Straße reflektiert mehr Licht als die trockene und die Oberfläche des Ölfilms reflektiert ebenfalls. Damit haben wir alle Bedingungen für das Auftreten dieser „Farben dünner Plättchen", welche Newton schon kannte. Auch bei der Seifenblase haben wir eine sehr dünne Schicht mit einer reflektierenden Vorder- und Hinterfläche.

Vergleichen wir die Farben solcher Ölschichten bei Beleuchtung mit weißem Licht etwa mit den Spektralfarben des kontinuierlichen Spektrums, so fällt uns ein großer Unterschied auf: die ersteren sind keineswegs reine Farben, sondern im Spektrum gar nicht vorhandene Mischfarben; es überwiegen rote, purpurne und grünliche Töne. Wir wollen nun unsere spektrale Analyse, welche sich so erfolgreich auswies (z. B. Teil 71, 72), auch hier verwenden: wir betrachten irgendeine der „gefärbten Stellen" durch das Spektroskop und sehen etwas sehr merkwürdiges: eine oder zwei oder auch drei Farben des Spektrums fehlen ganz, die anderen sind mehr oder weniger intensiv vorhanden. Wir betrachten eine anders gefärbte Stelle: an ihr fehlen *andere* Farben vollständig, und die vorhandenen sind wieder mehr oder weniger hell.

Das Fehlen einiger Farben erinnert uns an die Absorptionsspektren von chemischen Molekülen; hier aber kann keine Absorptionserscheinung vorliegen, denn dann müßten an allen Stellen die *gleichen* Farben fehlen, weil wir erkannten, daß die Absorption von der chemischen Natur des Stoffes abhängt und diese ja an allen Stellen einheitlich Öl ist.

Wir beleuchten nun den Ölfleck (oder die bunte Seifenblase) gleichmäßig mit einfarbigem Licht, z. B. dem Licht einer mit Natrium gefärbten Flamme, und blicken so auf dieselben, daß das Licht der Natriumflamme von ihnen in unser Auge reflektiert wird. Es tritt eine in ihrer Einfachheit höchst merkwürdige Erscheinung auf: Ölfilm oder Seifenblase sind in einzelnen Zonen intensiv gelb, in anderen vollständig schwarz. Es sieht geradezu so aus, als ob das Licht an einzelnen Stellen reflektiert, an anderen aber nicht reflektiert wird. Nun beleuchten wir unsere Objekte mit rotem oder mit blauem Licht: wieder sehen wir abwechselnd rote (bzw. blaue) und „schwarze" Bänder oder Zonen, nur sind die roten und gelben und blauen Streifen (und ebenso die schwarzaussehenden) immer an anderen Stellen des Objektes und die roten haben größere dunkle Abstände voneinander als die blauen!

Wir betrachten einen anderen sehr dünnen Gegenstand, z. B. ein Deckgläschen, wie es zum Abdecken mikroskopischer Präparate benützt wird; wir legen es auf ein schwarzes Tuch und halten es so, daß das gelbe Licht von ihm in unser Auge reflektiert wird. Wir sehen eine große Anzahl von gelben und schwarzen Geraden oder gebogenen Bändern, wiederum so,

als ob einige Stellen gar kein Licht reflektierten. — Schließlich machen
wir uns eine ganz dünne Luftschicht, indem wir zwei Stückchen von
dickem Spiegelglas aufeinanderlegen und es wieder wie vorhin beleuchten und betrachten; dann bleibt zwischen den Platten eine sehr
dünne Luftschicht, welche in einzelnen Streifen wiederum gelb, in anderen
schwarz ist. Jetzt können wir einen wichtigen Versuch zur Aufklärung
machen: wenn wir mit einer Fingerkuppe auf eine Stelle der oberen Glasplatte drücken, so verschieben sich die hellen und schwarzen Streifen.
Offenbar ändern wir die Dicke der Luftschicht: *diese Dicke* bedingt, ob
hell oder dunkel erscheint.

Wir können uns nun ein Bild vom Zustandekommen dieser Erscheinungen, welche man kurz als die *„Farben dünner Plättchen"* bezeichnet,
machen: Bedingung ist offenbar, daß in unser Auge das Licht von der
Lichtquelle in zwei Teilen oder auf zwei Wegen kommt, ein Teil reflektiert von der oberen, ein Teil reflektiert von der unteren Grenzfläche
des betrachteten Körpers (außerdem muß der Abstand zwischen den
beiden reflektierenden Flächen klein sein!). Diese zwei Wege Lichtquelle — Auge, die Längen dieser „Lichtstrahlen" sind nicht gleich:
ihre Differenz ist für jede Richtung wegen der von ihr abhängigen
durchstrahlten Plattendicke verschieden. Unsere Hypothese ist: *die
Wirkung des Lichtes hebt sich bei bestimmten Wegdifferenzen der beiden
reflektierten Strahlen auf, bei anderen nicht. Die Wegdifferenzen, bei
welchen das eine oder andere geschieht, hängen ab von der Farbe des Lichtes.*
Deshalb sehen wir bei Beleuchtung mit weißem Licht die bunten Streifen:
weil die Wirkung mancher Farben sich aufhebt (was ja auch die spektrale
Untersuchung zeigte); die anderen Farben vereinigen sich im Auge zu
einer Mischfarbe.

Man macht nun eine sehr kühne Hypothese: das Licht sei ein
Schwingungsvorgang, ein Lichtstrahl könne als ein sich von der Lichtquelle wellenförmig fortpflanzender Vorgang angesehen werden. Wenn
dann an irgendeiner Stelle zwei solche Lichtstrahlen sich treffen, dann
können die Wellen beider entweder sich verstärken oder sich aufheben.
Das erstere wird eintreten, wenn von beiden Wellenzügen zu gleichen
Zeiten „Wellenberge" und „Wellentäler" übereinanderfallen; das
letztere (das Sich-gegenseitig-Aufheben) tritt ein, wenn Wellenberg des
einen Strahls mit Wellental des anderen Strahls und darauf Wellental
des einen mit Wellenberg des anderen zusammentritt. Man nennt diese
Erscheinung die *Interferenz* zweier gleichartiger Wellenzüge.

78. DAS INTERFERENZPRINZIP

Die Interferenzerscheinung tritt bei *allen* Schwingungs- oder *Wellen-*
vorgängen auf: immer dann, wenn zwei gleichartige Wellen sich in

einem Punkte überlagern. Wenn gleichförmig fortschreitende kreisförmige Wasserwellen am Ufer zurückgeworfen, „reflektiert" werden, so daß der ankommende und der reflektierte Wellenzug sich überlagern, so entstehen periodische Unterbrechungen, weil sich Teile der Wellen aufheben, andere verstärken, je nachdem, ob die Bewegungen der Wasserteilchen durch die ankommende und reflektierte Welle im gleichen oder entgegengesetzten Sinne erfolgen. Wenn das eine Ende eines langen Seils, dessen anderes Ende festgebunden ist, mit der Hand periodisch hin und her bewegt wird, so laufen „Seilwellen" das Seil entlang und werden am festgebundenen Ende reflektiert. Die Schwingungen der einzelnen Seilteilchen erfolgen senkrecht zur Richtung des Seils, also senkrecht zur Richtung, in der die Seilwelle fortschreitet: „transversal". Wählt man gerade die richtige Periode, so entstehen die sogenannten transversalen „stehenden Wellen": in gleichmäßigen Abständen ist das Seil in Ruhe, in den zwischen diesen „Knoten" liegenden Teilen schwingt es hin und her; das sind die Schwingungsbäuche. In den Knoten heben sich die ankommenden und die reflektierten Wellen gerade auf.

Der Schall entsteht durch periodische Änderungen der Dichte der Luft, etwa dadurch, daß eine Stimmgabelzinke hin und her schwingt und dabei vor sich die Luft einmal etwas zusammendrückt, beim Zurückschwingen aber einen luftverdünnten Raum hinter sich entstehen läßt; die Dichteänderungen wiederholen sich in der Periode der Stimmgabelschwingung und breiten sich im Raum allseitig aus; diesen Vorgang nennt man einen longitudinalen Wellenzug, weil die Dichteänderungen jeweils die Richtung ihrer Ausbreitung, also der Schallfortpflanzung, bestimmen. Kommen sie an unser Ohr, so spielt sich der umgekehrte Vorgang ab: das Trommelfell wird durch die Verdichtungen und Verdünnungen der Luft in der gleichen Periode hin- und herbewegt, in der die Stimmgabel schwingt. Kommt der Schall, der von *einer* Stimmgabel ausgeht, auf zwei verschiedenen Wegen an das Ohr, etwa in direkter Verbindungslinie und gleichzeitig von einer seitlichen Wand reflektiert, so kann es bei bestimmten Differenzen der beiden Wege durchaus sein, daß auf dem einen Wege gerade eine Verdichtung auf dem anderen Wege gerade eine Verdünnung im gleichen Augenblick ankommt; diese beiden werden sich aufheben (zumindest schwächen), das Trommelfell wird nicht beeindruckt. Wird das Ohr an eine andere Stelle gebracht, so können die Entfernungen Ohr — Stimmgabel direkt und über die reflektierende Wand so sein, daß die Verdichtungen und Verdünnungen auf beiden Wegen zur gleichen Zeit an das Ohr kommen: der Schall ist laut.

Dieser Interferenzvorgang entspricht geometrisch durchaus der Erklärung, welche wir für das Auftreten der Interferenzen bei dünnen Schichten mit einfarbiger Beleuchtung gaben. Da Wärme-, Seil- und Schallwellen mechanische Vorgänge sind, die unseren Sinnen während ihres ganzen Ablaufs grob materiell zugänglich sind, kann man an ihnen die Erscheinungen studieren, welche mit periodischen Zustandsänderungen, d. h. Schwingungsvorgängen, verbunden sind, und dann nach dem optischen Analogon fragen. Wir wollen das an zwei Beispielen durchführen. Die gerade erwähnte Erscheinung der stehenden Wellen läßt sich in freier Luft zeigen. Ein gerichteter Schallstrahl (z. B. von einer Pfeife; man wählt praktisch hohe Töne, also hohe Frequenzen, vielleicht 5000 pro Sekunde) wird an einer senkrecht zu seiner Richtung stehenden Glasplatte reflektiert; im Raum zwischen Schallquelle und Platte befindet sich irgend eine herumschiebbare Vorrichtung, um das Vorhandensein von Schallenergie nachzuweisen, etwa ein Telefon. Sehr geeignet ist dafür auch die „empfindliche Flamme", eine aus einer sehr feinen Öffnung brennende Flamme, welche durch Schallschwingungen zum lebhaften Flackern gebracht wird. Wird die Flamme immer hin- und hergeschoben, so flackert sie heftig nur an einzelnen Stellen, während sie an anderen wenig oder gar nicht beeinflußt wird: bei dem genannten Beispiel alle 3,3 cm. Die zur Glasplatte laufenden und an ihr reflektierten Wellen interferieren; an den Stellen, wo Verdichtung (bzw. Verdünnung) des ankommenden Schallwellenzugs sich mit Verdünnung (bzw. Verdichtung) des reflektierten Wellenzugs treffen, heben sie sich durch Interferenz auf; der Abstand zweier solcher Stellen ist eine halbe Wellenlänge, die ganze Wellenlänge λ also 6,6 cm. In der Tat ist $\lambda \times n = 6{,}6$ cm $\times$ 5000 pro Sekunde $= 33000$ cm pro Sekunde, die Schallgeschwindigkeit in Luft (330 m pro Sekunde).

Genau der gleiche Versuch ist mit einfarbigem Licht durchgeführt: ein Lichtbündel fällt senkrecht auf einen Spiegel, vor welchem eine kornlose photographische Schicht liegt. Wird diese dann senkrecht (oder schräg) durchschnitten und unter dem Mikroskop betrachtet, so folgen sich in regelmäßigen, jetzt aber sehr kleinen Abständen „belichtete" und „unbelichtete" Schichten, die Folge von stehenden Lichtwellen.

Wir sprachen jetzt immer von Wellen- und Schwingungsvorgängen — bei Wasserwellen, bei Seil- oder Saitenwellen, bei Schallwellen durch die Luft „schwingen" die materiellen Teile, was — auch wenn wir den ganzen Vorgang nicht direkt sehen —, leicht nachweisbar ist aus der Existenz von Interferenzerscheinungen. Bei Licht schließt man, daß „Licht" auch ein Schwingungsvorgang ist. Was aber schwingt im Lichtstrahl? Sicher nicht die Luft; denn das Licht pflanzt sich ja auch im materiefreien Raum fort. Die Erkenntnis über die Art der Lichtschwingungen gehört zu den aufregendsten Kapiteln der Geschichte der Physik. Der englische Physiker James Clerk Maxwell hatte die von Faraday entdeckte induktive Übertragung von elektrischer Energie vermittelst dem mit einem Strom verbundenen magnetischen Feld (s. Teil 31) durch gedankliche Konstruktion auf das Wechselspiel von sich ändernden elektrischen und magnetischen Kraftfeldern im Raum erweitert: in einem Draht fließende, in ihrer Richtung schnell wechselnde Stromstöße erzeugen im umgebenden *Raum* (senkrecht zum Strom gerichtet) sich schnell auf- und wieder abbauende magnetische Wechselfelder, diese (wieder senkrecht dazu) elektrische, diese wieder magnetische Wechselfelder usw., so daß sich im Raum fortschreitende periodische, senkrecht zur Fortschreitungsrichtung und senkrecht zueinander stehende, elektrische und magnetische Wechselfelder ausbilden. Elektrische Versuche über statische und bewegte elektrische Vorgänge von Kohlrausch und Weber hatten zu dem Ergebnis geführt, daß diese durch eine Konstante miteinander verbunden sind, die (zumindest sehr nahe) die Größe der Lichtgeschwindigkeit hat. So kam Maxwell 1865 zu der kühnen Hypothese, daß das, was man einen Lichtstrahl nannte, nichts anderes als eine periodisch fortschreitende Folge von elektrischen und magnetischen Wechselfeldern ist: die elektromagnetische Lichttheorie.

79. DAS ELEKTROMAGNETISCHE SPEKTRUM

Die von Maxwell erdachte Vorstellung wurde von Heinrich Hertz 1888 experimentell verifiziert. Als primäre starke, in ihrer Richtung schnell wechselnde Stromstöße benützte er kurze elektrische Funken, in außerordentlich schneller Folge, vielleicht hundert Millionen oder noch mehr pro Sekunde. Im umgebenden Raum war dann die Energie dadurch nachweisbar, daß zwischen zwei freistehenden Drahtstückchen ebenfalls elektrische Fünkchen übergingen. Die Energieübertragung konnte durch einen Metallschirm unterbrochen werden, sie konnte an einer Metallplatte in eine andere Richtung reflektiert oder durch ein großes Prisma in eine andere Richtung gebrochen werden — alles ganz analoge Erscheinungen zu dem Verhalten von Lichtstrahlen. Diese Bestätigung der Maxwellschen Theorie der „elektromagnetischen Schwingungen oder Wellen" ist zugleich die berühmte Entdeckung der (kurz, aber nicht ganz richtig genannten) elektrischen Wellen für die Nachrichtenübertragung. Weil man zuerst die Funken als „Sender" benützte, nannte man sie „Funkentelegraphie" — das Wort „Funk" hat sich bis heute erhalten, obwohl man jetzt als Sender sehr schnelle Wechselströme in einem Draht benützt („Sendeantenne") und die irgendwo ankommenden elektromagnetischen Schwingungen als Induktionsströme ebenfalls in einem Draht („Empfangsantenne") auffängt und nachweist.

Einen unmittelbaren Zusammenhang mit der elektrischen Atomistik erhalten wir bei der Frage, was in der „Empfangsantenne" vor sich geht. Im Metall mußten wir freie Elektronen annehmen; ein Elektron wird durch ein elektrisches Feld in Bewegung gesetzt, durch ein schnell in seiner Richtung sich änderndes elektrisches Feld also zu einer schnellen Pendelbewegung gebracht: das aber ist ein hochfrequenter Wechselstrom. Die freien Elektronen werden durch alle Schwingungen zur gleichen Schwingungsfrequenz gebracht, deshalb reflektieren die Metalle *alle* elektromagnetischen Wellen. Es sind aber auch in allen Atomen und Molekülen Elektronen enthalten, nur gebunden. Wirkt auf diese ein elektrisches Wechselfeld, so wird die resultierende Schwingung durch die Bindung des Elektrons beeinflußt. Dieses führt zu den Wechselwirkungen zwischen der elektromagnetischen Strahlung oder dem Licht mit Materie, welche in der veränderten Fortpflanzungsgeschwindigkeit, in der Brechung und in der Absorption in Erscheinung tritt.

Deshalb ist — und damit sehen wir eine direkte Folge der grundsätzlichen Entdeckung — Absorption und Brechung ein Maß für die Bindungsfestigkeit, d. h. ein Erkennungsmerkmal für molekulare Konstitution.

Da die „elektrischen", die ultraroten, die sichtbaren, die ultravioletten (— und *auch* die Röntgen-)Strahlen die gleiche Fortpflanzungsgeschwindigkeit im Vakuum haben, nämlich 300000 km oder $3 \cdot 10^{10}$ cm in der Sekunde, da ferner sie alle Interferenzerscheinungen zeigen, so faßt man alle diese Strahlungsarten unter der Bezeichnung „das *elektromagnetische Spektrum*" zusammen.

Die obengegebene elektro-magnetische Energiefortpflanzung enthält noch eine Aussage, welche aus der elektromagnetischen Kraft (Teil 30) und der elektromagnetischen Induktion (Teil 31) folgt: elektrisches Feld, magnetisches Feld und Bewegung wurden als aufeinander senkrecht stehend erkannt, so wie die drei Kanten eines Würfels (oder die Achsen eines räumlichen Koordinatensystems). Während die Dichteschwankungen beim Schall in Richtung des Schalls sich ausbreiten — wir nannten es „longitudinale Welle" —, so ist der elektromagnetische Schwingungsvorgang eine „transversale" Welle. Die periodisch sich ändernden Felder, die Amplituden stehen senkrecht zur Fortpflanzungsrichtung — das Bild des Wellenzugs mit nur einer betrachteten Schwingungsebene (man nennt das einen polarisierten Strahl) entspricht der Seil- oder Saitenschwingung.

80. FREQUENZ UND WELLENLÄNGE

Die verschiedenen „elektromagnetischen Strahlungen, Schwingungen oder Wellen" kennzeichnet man durch die *jeden* periodischen Schwingungs- oder Wellenvorgang bestimmenden Größen: die Frequenz oder Schwingungszahl und die Wellenlänge. Beide hängen mit der Fortpflanzungsgeschwindigkeit in einfacher Weise zusammen. Wiederum ist bei den akustischen Schwingungen und Wellen dieser Zusammenhang am leichtesten überschaubar, er gilt aber für jeden periodischen Vorgang. Wenn eine Stimmgabelzinke oder die Saite eines Musikinstruments eine ganze Schwingung durchgeführt hat, so ist auf die umgebende Luft *eine* „Verdichtung" und *eine* „Verdünnung" übertragen; mit der nächsten Schwingung beginnt die zweite Verdichtung; bis zu diesem Augenblick hat sich also eine Welle oder eine Wellenlänge λ in der Luft fortgepflanzt. Nun erfolgen in 1 sec n solche Schwingungen der Stimmgabel oder der Saite, in dieser einen Sekunde sind also n solcher Wellen in die Luft abgegeben, abgestrahlt worden. Die erste Welle ist also nach Ablauf *einer* Sekunde von der Stimmgabel nun $n\lambda$ entfernt. Der Weg der Welle in 1 sec ist aber gerade die Geschwindigkeit c; es sind also stets die drei Bestimmungsstücke eines periodischen Schwingungsvorgangs oder einer Wellenaussendung und -Fortflanzung, nämlich die Fortpflanzungsgeschwindigkeit c, die Frequenz des strahlenden Körpers n und die im umgebenden Medium sich ausbildende Wellenlänge λ verbunden durch $c = n\lambda$ ($\lambda =$ Lambda $=$ griechisches l ist der allgemein benützte Buchstabe).

Beim Schall bestimmt man am einfachsten c und n. Bei elektrischen Wellen ist es ebenfalls möglich, die Frequenz der schnell wechselnden Funken zu messen und daraus ihre Wellenlänge zu berechnen. Bei einer Lichtquelle läßt sich aber die Frequenz nicht messen, sie muß aus c und λ berechnet werden.

Wir wollen noch eine kleine Änderung in der Bezeichnung einführen, indem wir die Frequenz bei Licht- (elektromagnetischen) Schwingungen mit dem Buchstaben ν bezeichnen, ($\nu =$ nü, der griechische Buchstabe für n), weil diese Kennzeichnung ganz allgemein eingeführt ist.

Diese Frequenz ν ist neben der Lichtgeschwindigkeit die fundamentale Größe. Wir hatten nämlich (Teil **66**) gelernt, daß die Lichtgeschwindigkeit in allen durchsichtigen Stoffen kleiner ist als im luftleeren Raum. Weil nun $c = \nu \cdot \lambda$, so muß, wenn c kleiner wird, entweder ν oder λ oder beide kleiner werden. Es ist aber ausgeschlossen, daß ν sich ändert, der Schwingungsvorgang in der Lichtquelle, wenn das Licht irgendwo auf seinem Weg einmal durch Glas oder Wasser geht! Also muß sich die Größe der Lichtwellenlänge λ ändern, so wie sich c ändert.

Was für ein Vorgang in der Lichtquelle als Schwingungsvorgang abläuft, ist eine nicht-behandelbare Frage. Hier beginnt das große Geheimnis, das mit der Quantentheorie seine Lösung in *energetischer* Beziehung fand, ohne daß die Frage des Schwingungsvorgangs in der Lichtquelle gestellt zu werden braucht.

Die Wellenlängen von Licht sind nach dem Interferenzprinzip sehr einfach zu messen, z. B. aus den Farberscheinungen dünner Plättchen (Teil **77**). Lichtstrahlen stellen wir uns vor als Wellenlinien oder Wellenzüge, welche von einem in der Lichtquelle ablaufenden Schwingungsvorgang auf den umgebenden Raum übertragen wurden. Kommen in unser Auge zwei Wellenzüge, so können diese sich so überlagern, daß sich die Schwingungen addieren oder daß sie sich aufheben. Ob das eine oder andere geschieht, hängt nur davon ab, wie groß der Wegunterschied der beiden Lichtwege ist.

Eine Lichtwirkung kommt nach dem Wellenbild dadurch zustande, daß ein von der Lichtquelle ausgehender Wellenzug am Ort der Wirkung absorbiert wird. Soll diese Wirkung dadurch aufgehoben werden, daß ein zweiter Wellenzug an demselben Ort ankommt, so muß der Wellenausschlag, die „Amplitude", des einen Zuges nach oben, des anderen nach unten gehen. Das kann geschehen, wenn der zweite Wellenzug um $^1/_2\,\lambda$ oder um $^3/_2\,\lambda$ oder $^5/_2\,\lambda$ usw. gegen den ersten verspätet ankommt, also länger ist als dieser, weil der erste Wellenzug an der oberen Fläche einer dünnen Schicht, der zweite aber an der unteren Fläche der dünnen Schicht reflektiert wurde, also um die doppelte Dicke dieser (weil Hin- und Hergang) länger ist. Bedingung hierfür ist aber, daß die Größe der *Wellenlänge* der beiden Wellenzüge genau gleich ist. Interferenz ist nur zwischen Wellenzügen gleicher Wellenlänge möglich.

Nun sehen wir sofort, wodurch sich die verschiedenen Farben unterscheiden: durch die Wellenlänge. Da man nun leicht zeigen kann, daß bei einer dünnen, keilförmig an Dicke zunehmenden Platte bei der kleinsten Dicke die violetten Strahlen, bei zunehmender Dicke dann die blauen, dann die grünen usw. bis roten Strahlen sich durch Interferenz aufheben, so muß die Wellenlänge der violetten Strahlen kleiner als die der roten sein; und die *Messung der Dicken*, bei welchen die verschiedenen Farben durch Interferenz sich auslöschen, *liefert unmittelbar die Größe der Wellenlänge*: sie ist für das gerade noch sichtbare Violett 0,00004 cm, für das gerade noch sichtbare Rot 0,00008 cm. Man schreibt auch 0,4—0,8μ, oder 400—800mμ oder 4000—8000 Ångström-Einheiten (AE) nach dem Schweden Ångström, der die erste „absolute" Wellenmessung ausführte.

Aus der Beziehung $c = v \cdot \lambda$ ergibt sich die Frequenz der Schwingungsvorgänge, welche sich in der Lichtquelle abspielen, damit die einzelnen Farben emittiert werden: v für Violett ist $3 \cdot 10^{10}$ cm/sec: 0,00004 cm $= 7{,}5 \cdot 10^{14}$ Schwingungen in der Sekunde; für Rot ergibt sich entsprechend $3 \cdot 10^{10}$: 0,00008 $= 3{,}75 \cdot 10^{14}$. Damit haben wir eine in sich widerspruchsfreie Vorstellung mit quantitativen Ergebnissen: „Licht" kann als ein Schwingungsvorgang dargestellt werden, welcher durch die Frequenz charakterisiert ist. Die sichtbaren Farben haben Frequenzen von $3{,}75 \cdot 10^{14}$ (rot) bis $7{,}5 \cdot 10^{14}$ (violett); ultrarote Strahlung hat kleinere Frequenzen als $3{,}75 \cdot 10^{14}$, Ultraviolett noch höhere Frequenzen als $7{,}5 \cdot 10^{14}$.

Bis zu welchen Frequenzen gehen „Ultrarot“ und „Ultraviolett“? Man hat sich geeinigt, daß man alle die langsamer und langsamer werdenden Frequenzen noch mit Ultrarot bezeichnet, welche mit „Lichtquellen“, etwa Temperaturstrahlern oder Metalldampflampen hergestellt werden können — das sind Frequenzen bis herab zu etwa 10^{12} oder Wellenlängen von etwa 0,3 mm Länge. Für die Erzeugung noch längerer elektromagnetischer Wellen benützt man elektrische Verfahren; ihre Frequenzen gehen dann praktisch bis Null. (Die Bezeichnung 1 Megahertz bei Rundfunkwellen heißt $\nu = 10^6$ Schwingungen pro Sekunde oder $\lambda = 300$ m; der technische Wechselstrom von 50 Hertz, $\nu = 50$, entspricht einer Wellenlänge von $\lambda = 3 \cdot 10^{10} : 50 = 6 \cdot 10^8$ cm $= 6000$ km). Es muß aber betont werden, daß die beiden Erzeugungsmethoden sich überlappen.

Als hochfrequente Grenze des Ultraviolett sieht man den Beginn der Röntgenspektren an — hier liefert erst die Quantentheorie des Lichtes und des Atombaus einen physikalisch-definierten Übergang und Unterschied, nicht bezüglich der Art der Strahlung, sondern *bezüglich ihres Entstehungsortes im Atom*.

81. BEUGUNG UND INTERFERENZ

Die Wellentheorie des Lichtes gibt auch eine Erklärung für die als *Beugung* bezeichnete Erscheinung, welche bei allen elektromagnetischen Wellen auftritt. Sie tritt aber auch bei Schallwellen auf: sind zwei Räume durch eine vollständig schallabsorbierende Wand getrennt, die eine Tür enthält, so hört man bei geöffneter Tür hinter den Wänden im ganzen zweiten Raum, was im ersten an irgend einer Stelle gesprochen wird — der Schall „geht um die Ecke“; er wird gebeugt: die Dichteänderungen in der Luft der Türöffnung pflanzen sich im zweiten Raum nach allen Richtungen fort, *so als ob* die Türöffnung eine sekundäre Schallquelle sei: man nennt das „das Huygenssche Prinzip“.

Dieses Prinzip gilt auch für das Licht: man kann nachweisen, daß hinter *jedem* undurchsichtigen Gegenstand, welcher in ein breites Lichtbündel gehalten wird, eine gewisse Helligkeit auftritt: *so als ob* das Licht an seinen Kanten abgebeugt wird. Wir müssen auf eine vollständige physikalische Analyse dieser Erscheinung verzichten und uns auf einige relativ klar übersehbare Fälle beschränken. Die Besonderheit in der Lehre vom Licht gegenüber der Lehre vom Schall besteht einmal in dem elektromagnetischen Vorgang, zum anderen in der Kleinheit der Wellenlängen (Teil 80).

Wir denken uns eine undurchsichtige vertikal stehende Platte, in welche mit einem Rasiermesser eine große Zahl ganz feiner Spalte parallel zueinander geschnitten sind, in einem so kleinen Abstand, als gerade noch möglich. Die eine Seite der Platte wird mit einem parallelen weißen Lichtbündel beleuchtet. Sieht man von *großer* Entfernung auf die Schattenseite der Platte, so geht Licht durch die Ritzen hindurch; man sieht die Lichtquelle. Blickt man seitlich darauf, so sieht man auch Licht — und zwar Farbenbänder, getrennt durch ziemlich dunkle Bereiche. Man sieht die Spektralfarben — von der Mitte nach außen zunächst Violett, Blau, dann Grün usw. bis Rot, nach einem dunklen Bereiche wiederum Violett, Blau usw. bis Rot. Es muß also Licht von den Spalten auch seitlich ausgehen; das ist das erste, was wir sicher sagen können.

Wir erinnern uns sofort an eine oft sehbare Erscheinung: Man blickt durch das feine Gespinst eines Regenschirms nach einer entfernten Straßenlampe: man sieht diese und außerdem farbige Lichtbänder nach verschiedenen Richtungen je nach der Art des Gespinstes, je nach der Richtung der Fäden. Ein anderes Beispiel bieten die farbigen Ringe, welche man beim Schauen nach einer (entfernten) Straßenlampe durch eine beschlagene Fensterscheibe sieht. Und schließlich sei an die farbigen Ringe um den Mond, den sogenannten Mondhof erinnert: er gilt als (und ist auch) ein Zeichen für schlechtes Wetter, weil er von sehr feinen hohen Wolken, d. h. einer Schicht von Wassertröpfchen oder Eisnädelchen stammt, was ganz der beschlagenen Fensterscheibe entspricht.

Alles das sind Erscheinungen, beruhend auf der Beugung des Lichts. Vom Mond geht Licht nach allen Seiten; der Teil, der in geradliniger Verbindung vom Mond auf unsere Augenlinse kommt, liefert uns das Mondbild; der Teil, welcher seitlich vom Mond fortgeht, wird an den Wolkenteilchen abgebeugt, so daß er doch in unser Auge kommt. Eigentlich hatten wir das schon als Zerstreuung des Lichtes in Teil 64 behandelt. In gewisser Weise ist es auch die gleiche Erscheinung, aber es muß noch irgendeine andere Bedingung vorhanden sein: sie ist auf einen recht kleinen Winkelbereich beschränkt und sie enthält eine Aufteilung in die Farben. Es sieht so aus, als ob das längerwellige rote Licht stärker gebeugt sei als das kürzerwellige blaue Licht.

Eine solche Annahme ist aber völlig unverträglich mit den vielfachen Beobachtungen über die Lichtzerstreuung farbigen Lichts: irgendein mit rotem und mit blauem Licht beleuchteter Gegenstand, den wir durch das von ihm zerstreute Licht sehen, wird an derselben Stelle gesehen; das rote und blaue Licht wird also gleichartig gestreut.

Es bleibt also zur Deutung der Richtungsaufteilung in die verschiedenen Farben nur die Annahme, daß durch einen Interferenzvorgang (Teil 78) sich manche Wellen verstärken, andere schwächen. Und nun verstehen wir sofort das erste Beispiel, die gebeugten Farbenbänder, *die Beugungsspektra* hinter der Platte mit den vielen Spalten; diese nennt man kurz ein (optisches) „Gitter". Blickt man nämlich schräg auf dieses Gitter, so

ist die Entfernung unseres Auges zum zweiten Lichtspalt ein wenig
länger als zum ersten, zum dritten wieder ein wenig länger als zum zweiten, und zwar stets um dasselbe Stück. Wenn also jeder Spalt — so wie
die Tür bei dem akustischen Beispiel — das ankommende Licht nach
allen Seiten abbeugt, so kommen in unser Auge (zunächst einmal beschränken wir uns auf eine Richtung, auf einen „Beugungswinkel") von
allen Spalten Lichtstrahlen, von welchen jeder folgende um den gleichen
Betrag länger ist als der vorhergehende. Hat die Platte 20 Spalten, so
bekommt das Auge 20 Strahlen, die *gegeneinander die gleiche Gangdifferenz*
haben. Das aber ist die Bedingung für das Zustandekommen von Interferenz.

Wir wollen nun einmal annehmen, daß der Abstand der Spalten voneinander und der Winkel, unter dem wir auf das Gitter blicken, so sei,
daß der Gangunterschied von Strahl zu Strahl 400 mμ sei. Das ist gerade
die Wellenlänge von kurzwelligem Violett (Teil 80): Diese Wellen verstärken sich durch Interferenz. Violett der Wellenlänge $\lambda = 400$ mμ
wird in dieser Richtung hell gesehen. 400 mμ ist aber auch $^1/_2$ von 800 mμ.
Und 800 mμ ist eine Wellenlänge im langwelligen Rot. Unter der gleichen
Blickrichtung heben sich also alle diese roten Wellen durch Interferenz
gerade auf.

Ändern wir die Blickrichtung so, daß wir schräger (unter größerem
Winkel) auf das Gitter sehen, so wird der Gangunterschied von Strahl
zu Strahl größer. Ist er 550 mμ geworden, so verstärken sich die Schwingungen mit $\lambda = 550$ mμ, d. h. Grün wird hell, ist es 600 mμ, so sieht man
Gelb und schließlich beim Gangunterschied 800 mμ das dunkle Rot als
„hell".

Die Gangunterschiede sind geometrisch ausmeßbar: man hat nur den
Abstand zweier Spalte und den Blickwinkel zu messen. Dieser Gangunterschied ist dann die Wellenlänge des Lichts, welches unter diesem Winkel
hell gesehen wird. Das ist die zweite Methode der Messung von Licht-
wellenlängen. Sie ist für alle Wellen des elektromagnetischen Spektrums,
auch für die Röntgenstrahlen, durchführbar. Vielleicht ist noch eine
Bemerkung zweckmäßig: da die Wellenlängen, z. B. des sichtbaren Lichtes,
so klein sind, müssen die Spaltweiten und ihre Abstände auch sehr klein
sein, etwa von der Größenordnung 1000 m$\mu = {}^1/_{1000}$ mm; sonst werden
die Gangunterschiede benachbarter Spaltstrahlen zu groß. Für elektrische
Wellen von Zentimeter bis Meter Wellenlänge können die entsprechenden
Gittergrößen 1—10 cm sein.

82. ATMOSPHÄRISCHE FARBENERSCHEINUNGEN

Tritt Zerstreuung oder Beugung des Lichtes unter solchen Bedingungen
ein, daß Strahlen mit gleichen Gangunterschieden in das Auge kommen,

so entstehen durch Interferenz die „Beugungsfarben". Das ist beim Mondhof (oder der beschlagenen Glasplatte) der Fall, wenn die Tröpfchen *ungefähr* gleiche Größe haben; dann haben die an den Rändern aller Tröpfchen abgebeugten Strahlen *ungefähr* den gleichen Gangunterschied: es entstehen die Interferenzfarben, aber sie sind nicht so rein wie beim Gitter, weil die Gangunterschiede nicht alle genau gleich sind. Haben die Tröpfchen sehr verschiedene Größen, so bleibt die Beugung, es tritt aber keine Interferenz mehr auf, man sieht z. B. um den Mond nur helles Licht, keine farbigen Ringe.

Manchmal sieht man sogar zwei, auch drei farbige Mondhofringe: der erste entspricht dem Gangunterschied λ, der zweite 2λ, der dritte 3λ. Das gleiche — die „Beugungsspektra höherer Ordnung" — sieht man auch bei Schirmgeweben.

Wir wollen noch einige andere Lichterscheinungen in der Atmosphäre behandeln. Wir wiesen schon auf das Himmelsblau hin: zerstreutes Licht der Sonne in der reinen Atmosphäre. Warum ist dieses blau? Dieses ist nicht eine einfache Interferenzerscheinung. Aus schwer zu verstehenden Gründen zerstreuen sehr kleine Teilchen die kürzeren Wellen mehr als die längeren; das weiße Sonnenlicht verliert also beim Durchgang durch die reine Atmosphäre das Blau durch Zerstreuung in alle Richtungen; deshalb ist die untergehende Sonne bei klarem Himmel tief rot, dessen Wiederschein von hellen Bergwänden das „Alpenglühen" liefert.

Beim Rauchen kann man die bevorzugte Streuung kurzwelligen Lichts durch kleine Teilchen leicht beobachten: der aus der Pfeife z. B. aufsteigende Rauch ist bläulich, geht er erst durch den Mund, so belädt er sich mit Wasserdampf, die Teilchen werden größer und zerstreuen alle Farben, der Rauch ist *weiß*.

Die gelben Nebellampen nützen die unterschiedlich starke Streuung von Licht verschiedener Wellenlängen aus: hat der Scheinwerfer weißes Licht, so werden die kürzeren Wellen in *feinem* Nebel nach allen Seiten zerstreut, also auch rückwärts; man erhält von allen Seiten rückgestrahltes bläuliches Licht. Wird durch Gelbfilter das kürzerwellige Licht vernichtet, so wird das längerwellige — weil weniger stark gestreute — Licht durch den Nebel die Straße beleuchten und das von ihr rückwärts zerstreute Licht wieder ins Auge gelangen: man sieht die Straße, weil die „Blendung" durch das gestreute kürzerwellige Licht fortfällt. Ob der Erfolg der Nebellampenverwendung gut oder schlecht ist, hängt also von der Tröpfchengröße der Nebel ab. —

Streng von den Beugungsfarben in der Natur — die z. B. auch die „irisierenden" Cirruswolken bewirken — sind die Brechungsfarben zu unterscheiden. Am bekanntesten (physikalisch ungewöhnlich kompliziert!) ist der (besser: sind *die*) Regenbogen; das Grundphänomen ist eine innere Reflexion und Brechung in *Wasser*tropfen.

Ganz andere Erscheinungen treten auf, wenn Eiskristalle in der Atmosphäre vorhanden sind; in hohen Schichten ist das fast immer der Fall. Sind diese gut ausgebildet, so wirken sie wie das Newtonsche Glasprisma (Teil 66). Sie brechen das Sonnenlicht und dispergieren es. Es kann also von der Sonne in irgendeiner Richtung ausgehendes Licht durch die Brechung in Eiskristallen so abgelenkt werden, daß es in unser Auge gelangt. Schweben solche Eiskristalle (Eisprismen) in allen möglichen Lagen, so *kommt* das Sonnenlicht aus einer weiten kreisförmigen Zone um die Sonne herum in unser Auge, dabei gleichzeitig in seine Spektralfarben zerlegt. Das ist die gar nicht seltene (nur so oft übersehene) Erscheinung des Sonnen- (oder Mond-) Halo: ein in den Spektralfarben matt leuchtender Kreis mit einem Radius von ungefähr 24° um die Sonne.

Schweben die Eiskriställchen in gleicher Richtung, so entstehen noch andere Halo-Erscheinungen, leuchtende, oft recht farbenprächtige Ringe oder Bögen, unter besonderen Bedingungen auch die sogenannten „Nebensonnen" bzw. Nebenmonde. Eine allgemeine Bedingung für das Auftreten des Halos ist gute Ausbildung relativ großer Eiskriställchen in nicht zu dicker Schicht. Die Erscheinungen geben also gewisse Aufschlüsse über Zustände in hohen Atmosphärenschichten.

83. TEMPERATURSTRAHLUNG — SCHWARZE STRAHLUNG

Wir gehen, nun wesentlich besser vorbereitet, nochmals zur Betrachtung des Spektrums glühender Körper (Teil 67) zurück, um den Zusammenhang zwischen der Aussendung von Strahlung der verschiedenen Frequenzen und der hierzu aufgewendeten Energie (Teil 76) etwas näher kennen zu lernen. Kurz vor der Jahrhundertwende beschäftigten sich viele Physiker mit diesem Problem. Vor 60 Jahren waren die Vorgänge in der Materie, welche zur Aussendung von Licht, von Strahlung führen, noch ganz rätselhaft; wir hatten ja schon davon gesprochen, daß eine Gasflamme durch hineingeworfene Salze oder auch durch ein in ihr zum Verdampfen gebrachtes Metall gefärbt werden kann, wobei die Art der Färbung (sowohl die entstehende Farbe als auch die Helligkeit der Färbung) sich in sehr komplizierter Weise abhängig erwies von der verdampften chemischen Substanz und von der Temperatur. Aber nicht immer ist hohe Temperatur erforderlich: das sehr helle Licht der Geislerröhren wird von *kaltem* Gas bei Stromdurchgang ausgesandt. Dagegen wird das Leuchten fester (und auch geschmolzener) glühender Körper fast allein von der Temperatur derselben bestimmt. Im Sinne unserer energetischen Betrachtungsweise können wir sagen, daß *diesem* Leuchten ein direkter Umsatz von thermischer Energie in Strahlungsenergie zugrunde liegt, der sich wohl in Materie abspielt, bei welchem aber die *Art* der Materie gleichgültig ist, während das Flammenleuchten zwar auch von der Temperatur der Flamme, aber in ganz besonderem Maße von der atomistischen Zusammensetzung der verdampften Substanz abhängt; in der Geislerröhre aber wird elektrische Energie ohne den Umweg über thermische Energie zu Lichtenergie. Man spricht deshalb auch kurz von „Temperaturstrahlung" und von „Atomleuchten". Die Lösung dieser beiden Probleme brachte *die Atomistik der Strahlung, die Quantentheorie des Lichtes und die Analyse des Atombaus.* Wir behandeln zunächst die Temperaturstrahlung.

Um ganz korrekt zu sein, müssen wir bemerken, daß die Strahlung etwa von einem Platinblech, einem Wolframdraht (wie in der Glühlampe) und einem Kohlestab bei gleicher Temperatur sich doch in einigem unterscheiden: so ist die Strahlung der bei tiefer Temperatur „schwarzen" Kohle bei hoher Temperatur heller, intensiver als die der Metalle. Man lernte, daß diese Unterschiede in erster Linie mit der Oberfläche der strahlenden Körper zusammenhängen; so strahlt ein mit einer Feile aufgerauhtes heißes Platinblech schon viel intensiver als ein poliertes bei gleicher Temperatur. Allgemein stellt man fest, daß die Strahlung um so intensiver ist, je rauher, je matter die Oberfläche des strahlenden Körpers ist; kleines Reflexionsvermögen, großes Absorptionsvermögen erhöht also die Strahlung; ein berußtes Metall strahlt bei allen Temperaturen und Frequenzen um so mehr, je „schwärzer" es ist, d. h. aber doch nichts anderes, als: je mehr von einer auffallenden Strahlung absorbiert wird; denn schwarz ist in diesem Sinne keine Farbe, sondern eine Angabe über Reflexion bzw. Absorption. Deshalb macht man die Oberfläche von Heizkörpern nicht glänzend, sondern matt, rauh. Alle Oberflächen- und Materialabhängigkeiten verschwinden vollends, wenn man nicht die Strahlung einer freien erhitzten Oberfläche, sondern die Strahlung aus einem Hohlraum betrachtet, dessen Wände auf gleicher Temperatur sind. Denken wir uns irgend eine Büchse, die ein kleines Loch enthält; sie werde von außen geheizt; die aus dem Loch kommende Strahlung ist dann *ganz unabhängig* davon, ob die Büchse aus schwarzer Kohle oder aus blankem Metall oder aus weißem Porzellan besteht. Man nennt dieses einen „*schwarzen Strahler*" und die aus ihm kommende Strahlung „*schwarze Strahlung*". Es ist ein etwas sonderbarer, aber physikalisch klar begründeter Ausdruck: stellt man irgend einen Kasten mit einem kleinen Loch in helles Licht, so erscheint uns das Loch *schwarz*; denken wir an ein aus der Ferne beobachtetes Haus: die offenen Fenster erscheinen *schwarz*. Denn das in sie hineinfallende Licht läuft zwischen den Wänden hin und her, wird dabei immer mehr geschwächt durch Absorption an der Wand, so daß praktisch nichts mehr herauskommt, um so weniger, je kleiner die Fensteröffnung im Vergleich zur Fläche der Wände ist. Man kann deshalb von außen nicht sehen, aus was die Wände bestehen, d. h. „die Absorption des Hohlraumes" ist unabhängig von der Materie der Wände des Zimmer.

Wird ein solcher Hohlraum erhitzt, so ist die aus ihm kommende Strahlung nur noch abhängig von der Temperatur, vollständig unabhängig von der Materie der Wände. Deshalb ist das Problem so wichtig: Strahlungsenergie entsteht aus Wärmeenergie ohne irgend einen Einfluß der Art der Materie! Diese Tatsachen sind physikalisch in allen Einzelheiten geklärt; doch würde die Ableitung dieses „Kirchhoffschen Strahlungsgesetzes" (1868) uns zu weit führen. Für die folgenden Betrachtungen genügt es vollkommen, daß durch den *Versuch* festgestellt ist, daß die Strahlung eines Hohlraumes, eben des „schwarzen Körpers" (man sagt auch „die Hohlraumstrahlung") nur von der Temperatur der Wände abhängt und daß seine Strahlungsintensität größer ist als die irgend eines anderen Körpers gleicher Temperatur. *Diese „schwarze Strahlung" ist eine reine „Temperaturstrahlung".* —

Die dem Experimentator gestellte Aufgabe war, die ausgestrahlte Energie in Abhängigkeit von der Temperatur des strahlenden schwarzen Körpers zu messen, und zwar ebensowohl die Energie der gesamten Strahlung als auch die Verteilung der Energie auf die verschiedenen Wellenlängen oder Frequenzen des ausgestrahlten Lichtes. Das erste Gesetz für die „Gesamtstrahlung" erwies sich als überaus einfach: sie hängt nur von der absoluten Temperatur ab, und zwar nimmt sie mit der vierten Potenz derselben zu. Man schreibt $S = c \cdot T^4$; d. h. wenn die absolute Temperatur T ($T_{abs} = t°$ Celsius $+ 273$) verdoppelt wird, so nimmt die Strahlung um $2^4 = 2 \cdot 2 \cdot 2 \cdot 2 = 16$ fach zu. Dieses Gesetz gilt auch dann, wenn der Temperaturstrahler so wenig erhitzt ist, daß er noch nicht sichtbar leuchtet, sondern nur ultrarote Strahlung aussendet. Deshalb steigt die Strahlung eines Ofens mit zunehmender Heizung so besonders auffällig. Und die nächtliche Ausstrahlung unserer Erde in den kalten Weltenraum — bei ganz klarer Atmosphäre — bewirkt im Sommer einen schnelleren Temperaturrückgang als im Winter.

84. TEMPERATUR UND STRAHLUNGSFREQUENZ

Das zweite Problem, die Verteilung der Strahlungsenergie auf die verschiedenen Frequenzen der ausgesandten Strahlung, war viel komplizierter. Zunächst ergab sich, daß mit steigender Temperatur die Intensität in allen Frequenzbereichen zunahm und daß gleichzeitig die Intensität der höheren Frequenzen sich ganz besonders verstärkte. Wir sagten ja schon, daß ein Temperaturstrahler erst über 530° C schwach dunkelrot zu leuchten beginnt, also offenbar dann nur die niedrigsten, gerade noch sichtbaren Frequenzen (neben dem Ultrarot) ausstrahlt. Das hat sich nun als nicht richtig herausgestellt. Die Analyse dieser Strahlung mit dem Spektroskop zeigt: er sendet auch höhere Frequenzen, also auch Hellrot und Gelb und Grün usw. aus, jedoch mit einer *äußerst* kleinen Intensität; aber die Intensität ist nicht so wichtig wie die Tatsache, daß — nun verallgemeinert — jeder Temperaturstrahler alle Frequenzen aussendet; heute sind die Nachweismethoden so empfindlich geworden, daß man die höchsten ultravioletten Frequenzen in der Strahlung eines brennenden Streichhölzchens schon auf viele Meter Entfernung nachweisen kann.

Die Tatsache, daß mit steigender Temperatur die Intensität der höheren Frequenzen *viel* stärker zunimmt als die der tieferen Frequenzen, ist für die künstliche Beleuchtung von großer Bedeutung; denn unser Auge ist für höhere Frequenzen, und zwar für Grün, wesentlich empfindlicher als für Gelb oder gar Rot. Deshalb ist das Bestreben der Lampentechnik darauf gerichtet, die Glühlampen bei einer möglichst hohen Temperatur der Glühfäden zu benutzen. Man darf aber nicht zu nahe an den Schmelzpunkt herangehen, weil dann die Verdampfung des Glühfadens zu stark, also ihre Lebensdauer zu klein wird. Bei Autoscheinwerfern betreibt man die Lampen oft „mit Überspannung", d. h. mit einer elektrischen Energie, welche den Glühfaden etwas heißer macht, als er für die normale Lebensdauer der Lampe sein soll. Wenn die Temperatur nur um 5% gesteigert wird, erhöht sich die Helligkeit für das Auge 5—10mal mehr und die der ultravioletten Frequenzen noch viel stärker. Deshalb ist eine Bogenlampenkohle, obwohl ihre Temperatur nur ein paar hundert Grad höher als die der Glühlampe ist, schon ein intensiver Ultraviolettstrahler. Dagegen nimmt die Strahlung für die kleinen ultraroten Frequenzen viel weniger zu; sie steigt proportional mit der Temperatur.

Noch ein zweites Ergebnis hatten diese Versuche: bei jeder Temperatur strahlt ein Temperaturstrahler in *einem* Frequenzbereich mehr Energie aus als in allen anderen. Der Frequenzbereich maximaler Emission ändert sich ganz gesetzmäßig mit der Strahlertemperatur: er ist dieser direkt proportional. Bei tieferen Temperaturen liegt der maximale Emissionsbereich im Ultrarot; auch Glühlampen bei einer Temperatur von 2700° abs haben noch das Maximum ihrer Strahlung im ultraroten Frequenzbereich. Aber das Maximum der Emission der Sonne liegt im sichtbaren Bereich, im Grün — gerade da, wo auch unser Auge maximal empfindlich ist (und dieses ist auch das Grün der Blätter!)! Es gibt Fixsterne, deren maximaler Emissionsbereich bei noch viel höheren Frequenzen im Ultravioletten liegt. Dieses ist eine Methode, die (Oberflächen-)Temperatur von Sonne und Fixsterne zu messen, daß man feststellt, in welchem Frequenzbereich das Maximum ihrer Ausstrahlung liegt.

Diese Strahlungsgesetze haben auch praktische Bedeutung: es ist sinnlos, nach besseren („helleren" oder „sonnenähnlicheren") *Temperaturstrahlern* zu suchen, weil es keine Metalle gibt mit einem höheren Schmelzpunkt als das jetzt benützte Wolfram; immer wird der weitaus größte Teil (über 97%!) der in der Glühlampe aufgewendeten Heizenergie für unser Auge verloren gehen. Energetisch betrachtet ist die Glühlampe ein elektrischer Ofen, der ein ganz klein wenig der aufgewendeten Heizenergie als Lichtenergie abgibt.

KAPITEL V

DIE ATOMISTIK DER STRAHLUNG

85. DAS STRAHLUNGS-ENERGIEQUANT

Die Verteilung der gesamten Strahlungsenergie auf die verschiedenen Frequenzbereiche war mit den allgemeinen Prinzipien der Wärmelehre und der Strahlung nicht vereinbar. Die besten Experimentalphysiker haben sich abgemüht, in den diffizilen Messungen Fehlerquellen zu finden: Schließlich war man überzeugt, daß in den Grundannahmen der damaligen Strahlungsgesetze etwas nicht stimmen kann. MAX PLANCK versuchte 1900 zunächst formal, wie die theoretische Formel geändert werden müsse, um die gemessene Verteilung der Strahlungsenergie auf die Frequenzen bei verschiedenen Temperaturen darzustellen. Die physikalische Deutung dieser neuen Formel führte zu einer höchst wunderbaren *atomistischen* Aussage, nämlich daß die Strahlungsenergie einer Schwingungsfrequenz *nicht* beliebige Werte haben kann, sondern *nur ganzzahlige Vielfache einer Einheitsgröße* betragen kann — genauso, wie irgendeine Masse eines chemischen Grundstoffes ja auch nicht beliebige Werte, sondern nur ganzzahlige Vielfache der Atommasse dieses chemischen Elements haben kann. (Man kann ja auch nicht eine beliebige Masse Nüsse kaufen, sondern nur so viel, wie z. B. 70 oder 71 oder 72 Stück wiegen.) *Es sah also so aus, als ob ein atomistisches Element in der Strahlung stecke.*

Aber das war nicht alles: *die Größe dieses atomistischen Elementes* war nicht für alle Frequenzen die gleiche, sondern erwies sich als um so größer, je höher die Frequenz der gemessenen Strahlung war. Wenn das Strahlungselement der niederfrequenten roten Strahlung (Frequenz ν_{rot}) eine bestimmte Energie hatte, so mußte das Strahlungselement der doppelt so großen violetten Frequenz ν_{viol} die *doppelte* Größe haben. War die *Energie* der „roten" (ν_{rot}) und der doppelt so großen violetten Frequenz (ν_{viol}) genau gleich groß, so bestand die rote Strahlung aus doppelt so viel Elementareinheiten oder „Quanten" wie die violette. Um die Frequenz, also eine Zahl, welche die Zahl der Lichtschwingungen pro Sekunde gibt, in eine Energiegröße umzuwandeln, muß sie mit einem Faktor multipliziert werden, welchem Planck den Buchstaben h gab. Planck konnte sie auch zahlenmäßig berechnen: sie mußte die Größe $6{,}62 \times 10^{-27}$ haben und eine elementare Wirkung, d. h. Energie $\times$ Zeit oder *erg · sec* darstellen. Somit ist die elementare Energie einer Strahlung der Frequenz v die Größe hv; diese Größe wurde das Lichtquantum oder Lichtquant genannt (so wie man die elementare Größe der elektrischen Ladung das elektrische Elementarquantum genannt hatte); und da man diesem den Namen Elektron gab, so nennt man jenes heute Photon, gebildet vom griechischen Wort für das Licht, Phōs.

Hiermit haben wir die Grundlage der *Atomistik der Strahlung* gewonnen: Eine einfarbige Strahlungsenergie der Frequenz v, etwa absolut calorisch gemessen zu S *erg* besteht aus n Quanten: $S = n \times hv$. Die Frequenz des elektromagnetischen Schwingungsvorgangs ergibt sich als das energetische Charakteristikum der elektromagnetischen Strahlung.

Diese Ableitung ist wenig anschaulich — wir werden aber aus viel einfacher zu übersehenden Versuchen zu dem gleichen Ergebnis kommen — auf ganz anderen Wegen.

Vorher aber wollen wir einige sehr unmittelbare *mechanisch-energetische Beweise* für die „*corpusculare*" *Natur der Lichtquanten* oder Photonen kennen lernen. Es war lange bekannt, daß eine auf Materie auffallende Strahlung einen Druck auf dieselbe ausübt. Dieser *Strahlungsdruck* setzt z. B. ein leichtbewegliches Plättchen genau so in Bewegung wie ein Luftstrom oder ein Atomstrahl. Wenn das Plättchen das Licht reflektiert, so ist der Strahlungsdruck größer, als wenn es das auffallende Licht absorbiert: das wieder zurückgeworfene Licht erteilt dem Plättchen einen *Rückstoß*. Besteht nun die auffallende Strahlung aus Photonen, so benehmen diese sich ganz wie materielle Kugeln: auch sie üben bei dem Stoß eine Kraft auf eine getroffene Platte aus und — wenn sie zurückgeworfen werden — zusätzlich den Rückstoß. Fallen Photonen auf Gasatome, welche sie absorbieren, so werden letztere in Bewegung gesetzt, genauso wie ein Pendel, in dessen Masse eine Kugel hineingeschossen wird. Strahlen Atome Licht aus, so erleiden sie einen Rückstoß: das Photon geht nach der einen, das Atom nach der entgegengesetzten Seite, es nimmt den Rückstoß des fortfliegenden Photons auf, genauso wie eine Rakete durch den Rückstoß des Gasstroms bewegt wird.

Auch freie Elektronen werden von Photonen beim Zusammenstoß in Bewegung gesetzt; da diese das Licht nicht absorbieren, ist dieser Fall besonders übersichtlich: er gleicht dem Zusammenstoß einer fliegenden Kugel (Photon) mit einer ruhenden Kugel (Elektron). Das Elektron wird genau nach den Stoßgesetzen in irgendeiner Richtung in Bewegung gesetzt, das Photon nach einer anderen. Da das Elektron zuerst ruhte, hat es von dem Photon Energie erhalten: in der Tat hat das Photon nach dem Zusammenstoß eine kleinere Energie — d. h. *eine kleinere Frequenz*! Es gilt genau: $h\nu_{\text{groß}}$ vor dem Stoß = kinetische Energie des Elektrons nach dem Stoß plus $h\nu_{\text{klein}}$ nach dem Stoß. Das ist der berühmte *Comptoneffekt*.

86. DIE ANREGUNG DES ATOMLEUCHTENS

Die Gesetze der Strahlung fester Körper hatte ein Versuch erschlossen, in welchem die Intensität in dem Frequenzbereich der emittierten Strahlung in Abhängigkeit von der Temperatur des Strahlers gemessen wurde. Der ideale Grenzfall war die Strahlung des schwarzen Körpers. Die Strahlung der gasförmigen Materie, also im idealen Grenzfall die Strahlung eines aus Atomen bestehenden Gases könnte grundsätzlich in der gleichen Art untersucht werden. Ein solches Verfahren wäre die Untersuchung leuchtender Flammen verschieden hoher Temperatur, wenn in diesen Salze verdampft werden. Wird etwa Kochsalz (Natriumchlorid) in eine Bunsenflamme gebracht, so wird der Kochsalzdampf zum Teil ionisiert, denn die Flamme hat dann eine stark erhöhte elektrische Leitfähigkeit. Gleichzeitig färbt sie sich gelb — die Farbe stammt vom dampfförmigen Natrium, wie leicht dadurch festgestellt wird, daß andere Chloride in der Flamme verdampft werden: Kaliumchlorid färbt sie tief violett (vom Kalium bedingt), Thalliumchlorid leuchtend grün. Bringt man in ein durchsichtiges Quarzröhrchen („Quarzglas") Natriummetall bzw. Thalliummetall, pumpt die Luft aus und erhitzt es, so leuchtet der sich bildende Metalldampf in der Tat gelb bzw. grün. Und die Betrachtung mit dem Spektroskop zeigt, daß die gefärbte Flamme und der leuchtende heiße Metalldampf die gleiche Frequenz aussendet.

Und doch besteht ein Unterschied: die leuchtenden Metallgase in den Quarzröhrchen sind *nicht* ionisiert; die *Ionisation* (z. B. in der Flamme) *kann also nicht die Bedingung für das Leuchten sein.* Das wird noch eindrucksvoller durch einen anderen Versuch erwiesen: Wenn das Röhrchen mit Natrium nur wenig erhitzt ist, so daß nur eine ganz geringe Menge Natriumdampf vorhanden ist, der noch nicht erkennbar leuchtet, so tritt sofort die gelbe Strahlung auf, wenn das Licht einer Natriumflamme mit einer Linse auf das Röhrchen konzentriert wird; der leuchtende Dampf ist *nicht* ionisiert, das Leuchten ist nicht an eine Ionisation gebunden (Teil 74).

Die gleiche Lichtfrequenz tritt bei steigender Temperatur in erhöhter Intensität auf bei Verdampfung der Salze oder der Metalle im elektrischen Lichtbogen oder in dem elektrischen Funken, und auch, worauf wir ausdrücklich in Teil 38 hinwiesen, bei der Stoßionisation. Da nun unsere Grundversuche über die Elektrizitätsleitung in Gasen das Auftreten von Ionen bei höheren Temperaturen ganz allgemein zeigten (Teil 37), anderseits die beschriebenen Versuche über das Leuchten der Atomgase beweisen, daß dieses mit der Ionisation nicht primär verbunden sein kann, so ergibt sich, daß die Untersuchung des Leuchtens von Gasen in Abhängigkeit von der Temperatur ebenso wie bei der Stoßionisation *keine* klaren Aufschlüsse geben kann; die Versuchbedingungen sind nicht „rein", weil offensichtlich verschiedene, möglicherweise miteinander gekoppelte Vorgänge gleichzeitig ablaufen. Es kommt aber noch etwas hinzu: das beschriebene Temperaturleuchten der Atomgase stellt die Abgabe einer Energie in Form von Strahlung dar. Sie kommt doch offenbar durch Energieübertragung bei dem Zusammenstoß von Atomen zustande. Nun wissen wir aus der klassischen Atomistik, daß mit steigender Temperatur nur die *mittlere* Bewegungsenergie der Atome wächst, daß also die Zuordnung einer Strahlungsentstehung zu einer bestimmten Stoßenergie gar nicht möglich ist. Die Frage ist also, ob es möglich ist, stoßende, energieübertragende Partikel mit einheitlicher Stoßenergie herzustellen.

Bei der Besprechung der Stoßionisation hatten wir folgendes Ergebnis festgestellt: werden Elektronen, die z. B. aus einem Glühdraht stammen, durch steigende elektrische Kraft mehr und mehr beschleunigt, ihre Energie also kontinuierlich erhöht, so sind sie mit Erreichung einer bestimmten Energie befähigt, ein Gasatom zu ionisieren. Nach der Beschleunigung besteht der Elektronenstrom, welcher durch ein Gas verminderten Druckes geschickt wird, aus Elektronen einheitlicher kinetischer Energie, deren Größe durch Variation der Beschleunigungsspannung auf jeden Wert einstellbar ist. Bei einem solchen Versuch beobachteten James Franck und Gustav Hertz, daß *schon lange vor dem Eintreten einer Stoßionisation* das Gas zu leuchten begann; und zwar trat eine und nur *eine* Lichtfrequenz auf, wenn die Elektronen eine ganz bestimmte kinetische Energie erreicht hatten; offenbar wurde diese Energie von einem gestoßenen Gasatom aufgenommen und von ihm in die ausgestrahlte Strahlungsfrequenz umgesetzt.

Noch etwas Merkwürdiges wurde beobachtet: unterhalb dieser kritischen Energie verloren die Elektronen trotz zahlreicher Zusammenstöße mit den Gasatomen keinerlei Energie. Wenn aber die kritische Geschwindigkeit erreicht war, so verloren sie ihre volle Energie bei dem Akt der „Strahlungsanregung".

Der erste Versuch wurde mit Quecksilberdampf gemacht; die Elektronen mußten eine elektrische Spannungsdifferenz von 4,9 Volt durchlaufen haben, bis der erste Energieverlust und die Emission einer ultravioletten Spektral*linie* von 2537 Angström-Einheiten (253,7 mμ; s. Teil 80) eintrat. Für die Anregung der gelben Na-Linie ($\lambda = 589,3$ mμ) war eine Elektronenbeschleunigung durch nur 2,1 Volt erforderlich. Das Verhältnis dieser Spannungen, also der Elektronenenergie (und das gilt für die erste Lichtanregung *aller* Atomgase) ist genau das Verhältnis der angeregten Frequenzen; wieder zeigen sich die *Frequenzen* als charakteristisch für die *Strahlungsenergie*, wie bei Plancks Strahlungsgesetz.

Wir können leicht diese Ergebnisse quantitativ auswerten. Die kinetische Energie eines Elektrons mit der Ladung ε, welches durch eine Spannung von U Volt beschleunigt ist, berechnet sich zu Ladung $\times$ Spannung $= \varepsilon \cdot U \frac{1}{300}$ *erg* (der Faktor $1/300$ ist der Umrechnungsfaktor zwischen der physikalischen Spannungseinheit und dem willkürlichen „Volt"-Maß), d. i. $4,8 \times 10^{-10} \times 4,9 \times \frac{1}{300} = 7,84 \times 10^{-12}$ *erg*.

Die Frequenz der Quecksilberspektrallinie $\lambda = 253,7 \, m\mu = 2,537 \times 10^{-5}$ cm ist $\nu = 3 \times 10^{10} : 2,537 \times 10^{-5} = 1,182 \times 10^{15} \, sec^{-1}$. Energie durch Frequenz dividiert liefert $6,63 \times 10^{-27}$ *erg sec* — das ist gerade die „Plancksche Wirkungs-Konstante" aus dem Strahlungsgesetz!

Man hat sich angewöhnt, die kinetische Energie von Elektronen in „Elektronen-Volt" anzugeben. Die im Beispiel benutzten Elektronen haben also „eine Energie von 4,9 Elektronenvolt". Kathodenstrahlen, welche zur Erzeugung von Röntgenstrahlen mit 100 000 Volt beschleunigt sind, haben also eine Energie von 100 000 Elektronenvolt. Zum Vergleich mit thermischer (kinetischer) Energie von Atomen sei bemerkt, daß die *mittlere* kinetische Energie von Gasatomen bei einer Temperatur von 1000° absolut einer Energie eines Elektrons von nur 0,129 Elektronenvolt entspricht! Die Stoßenergie eines Kathodenstrahlteilchens, das mit 100 000 Volt beschleunigt ist, hätte ein Gasatom als *mittlere* Geschwindigkeit bei 775 Millionen Grad!

87. DIE ATOMSPEKTRA; QUANTENTHEORIE DES ATOMBAUS

In Teil 74 sagten wir, daß Atomdämpfe im elektrischen Lichtbogen oder im Funken (oder auch in der Gasentladung durch Stoßionisation) eine große Anzahl von Spektrallinien aussenden. Welche Anregungsvorgänge der Atome bei diesen elektrischen Strömen durch Gase vorkommen, ist unentwirrbar. Nun lernten wir den Elementarvorgang zu isolieren durch Stoß von Elektronen einheitlicher Geschwindigkeit auf Atome; wir können also fragen: was geschieht, wenn die Elektronen auf größere Energie gebracht werden, als zur *ersten* Lichtanregung, zur Emission der einen „Grundfrequenz" nötig ist. Allgemein wird beobachtet: Steigerung der Elektronenenergie hat zunächst gar keinen Einfluß auf die Strahlung; erst wenn wieder eine ganz bestimmte Energie erreicht ist, tritt eine neue Spektrallinie, eine neue Frequenzemission und zwar von höherer Frequenz auf. Das Elektron verliert wiederum seine ganze Energie, emittiert wird eine solche Frequenz ν_2, daß wieder $h\nu_2$ zahlenmäßig der verlorenen Elektronenenergie entspricht. So geht das weiter — aber nicht mehr so einfach, es treten nun bei wachsender Stoßenergie mehr und mehr Spektrallinien auch niederer Frequenzen auf, bis plötzlich, mit Erreichung einer ganz bestimmten Elektronenstoßenergie das Atom ionisiert wird. Die „Ionisationsspannung", besser die Ionisation*senergie* eines Atoms ist erreicht, ein Elektron wird vom Atom abgelöst; sie habe den Wert εU_I; dies ist die Bindungsfestigkeit des Elektrons an das Atom. Findet sich auch im Spektrum die Frequenz $\nu_I = \varepsilon U_I : h$? Ja! und noch mehr: bestrahlt man das Atomgas mit dieser Frequenz ν_I, führt dem Atom also die Energie $h\nu_I$ zu, so verliert es ein Elektron: die Ionisation durch Strahlung, die uns sehr an den lichtelektrischen Effekt erinnert (s. Teil 37 und 94).

Nun kann man sich ein anschauliches Bild machen, welches *nur* die *gemessenen* (aus εU oder $h\nu$) *Energiewerte* benutzt. Ein Atom kann nur bestimmte, „diskrete" Energien aufnehmen. Es geht dabei in „angeregte" (energiereichere) Zustände über; es gibt die aufgenommene Energie als Strahlungsquant ab und geht dabei wieder in seinen Grundzustand zurück.

Welche Energiegrößen ein Atom aufnehmen kann, hängt von der Art des Atoms ab; deshalb sind auch die emittierten Strahlungsquanten (die Spektrallinien) so charakteristisch für die Atome.

Die Grenze der Energieaufnahme eines Atoms fällt mit seiner Ionisation, der Abtrennung eines Elektrons zusammen. Deshalb ist es zumindest naheliegend, die Anregungszustände mit dem Elektron in Zusammenhang zu bringen, etwa so: die erste vom Atom aufgenommene Energie hebt ein Elektron auf eine Stufe höherer potentieller Energie gegen den Atomrest; „fällt" es in seine normale Lage zurück, so setzt sich diese potentielle Energie in Strahlungsenergie um. Das Elektron kann auf verschiedene, aber nur diskrete, für jedes Atom andere „Energieniveaus" angehoben werden. Die Spektrallinien werden beim Rückfallen ausgesandt. Dieses kann in einem Sprung auf das Normalniveau oder in Teilsprüngen von Niveau zu Niveau erfolgen; stets ist die emittierte Frequenz (multipliciert mit h) gleich der Energiedifferenz der Niveaus, zwischen welchen das Elektron überging.

Das ist die Grundlage der Bohrschen Theorie der Atomspektra — so wie sie sich als einheitliche und widerspruchslose Deutung der Versuche ergibt; es ist zugleich die Grundlage für die Quantentheorie des Atombaus von Sommerfeld. —

88. DAS KONTINUIERLICHE RÖNTGENSPEKTRUM

Für die Erzeugung der Energieniveaus, der „angeregten" Atomzustände, welche die Ausgangsstufen für die Spektrallinien sind, sind

Energien in der Größenordnung von 1—25 Elektronenvolt erforderlich. Aber auch ionisierte Atome können in angeregte, strahlungsfähige Zustände („Ionenspektra") gebracht werden, deren Grenzen in der Abtrennung des zweiten, dann des dritten, dann des vierten Elektrons bestehen — falls die Versuche mit Atomen gemacht werden, welche mehrere Elektronen haben, d. h. mit Atomen mit einer größeren Anzahl von Protonen im Kern. Aber auch hierzu genügen Energien von einigen hundert Elektronenvolt. (In Sternen können die Energien so hoch sein, daß alle Elektronen abgetrennt, also nur noch „nackte" Kerne und freie Elektronen vorhanden sind.

Wie kommt die Röntgenstrahlung zustande, zu deren Anregung *sehr* viel höhere Spannungen erforderlich sind? Zur Beantwortung brauchen wir zunächst wieder die Analyse der Röntgenstrahlen, das Röntgenspektrum. Diese ist grundsätzlich — wie in Teil 81 gezeigt — mit dem Beugungsgitter möglich. Daß man im allgemeinen nicht die Streuung am Spaltgitter verwendet, sondern die Streuung an den regelmäßig angeordneten Atomen in einem „Kristallgitter" (nach der Idee von M. v. Laue), enthält keine grundsätzliche Änderung der Beugungs- und Interferenztheorie. Wir erinnern an die Beugungs- und Interferenzerscheinungen an den feinsten Nebeltröpfchen einer „behauchten" Glasplatte: wenn wir uns die Tröpfchen nicht wahllos, sondern in ganz regelmäßigen Figuren niedergeschlagen denken (und das nicht nur in der Fläche, sondern im Raum, etwa einen räumlich regelmäßig aufgebauten Nebel), so haben wir den Übergang zum Kristallgitter aus Atomen; allerdings sind die Atome vielleicht 10 000mal kleiner. Es genügt zu sagen, daß man die Wellenlängen aus Beugung und Interferenz und damit die Frequenzen der Röntgenstrahlen messen kann: Auch die Wellenlängen ergeben sich in der Größenordnung 10 000mal kleiner als die „sichtbaren".

Jede mit Elektronen (Kathodenstrahlen) beschossene Materie, insbesondere feste Körper (wir wollen uns auf feste Metalle beschränken), sendet stets gleichzeitig zwei Arten von Röntgenspektren aus: ein kontinuierliches *und* ein Linien-Spektrum. Es besteht manche Ähnlichkeit mit den beiden Arten der „optischen" Spektren: Das kontinuierliche Spektrum ist ganz unabhängig von der Art der Materie, seine Intensität und die relative Intensität der verschiedenen Bereiche hängt von der Anregungsenergie ab — was bei der schwarzen Strahlung die Temperaturenergie (Teil 83) war, ist jetzt offensichtlich die Elektronenenergie. Aber eines ist ganz anders: das kontinuierliche Spektrum hat eine scharfe kurzwellige (hochfrequente) Grenze. Das Röntgen-Linienspektrum ist genau wie das „optische" Spektrallinienspektrum von der Art der Atome abhängig, es ist charakteristisch für das emittierende Atom, es heißt auch in älterer Literatur „charakteristisches" Röntgenspektrum. Wir fragen zunächst nach der Entstehung des kontinuierlichen Spektrums.

Ein fliegendes Elektron ist ein elektrischer Strom. Wird das Elektron beim Eindringen in Materie plötzlich gebremst, so hört der „Strom" auf; es entsteht ein Induktionsstoß, eine elektromagnetische Welle. Ihre Energie ist gleich der bei der Bremsung verlorengegangenen kinetischen Energie E des Elektrons; diese ist genau so groß wie die, welche es wegen seiner Ladung ε bei seiner Beschleunigung durch die Spannung U Volt erhielt, also $E = \varepsilon U$. Wenn es sich um *einen* Elementarakt handelt, ist die Energie der elektromagnetischen Strahlung $h\nu$ und es müßte die bei der Abbremsung entstehende Frequenz $\nu = {}^1/_{300}\,\varepsilon\,U/h$ sein (Teil 86); genau das ist experimentell bewiesen; es wird keine höhere Frequenz beobachtet — nach dem Energiesatz *kann nur diese höchste Frequenz* auftreten, welche aus der *Gesamtenergie* des gebremsten Elektrons stammt.

Aber: beobachtet werden außer dieser höchsten Frequenz alle niederen Frequenzen, ein kontinuierliches Spektrum mit der hochfrequenten Grenze $\nu_g = E/h$. Woher kommen diese? Aus der Untersuchung des Durchgangs von Elektronen durch Materie weiß man, daß ein eingeschossenes Elektron nicht immer seine volle Energie E auf einmal verliert, es kann auch in einzelnen z. B. 3 Stufen $E_1 + E_2 + E_3 = E$ abgebremst werden; dann entstehen auch 3 Strahlungsquanten $h\nu_1 = E_1$, $h\nu_2 = E_2$, $h\nu_3 = E_3$. Wenn nun die Brems-Stufen alle Werte haben können, entstehen Strahlungsquanten aller Frequenzen; das ist aber ein kontinuierliches Spektrum, deshalb auch das *Röntgen-Bremsspektrum* genannt. Es ist unabhängig von der Art der Materie, weil die Größe der Strahlungsquanten *nur* von der Elektronenenergie abhängt, welche umgesetzt wird. Im Unterschied zur Anregung der *Atome*, welche nur diskrete Energiewerte aufnehmen können, kann ein Elektron beliebige Energieverluste erleiden.

89. DIE RÖNTGENLINIENSPEKTREN

Für das Auffinden der Entstehungsursachen der Röntgen*linien*spektren machen wir von den Erkenntnissen bei den Atomlinienspektren Gebrauch: diese kommen deshalb zustande, weil *Atome* nur ganz diskrete „Anregungszustände" annehmen können, in welchen ein *Elektron* potentielle Energie bekommt; bei Rückkehr in einen Anregungszustand niederer potentieller Energie oder in den Normal-(Grund-)zustand wandelt diese sich in ein Strahlungsquant um, dessen Frequenz aus der Energiedifferenz sich ergibt. Diese Größe der aufnehmbaren Energien und die Zahl der diskreten Anregungszustände und damit Größe und Zahl der Strahlungsquanten $h\nu$ (der „Spektrallinien") hängt von der Art des Atoms ab.

Die Röntgenlinienspektren haben nun einige Besonderheiten — vor allem eine überraschend einfache Struktur. Im Gegensatz zu den sehr linienreichen optischen Spektren sind sie linienarm und bestehen aus engen Gruppen einiger Linien. Die Anzahl der Liniengruppen ist für alle Elemente einer Horizontalreihe des periodischen Systems der Elemente (s. Teil 26) die gleiche; für jede höhere Horizontalreihe kommt eine neue Gruppe dazu. Alle verlangen eine bestimmte Elektronenenergie zur Anregung; innerhalb einer Horizontalreihe wachsen die Anregungsenergie *und auch* die Frequenzen von Element zu Element. Es gibt eine höchste Anregungsenergie, oberhalb derer keine neuen Linien mehr auftreten.

Das scheinen auf den ersten Blick recht komplizierte Verhältnisse zu sein — in Wirklichkeit ist die Lösung wenigstens im Grundsätzlichen sehr einfach. Wir erinnern uns an das Atommodell (Teil 46): Ein Kern mit einer von Atom zu Atom im periodischen System um eine Einheit fortschreitenden positiven Ladung (der „Ordnungszahl") und einer lockeren Elektronenatmosphäre mit der gleichen Zahl von Elektronen; elektrische Kräfte zwischen den Ladungen halten „das Atom" zusammen. Man sieht sofort: die Bindungsfestigkeit der Elektronen an den Kern wird um so fester sein, zu ihrer Trennung wird um so mehr Energie gebraucht werden, je größer die positive Ladung des Kerns und je kleiner der Abstand zwischen Elektron und Kern ist.

Wenn wir also auch für die Röntgenlinien die Annahme machen, daß zu ihrer Erzeugung durch den Stoß der anregenden Elektronen (Kathodenstrahlen) ein Elektron des Atoms eine höhere potentielle Energie, als es normal im Atom hat, erhalten muß und daß bei ihrer Abgabe Strahlung auftritt, so muß dieses Atomelektron viel näher am Kern sitzen als das Elektron, von dessen Energieaufnahme und -Abgabe die „optische Strahlung" herrührt; denn die Anregungsenergie ist viel größer, die emittierte Frequenz entsprechend kleiner. Anregungsenergie und emittierte Frequenz müssen dann — wie beobachtet! — mit der Kernladung zunehmen. Wenn das am festesten gebundene Elektron vom Atomkern entfernt ist, so ist offenbar die Grenze der Anregungsmöglichkeit erreicht; mit der Energieabgabe bei seiner Rückkehr wird also die größte mögliche Frequenz (kürzeste Spektrallinie) emittiert: wieder ein Beobachtungsergebnis. Auch bei beliebiger Steigerung der Anregungsenergie kann das Elektron nur vom Atomkern ganz entfernt werden, bei der Rückkehr in den Normalzustand also nur diese Energiedifferenz zwischen „freiem" und normalgebundenem Zustand ausstrahlen — eben die experimentelle Feststellung.

Weil diskrete Frequenzen, Röntgenspektral*linien* beobachtet werden, müssen die Elektronen eines Atoms ganz definierte, diskrete Bindungsenergien an den Kern haben; in der Elektronenatmosphäre muß also eine Ordnung herrschen. Je mehr Elektronen da sind, je höher also die Kernladung (Ordnungszahl), desto mehr Elektronen müssen in solchen geordneten Lagen sein, desto zahlreicher werden die Spektrallinien — wieder wie beobachtet.

90. DER AUFBAU DER ATOME

So fügt sich das, was das Experiment über die Röntgenlinienspektren liefert, in das Bild der quantenhaften Emission von Spektrallinien ein, wenn man die niederfrequenten „optischen" Spektrallinien dem äußersten, kernfernsten Elektron zuordnet, die höherfrequenten „Röntgen"-Linien den kernnäheren, „inneren" Elektronen. Man erhält dann ein Bild, eine modellmäßige Vorstellung vom inneren Aufbau *der Atome*.

Die Elektronen sind mit verschiedener Festigkeit mit dem Kern verbunden; die Elektronenatmosphäre ist nicht ungeordnet, vielmehr sind die Elektronen in verschiedenen Energieniveaus um den Atomkern angeordnet. Nicht jedes Elektron hat einen eigenen potentiellen Energiewert gegen den Kern, vielmehr sind in jedem Energieniveau mehrere Elektronen vorhanden: denn die Zahl der Röntgenspektrallinien wächst nicht von Element zu Element, sondern sprunghaft von Horizontalreihe zu Horizontalreihe des periodischen Systems der Elemente.

Wir dürfen uns also vorstellen, daß die inneren Elektronen in Sphären um den Kern angeordnet sind, jede Sphäre mit einer bestimmten potentiellen Energie bezogen auf den Kern. Die Zahl der Sphären entspricht der Zahl der Horizontalreihen des periodischen Systems.

Die erste, innerste Sphäre, hat 2 Elektronen, sie ist fertig gebildet mit den zwei Elektronen des Heliumatoms (man nennt sie K-Sphäre oder K-Schale). Die zweite beginnt mit Lithium, in ihm hat sie ein Elektron, im Beryllium 2, im Bor 3, im Kohlenstoff 4, im Stickstoff 5, im Sauerstoff 6, im Fluor 7 und im Neon 8 — damit ist die L-Sphäre „voll"; mit der nächsten Horizontalreihe, mit Natrium beginnt die dritte Sphäre, die M-Sphäre — usw.

Das ist nur der Rohbau des Atoms. Die verschiedenen Elektronen einer Sphäre sind energetisch nicht sämtlich gleichwertig, sie unterteilen sich in Untergruppen — über alles dieses geben Besonderheiten der Röntgenlinienfrequenzen Aufschluß; aber solche Fragen führen über den Rahmen dieser Darstellung hinaus. Wenn sie auch wichtige weitere Erkenntnisse grundsätzlicher Art vermitteln —, an dem hier abgeleiteten Fundament des quantenmäßigen Atombaus und der quantenmäßigen Emission durch Übergang der Elektronen zwischen diskreten Energieniveaus ändert sich nichts.

Wir wollen die Ergebnisse über Linienemission und Atombau nochmals in etwas anderer Art zusammenfassen. Ein Atom kann nur ganz diskrete Energiewerte aufnehmen, wenn es von einem Elektron getroffen wird. Die Energieaufnahme besteht darin, daß zunächst ein äußeres (oder das am schwächsten an den Kern gebundene) Elektron potentielle Energie erhält, man mag sagen: auf ein höheres Niveau gehoben wird. Es gibt nur einzelne diskrete höhere Energieniveaus. In diesen „angeregten" Zuständen ist das Atom nicht stabil, es gibt seine Energie wieder ab, das Elektron geht auf sein Normalniveau zurück (wie der in die Höhe geworfene Stein wieder herunterfällt); dies geschieht in 10^{-7} bis 10^{-8} sec. Es kann unmittelbar oder (bei höherer Anregung) stufenweise über dazwischenliegende Energieniveaus zurückgehen. Hierbei wird jeweils eine Frequenz ausgesandt, deren Größe aus der Quantenbeziehung $\nu = $ Energiedifferenz: h folgt. Ist das Elektron z. B. auf das vierte Energieniveau gehoben, so kann es *eine* kurzwellige Spektrallinie beim direkten Rückgang oder *vier* längerwellige beim stufenweisen Übergang 4—3, 3—2, 2—1, 1—0 emittieren. Die Grenze dieses Prozesses wird mit der Ionisation erreicht, mit der Hebung auf ein so hohes Niveau, daß die rücktreibende Anziehungskraft des Kernes Null wird (mit dem Bild des Steins: daß er aus dem Gravitationsfeld der Erde entweicht).

Bei viel größerer Stoßenergie eines auf ein Atom fallenden Elektrons kann dieses ein inneres Elektron aus einer der Elektronensphären herauswerfen. Wieder sind hierzu ganz bestimmte Energien nötig, jetzt aber nicht wegen der nur möglichen diskreten äußeren Energieniveaus, sondern weil jede innere Sphäre einen diskreten Energiewert hat. Es entsteht also eine Lücke in einer Sphäre, welche aufgefüllt werden muß: entweder von einem Elektron einer höheren Sphäre oder von dem von außen zurückfallenden Elektron. Die Energien, welche hierbei frei werden, erscheinen als Strahlung der wieder nach der Quantenbeziehung berechneten Frequenz der Röntgenspektrallinien. Die höchste *Linien*frequenz tritt auf, wenn ein Elektron unmittelbar von außen in die K-Sphäre fällt. Die überhaupt höchste Linienfrequenz (kürzeste Röntgenwellenlänge) ist die „K-Emission" des schwersten Atoms (für Uran ist diese letzte Linienfrequenz $\nu_{max} = 3 \times 10^{19}$, die Wellenlänge $\lambda_{min} = 1 \times 10^{-9}$ cm).

Kürzere Wellenlängen gibt es nur als kontinuierliche (Brems-)-Strahlung.

Wir haben auf ein sphärisch-geometrisches Atommodell verzichtet, physikalisch bedeutungsvoll sind *nur* die Energien zwischen Kern und Elektron und ihre möglichen *diskreten* Änderungen.

Die Spektralfrequenzen sind die Laute, mit welchen die Atome uns die Frage nach ihrem Aufbau beantworten.

91. DIE BALMER-SERIE

Das einfachste Atom ist das Wasserstoffatom, sein Kern ist *ein* Proton, seine „Elektronenatmosphäre" enthält nur *ein* Elektron. Das Wasserstofflinienspektrum ist das einfachste Atomspektrum; es erstreckt sich vom äußersten Ultraviolett (etwa $0{,}09\,\mu$) bis ins Ultrarot (etwa $10\,\mu$). Das Spektrum besteht aus mehreren gleichartig zueinander liegenden Spektralliniengruppen, die man „Serien" nennt. Durch reines Probieren gelang es zuerst Balmer, eine ganz einfache „Formel" für eine Serie zu finden. Sie lautet in der heutigen Schreibweise für die Frequenzen (Quanten):

$$h\nu = R \cdot \left(\frac{1}{n^2} - \frac{1}{m^2} \right).$$

Durch passende Variation aller ganzen Zahlen für n und m erhält man *alle* Wasserstoffspektrallinien; man hat zunächst zu setzen $n = 1$; und dann $m = 2, 3, 4$ usw. bis ∞; dann erhält man mit passend gewähltem konstantem R die sämtlichen ultravioletten Linien (Lyman-Serie genannt nach ihrem Entdecker). Setzt man nun $n = 2$ und $m = 3, 4, 5$ usw. bis ∞, so erhält man mit der *gleichen* Konstanten R die sichtbare „Balmer"-Serie; mit $n = 3$ und $m = 4, 5, 6 \ldots$ bis ∞ eine erste von Paschen entdeckte ultrarote Serie, mit $n = 4$ und $m = 5, 6, 7 \ldots \infty$ die nächste ultrarote („Brackett"-)Serie usw.

Die Deutung ist einfach; jede Frequenz ν bzw. jedes Lichtquants $h\nu$ ergibt sich aus der Differenz zweier „Terme", bzw. zweier Energieniveaus oder *Energiestufen* $R/n^2 - R/m^2$. Alle in Teil 87 besprochenen „Anregungszustände" haben für das Wasserstoffatom gegen den Normalzustand die Energiedifferenzen: $R - R/4$, $R - R/9$, $R - R/16$ usw. bis zu $R - R/\infty^2$, das ist aber (da $1/\infty^2 = 0$) gerade R. Damit ist R die *Ionisierungsenergie*, die Energie, welche das Elektron vom Proton „unendlich weit" wegbringt. Die Größe R heißt die Rydberg-Konstante.

Man kann auch sagen: das *freie* Elektron hat gegenüber seinem normalen Platz im Wasserstoffatom die potentielle Energie R, nähert es sich diesem, so kann es nur die diskreten Energiewerte (oder „Lagen") einnehmen, welche durch die obige Reihe gegeben sind, z. B. $15/16\ R$, dann $8/9\ R$, dann $3/4\ R$ — dieses ist die tiefste mögliche „Anregungsstufe". Wir geben, um das Zahlenbeispiel vollständig zu machen, auch die Anregungsenergie der Niveaus in Elektronenvolt und die beim Rückfallen in den Grundzustand ausgestrahlte *gemessene* Frequenz: beide stehen im Verhältnis h, der Planck-Konstante.

	$3/4\ R$	$8/9\ R$	$15/16\ R$	$\ldots\ R$
$U \times \varepsilon$	10,16	12,03	12,69	13,53 Elektronenvolt
λ	1215,7	1025,8	972,5	$\ldots$ 913 Ångström-Einheiten
ν	2,47	2,93	3,09	$3{,}29 \times 10^{15}$ Schwingungen pro Sekunde

$$\frac{1}{300}\,\varepsilon\,U/\nu \qquad = 6{,}6 \times 10^{-27} \ \text{----} \rightarrow \ h = \text{Planck-Konstante}$$

Das „Quantenhafte“ des Atombaus kommt nirgends deutlicher zum Ausdruck als in dieser Serienformel, welche — mit gewissen Modifikationen, aber doch im Prinzip — für *alle* Atomspektra gilt.

92. RESONANZ- UND FLUORESZENZSTRAHLUNG

Wir hatten bereits gelernt, daß ein nicht-leuchtender Metalldampf (z. B. Natriumdampf bei etwa 200°C oder auch Quecksilberdampf bei Zimmertemperatur) die Strahlung des zum Leuchten angeregten Metalldampfs absorbiert (Teil 73). Das überraschende Ergebnis war, daß der relativ kalte Natriumdampf dann hell in gleicher Farbe aufleuchtet. Für Quecksilberdampf und alle anderen Atomgase gilt dasselbe — aber es muß eine Bedingung erfüllt sein: z. B.: Nicht jede Spektrallinie des leuchtenden Quecksilberdampfes wird von dem nicht-leuchtenden Dampf absorbiert; so ist dieser für den sichtbaren Teil des Quecksilberatomspektrums vollständig durchsichtig. Dagegen wird die durch Elektronenstoßenergie als erste angeregte Frequenz, die Spektrallinie 2537 Å (Teil 86) schon in dünnen Dampfschichten zu 100% absorbiert und von dem kalten Dampf zu 100% nach allen Seiten hin wieder ausgestrahlt.

Die quantenmäßige Formulierung heißt: das Quant oder Photon hv, welches das Quecksilberatom als erste Strahlung aussendet, wird von dem Quecksilberatom absorbiert. Damit hat dieses die gleiche Energie in Form von Strahlung aufgenommen, wie bei dem Franck-Hertz-Versuch durch Elektronenstoß; damit befindet sich das Atom im gleichen angeregten Zustand; damit sendet es das als Strahlung aufgenommene Energiequant ebenfalls als Strahlung der gleichen Frequenz aus.

Man nennt das die Resonanzstrahlung der Atomgase. Es sei auch hier nochmals betont, daß zwischen dem durch Stoß „anregenden“ Elektron mit der Energie εU und der Anregung durch das energiegleiche Lichtquant hv keinerlei Unterschied besteht. Das Atom nimmt nur die kritische Stoßenergie an, keine kleinere und keine größere, und es absorbiert nur die kritische Frequenz, keine kleinere und keine größere. Das stoßende Elektron überträgt auf das gestoßene Atom nach den Gesetzen des Stoßes seine Energie *und* seinen Impuls μv ($\mu =$ Masse des Elektrons, $v =$ Geschwindigkeit des stoßenden Elektrons, berechenbar aus $\frac{1}{2}\,\mu v^2 = {}^1/_{300}\,\varepsilon \cdot U$; $v = \sqrt{{}^1/_{150} \times \varepsilon/\mu \cdot U}$).

Das absorbierte Lichtquant hat die Energie hv und den Impuls hv/c ($c =$ Lichtgeschwindigkeit; nach Masse-Energie-Äquivalenz (Teil 60) ist $hv = mc^2$; $m =$ „Masse des Lichtquants“; Impuls des Lichtquants $mc = hv/c$); *beides* wird von dem absorbierenden Atom *aufgenommen*, es erhält also wie im Fall des unelastischen Stoßes eine Geschwindigkeit; hat das Atom die Masse M, so bekommt es den vollen Impuls des Lichtquants, also eine Geschwindigkeit C, nach $h\nu/c = MC$. Wenn C auch bei optischen Frequenzen klein ist, so ist es doch nachgewiesen. Bei der Übertragung des Impulses eines großen Lichtquants auf ein freies Elektron kann C aber sehr groß werden — das ist der in Teil 85 besprochene Comptoneffekt. Wir haben diese Bemerkungen hier zugefügt, weil, wie die weitgehende Bedeutung der Energie- und Impuls-Erhaltungssätze zeigt, zugleich die extreme „Korpuskel"-Auffassung des Lichtsquants, des „Photons" zur Geltung kommt.

Strahlungsanregung durch Strahlung tritt in vielartigen Erscheinungen auf, die man generell als *Fluorescenz* bezeichnet. Man kennt die „Leuchtfarben" und das gelb-grüne Leuchten der zu allerlei Schmuckzwecken benützten Urangläser, das Fluorescein, eine chemische Substanz, welche in geringsten Spuren in Wasser gelöst, dieses im Tageslicht hellgrün erstrahlen läßt. Besonders auffällig und wichtig ist, daß durch Absorption von (unsichtbarem) ultraviolettem Licht sehr viele, ja fast alle Körper außer den Metallen und Porzellan zu einer sichtbaren Strahlung angeregt werden. Die jetzt viel für Reklameanschläge oder zur Kennzeichnung von Stoßstangen oder dergleichen benützten Farben, deren Helligkeit im Tageslicht auffällt, enthalten eine Beimischung bestimmter „fluoreszierender" Stoffe, welche durch den ultravioletten Teil der Sonnenstrahlung (also des Tageslichts) zur Fluoreszenz mit der gleichen Farbe angeregt werden, welche sie selbst haben. Ein solcher roter Farbanstrich, *nur* mit sichtbarem Licht (z. B. einer Glühlampe) beleuchtet, zerstreut (Teil 64) seine Farbe; ist aber in dem beleuchtenden Licht auch noch Ultraviolett (wie im Tageslicht) vorhanden, so wird dieses auch in rotes Licht umgesetzt. Die Waschmittel Suwaweiß, Sunil und wie sie alle heißen (die technische Bezeichnung ist „Blankophore") enthalten chemische Substanzen, welche sich in Spuren in dem Gewebe festsetzen und im Ultraviolett des Tageslichts hellblau fluoreszieren; diese Farbe verschwindet für das Auge in der allgemeinen Helligkeit, aber sie genügt, um die „Gelbstichigkeit", die fast alle weißen Stoffe zeigen, aufzuheben und sie damit „weißer" erscheinen zu lassen (,,Weiß — weißer — Suwaweiß" — sagt die Reklame). Mit physikalischen Methoden wird also dasselbe besser erreicht, was man früher durch Zusatz von Waschblau machte. Aber es ist noch ein zweiter, im Hinblick auf die Farbenempfindlichkeit des Auges (Teil 69) interessanter Faktor dabei. Wird ein weißer Stoff mit Sonnenlicht beleuchtet, so zerstreut er alle Farben des Sonnenspektrums, der sichtbare Bereich mischt sich im Auge zu Weiß. Das Blauviolett ist in der Sonne relativ schwach, das Auge ist dafür wenig empfindlich. Enthält der Stoff nun einen Blankophor, so setzt er das Ultraviolett der Sonnenstrahlung in sichtbares Blau-violett um; der

Stoff strahlt nicht nur mehr Intensität aus; die zusätzliche blau-violette Strahlung empfindet unser Auge als *helleres* Weiß.

Physikalisch betrachtet ist die Fluoreszenz die Umsetzung eines absorbierten größeren Lichtquants (— kürzere Wellenlänge —) in ein emittiertes kleineres Lichtquant (— größere Wellenlänge —). Stets wird ein „großes $h\nu$" in ein „kleineres $h\nu$" umgesetzt, es geht also Energie verloren. Niemals kann durch ein kleines $h\nu$ ein großes $h\nu$ als Fluoreszenz angeregt werden — das wäre ja eine Verletzung des Energiesatzes. Man benützt die fluoreszierenden Stoffe vor allem zum Nachweis von kurzwelligem Licht, das für das Auge unsichtbar ist. Eine besonders wichtige Anwendung wird im „Röntgenschirm" gemacht: die unsichtbaren Röntgenlichtquanten werden in sichtbare Lichtquanten umgesetzt.

Manche von solchen „Leuchtstoffen" haben die sonderbare Eigenschaft, daß sie die absorbierte Energie nur sehr langsam als Lichtstrahlung wieder abgeben; ein am Tage beleuchteter Stoff, der genügend Strahlungsenergie „getankt" hat, kann im Dunkeln stundenlang „nachleuchten"; er stellt einen „Lichtakkumulator" dar; man nennt solche Stoffe (etwas mißverständlich) *Phosphore* (= Lichtträger).

In Teil 93 werden wir eine überaus wichtige neue technische Anwendung der Fluoreszenz und Phosphoreszenz durch ultraviolette Strahlung kennen lernen.

93. DIE LEUCHTSTOFFLAMPEN

Die quantenenergetische Anregung von Linienspektren und von Fluoreszenz und Phosphoreszenz finden eine besonders wertvolle Anwendung in den Leuchtstofflampen für künstliche Beleuchtung mit einem dem Tageslicht angenähert entsprechenden Spektrum. Ein durch Quecksilberdampf von niederem Druck geschickter Strom von Elektronen mäßiger Geschwindigkeit regt bevorzugt die ultraviolette Spektrallinie 2537 Å an (Teil 68); es werden ferner zusätzlich zu den sichtbaren Spektrallinien auch noch andere recht intensive ultraviolette Linien angeregt. Der größte Teil der zur Erzeugung der Elektronenenergie erforderlichen elektrischen Energie wird in ultraviolette Strahlungsenergie umgesetzt. Um diese in nützliche sichtbare Strahlungsenergie umzuwandeln, ist das Innere eines langen *Glas*rohrs, der „Quecksilberlampe", mit Stoffen belegt, welche durch Absorption ultravioletter, insbesondere der 2537 Å-Strahlung zu sichtbarem Leuchten angeregt werden. Je nach Wahl der fluoreszierenden Stoffe (Teil 92) — meist Zinksulfid mit kleinen Zusätzen (Silber, Kupfer, Kadmium u. a.) — geben diese verschiedene Fluoreszenzfarben im sichtbaren Spektralbereich, deren Zusammensetzung und Helligkeit so gewählt werden, daß sie angenähert dem natürlichen Tageslicht entsprechen. Manche der benützten Leuchtsubstanzen sind nachleuchtend („phosphorescierend"); das hat eine praktische Bedeutung. Man will die Lampen an das normale Wechselstromnetz anschließen; das bedeutet, daß die Spannung periodisch das Vorzeichen wechselt; bei 50 Hertz setzt die primäre Gasentladung also 100mal in der Sekunde für vielleicht $^1/_3$ dieser Zeit aus. Das Auge ist zwar im allgemeinen gegen so schnelle Lichtwechsel unempfindlich; aber schnell bewegte Gegenstände, rotierende Räder usw. können stroboskopische Effekte zeigen.

Das „phosphoreszierende" Nachleuchten macht die *Licht*pausen kürzer; man vermeidet sie fast vollständig, wenn man mit Drei-Phasen-Spannung 3 Röhrenlampen gleichzeitig betreibt. Daß man bei einer mit Wechselspannung von 50 Perioden betriebenen Glühlampe das Aus- und Angehen der Lampe gar nicht merkt, liegt an der thermischen Trägheit des Glühfadens: in der kurzen Zeit des Wechsels zwischen Strombelastung und Stromlosigkeit ändert sich die Temperatur des Glühdrahts zu wenig. —

Wir wollen noch verstehen, warum eine Gasentladung einen viel besseren Nutzeffekt in der Umsetzung der elektrischen Energie in Lichtenergie hat als eine Glühlampe. In beiden wird das Licht durch einen Elektronenstrom erzeugt. Im Fall des Glühdrahtes werden — um es anschaulich darzustellen — die freien Elektronen im Metall durch die angelegte Spannung gegen innere Reibungskrätte in Bewegung gesetzt und gehalten. Der durch die Bewegung gegen Reibungskräfte („elektrischer Widerstand") bedingte Verlust an kinetischer Energie der Elektronen tritt als Wärmeenergie (kinetische Energie) der Metallatome in Erscheinung. Damit sichtbares Licht auftritt, muß die in Wärmeenergie umgesetzte elektrische Energie so groß sein, daß der Draht eine genügend hohe Temperatur bekommt. Wegen der Stoßvorgänge haben aber die Metallatome — wie bei der Brownschen Bewegung besprochen (Teil 9) — alle möglichen Energiegrößen; nur die *mittlere* Energie liefert die hohe Temperatur, welche zu der Emission der ultraroten, sichtbaren und ultravioletten Strahlung führt (Teil 84). Es wird also gleichzeitig auch unsichtbare (und zwar vor allem Strahlung niederer Frequenz, ultrarote Strahlung) ausgesendet, also Energie als Strahlung abgegeben, welche für das Auge verloren geht. Hierzu kommt ein weiterer Energieverlust, welcher durch die hohe Temperatur gegeben ist: es wird durch direkte (materielle) Übertragung Wärme an die kältere Umgebung abgegeben, welche durch dauernde Zufuhr elektrischer Energie ersetzt werden muß, damit der Glühfaden seine hohe Temperatur behält.

Von der aufgewendeten elektrischen Energie wird höchstens 2—3% in nutzbares Licht umgesetzt, die anderen 97—98% gehen als ultrarote

Strahlung und als Wärme „verloren“. Der Nutzeffekt und die Helligkeit steigt mit höherer Betriebstemperatur schnell an, weil die Strahlungsemission viel schneller als die Temperatur zunimmt: für die maximal ausgestrahlten Frequenzen mit der fünften, für die höheren (vor allem sichtbaren!) Frequenzen mit der zehnten bis fünfzehnten Potenz der Temperatur! Das folgt aus dem Strahlungsgesetz (Teil 84). Aber die hierfür nötige „Überlastung“ der Lampe wird von dieser nur kurze Zeit ausgehalten; das Drahtmaterial verdampft und schlägt sich als schwarzer Niederschlag auf der Glasglocke nieder, schließlich schmilzt der Glühdraht durch. —

Bei der Gasentladung, dem Durchgang von Elektronen z. B. durch Quecksilberdampf, liegen vollständig andere Verhältnisse der Energieübertragung vor. Wieder erhalten, wie im Metall, Elektronen durch die angelegte Spannung kinetische Energie. Wenn diese aber auf ein *freies* Atom treffen, so nimmt dieses *nur* den Betrag von Energie auf, entzieht also dem Elektron *nur* den Betrag von kinetischer Energie, welchen das Atom zur Aussendung von Strahlung benötigt und quantitativ, mit 100% Ausbeute als Strahlung einer Frequenz auch wieder abgibt (Teil 86). Es wird also keine Energie in Wärmeenergie umgesetzt.

Ein Energieverlust tritt aber beim Fluoreszenzeffekt ein, denn hierbei wird ein „großes“ $h\nu$ in ein „kleines“ umgewandelt. Die Hauptstrahlung des Quecksilberdampfes hat die Quantenenergie $h \times 1,2 \times 10^{15}$ ($\lambda = 2537$ Å), die mittlere sichtbare Strahlung aber $h \times 0,55 \times 10^{15}$ (λ grün); es geht also rund 50% verloren, die in innermolekularen Schwingungen der fluoreszierenden Substanzen und damit letzthin in Wärme umgesetzt werden. Da aber auch die längerwelligen ultravioletten Quecksilber-Linien in den fluoreszierenden Stoffen sichtbares Licht geben, wird für diese der Energieverlust kleiner. Man sieht den gewaltigen Fortschritt gegenüber den Glühlampen, welcher nur quantenmäßig zu verstehen ist.

94. DER LICHTELEKTRISCHE EFFEKT

Das atomistische Element der Strahlung, das *Energie*quant $h\nu$ tritt nirgends klarer in Erscheinung als beim lichtelektrischen Effekt, der Auslösung von Elektronen aus Metallen (Teil 37) durch eine von ihnen absorbierte elektromagnetische Strahlung. Die Art der Strahlung ist in weiten Grenzen gleichgültig. Kurzwelliges ultraviolettes Licht und Röntgenstrahlen jeder Art zeigen diesen „Photoeffekt“. Auch die Art des bestrahlten Körpers ist fast beliebig variierbar. Allerdings kommt es dann etwas auf die elektrische Anordnung an. Wir legen eine Spannung von ein paar Volt an zwei isoliert gehaltene Elektroden, in die Spannungszuführung ist ein Strommeßinstrument eingeschaltet. Wird die mit dem

negativen Pol verbundene Elektrode ultraviolett bestrahlt, so fließt
während der Bestrahlung von dieser ein negativer Strom durch die Gasstrecke; die ausgelösten Elektronen gehen zur positiven Elektrode über.
Alle festen und geschmolzenen Metalle können als Elektrode benützt
werden; bei manchen liefert auch sichtbares Licht schon den Photoeffekt. Jeder beliebige *negativ*-elektrisch aufgeladene Körper verliert bei
Bestrahlung mit genügend kurzwelligem Licht seine Ladung. Bestrahlt
man allein das Gas, so tritt elektrische Leitung auf, allerdings nur bei
relativ kurzwelligem Licht (Ionisation durch Strahlung, Teil 87). Wird
Metallstaub oder ein Quecksilbertröpfchen bestrahlt, so laden diese
sich positiv auf. In allen Fällen ist die Auslösung von Elektronen der
elementare Vorgang; es ist wichtig zu bemerken, daß es sich um eine ganz
generelle Erscheinung handelt.

Energetisch können wir den Vorgang so formulieren: Die in der Materie
enthaltenen Elektronen können durch absorbierte Strahlung soviel
Energie erhalten, daß sie gegen die sie haltenden Bindungskräfte Arbeit
leisten, sich ihnen entziehen und mit einer gewissen kinetischen Energie
in den umgebenden Raum austreten können. Es liegt also ein Elementarakt vor, in welchem Strahlungsenergie unmittelbar in elektrische Energie
umgesetzt wird. Dieses geschieht um so allgemeiner, je kurzwelliger, d. h.
je hochfrequenter die Strahlung ist. In diesem Vorgang wurde die
Plancksche Quantenhypothese zum erstenmal in ihrer Bedeutung für
die molekulare Arbeitsfähigkeit der Strahlung von A. Einstein 1905 erkannt.

Die Energie des freifliegenden Elektrons ist leicht zu messen; man hat
nur die Größe des elektrischen Feldes festzustellen, welches das abgelöste
Elektron etwa auf 1 cm Laufstrecke auf die Geschwindigkeit Null ab-
bremst. Bei solchen Versuchen ergab sich, daß die kinetische Energie der
„Photoelektronen" völlig unabhängig von der Lichtintensität ist, welche
sie freimacht; *sie hängt nur von der Frequenz dieser Strahlung ab* — und
auch von der Art des Metalls. Wählen wir irgend ein Metall, so gibt es
eine, für dieses Metall charakteristische kleinste Frequenz v_0, bei welcher
die Elektronenauslösung gerade beginnt. Wählt man höhere Frequenzen,
so nimmt die *kinetische* Energie E der ausgelösten Elektronen zu, und
zwar gilt für diese ganz streng: $E =$ proportional $(v - v_0)$. Aus der
zahlenmäßigen Bestimmung von E und den zur Ablösung benützten
Lichtfrequenzen ergibt sich der Zahlenwert der Proportionalitäts-
konstanten: sie ist wiederum das Plancksche Wirkungsquantum h.

Die Arbeitsfähigkeit einer Strahlung der Frequenz v ist also durch seine
Energie hv gegeben. Das Elektron ist mit einer von der Metallart ab-
hängigen Bindungsenergie im Metall gehalten. Wenn die auffallende
Strahlung eine solche Frequenz hat, daß das Quant hv_0 gerade gleich der
Bindungsenergie ist, so wird das Elektron abgelöst. Je lockerer die

Bindung, desto kleinere Frequenzen v_0, desto größere Wellenlängen vermögen ein Elektron abzulösen.

Übertrifft die Größe des Quants oder die Energie des Photons hv diese „Ablösungsenergie" hv_0, so übernimmt das Elektron den für die Ablösung nicht verbrauchten Überschuß als kinetische Energie. Diese Energieumwandlung von Strahlungsquant in kinetische Energie des Elektrons ist genau invers zu der Umwandlung von kinetischer Energie des Elektrons in ein Strahlungsquant bei der Lichtanregung des Atoms durch Elektronenstoß (Teil 86): bei einer bestimmten Minimalenergie des stoßenden Elektrons wird die Grundfrequenz v_0 des Atoms emittiert: die Elektronenenergie kann die Bindungsenergie des Elektrons im Atom so weit lösen, daß es auf das erste angeregte Niveau gebracht wird; ist die Stoßenergie des Elektrons größer, so fliegt es mit der um hv_0 verminderten Energie weiter. Wir können beide Vorgänge so formulieren:

Photoeffekt

Auftreffendes hv — Ablösungsenergie hv_0 = Energie des fortfliegenden Elektrons

Lichtanregung

Auftreffende Elektronen-Energie — Anregungsenergie hv = Energie des weiterfliegenden Elektrons.

Wir verstehen jetzt, warum der Photoeffekt als *Elementar*effekt unabhängig von der Strahlungsintensität (oder von der etwa durch ihre *Wärme*energie gemessenen Strahlungsenergie) ist. Die molekulare Arbeitsfähigkeit der Strahlung ist durch ihre Frequenz gegeben, das Photon hv, die *Gesamt*energie durch die Zahl n der Photonen und die Größe des einzelnen Photons, also das Produkt nhv. Von der Größe des hv hängt es ab, ob *ein* Elektron abgetrennt werden kann; durch die Gesamtenergie nhv ist die *Anzahl n* der abgetrennten Elektronen gegeben.

Die Ablösearbeit eines Elektrons liegt für die meisten reinen Metalle bei 3—5 Elektronenvolt, sie zeigen daher erst für ultraviolettes Licht den Photoeffekt; für die Alkalimetalle ist sie so klein, daß diese schon durch sichtbare Strahlung Elektronen abgeben. Für die sehr großen Röntgenstrahlquanten verschwindet dieser Unterschied. Die Zahl der abgelösten Elektronen, der „Photo*strom*" ist ein Maß für die Intensität der Strahlung — das ist die Grundlage für das Strahlungsmeßgerät „*Photozelle*".

Man hat neuerdings Kombinationen von Leitern und Halbleitern (etwa Schichten von Kupfer und Kupferoxydul übereinander gelagert) gefunden, in welchen durch Licht ein Elektronen*strom* von einem zum andern fließt, *ohne angelegte Spannung*. Das sind die *Photoelemente* (als Lichtmesser in der Photographie benützt), in welchen aus Lichtstrahlung ganz unmittelbar elektrische Energie wird. Sie finden schon mannigfache technische Anwendung. Der Umsetzung der sehr großen Sonnenstrahlungsenergie (Leistung bis zu einigen 100 Watt pro Quadratmeter) stehen noch technische Schwierigkeiten im Wege (eine Ausnutzung von über 10% ist schon möglich).

95. PHOTOCHEMIE UND CHEMOLUMINISZENZ

Das Quantenhafte in der Wirkung der Strahlung kommt auch bei den photochemischen Reaktionen zum Ausdruck, also bei der Leistung molekularer chemischer Reaktionsenergie. Es gibt sehr zahlreiche Zersetzungs- und Aufbaureaktionen, welche nur bei Absorption von Strahlung bestimmter Frequenzen oder Frequenzbereiche ablaufen. Welche Strahlung hierzu fähig ist, hängt vor allem von zwei Bedingungen ab: sie muß von der Reaktionssubstanz auch absorbiert werden und das Quant $h\nu$ muß die genügende Größe haben, welche mindestens gleich der zu leistenden chemischen Arbeit sein muß. Der Aufbau („Photosynthese") von Ozon aus Sauerstoff, die Zersetzung („Photolyse") des Ozons, die Zersetzung von Halogenwasserstoffen, von Silberhalogeniden (photographischer Prozeß), das Wachsen der Pflanzen (Photo-Assimilation der Kohlensäure) schließlich der Sehprozeß sind nur wenige Beispiele, manche sind technisch von großer Bedeutung. Für die reine Primärreaktion gilt in fast allen Fällen das „photochemische Äquivalenzgesetz" (A. Einstein), daß *ein* Quant absorbierten Lichts *einen* atomaren (oder molekularen) Reaktionsvorgang bewirkt — man sagt: die primäre photochemische Quantenausbeute ist 1.

Zum Problem des Sehens sei nur bemerkt, daß es sehr wahrscheinlich ist, daß unser Auge auf die Absorption von *einem* Lichtquant mit einer Lichtempfindung reagiert.

Die Umkehr des photochemischen Effekts ist die Chemoluminiszenz, die Aussendung von Strahlung bei chemischen Reaktionen. Früher kannte man nur die unter Lichtemission ablaufende Oxydation des Phosphors, die Leuchtkäfer und Leuchtbakterien und einige andere Oxydationsreaktionen (z. B. schnell oxydierendes Pyrogallol). Mit den hochempfindlichen lichtelektrischen Zellen fand man, daß die Chemoluminiscenz eine weitverbreitete Erscheinung ist; sie tritt z. B. schon bei der Neutralisation von Säuren durch Basen ein. Ihre Ausbeute ist klein, oft kommt auf viele Tausende von Einzelreaktionen nur ein Lichtquant.

In den beiden Prozessen liegt also eine unmittelbare Umwandlung von Strahlungsenergie in chemische Energie oder umgekehrt vor, ohne Zwischenschaltung von Wärmeenergie, wie etwa bei dem Leuchten der brennenden Kohle oder der Gasflamme oder Kerze. Die Wirkung der Strahlung geht über Anregungs- oder Ionisationsprozesse, die Wirkung der chemischen Energie ebenfalls.

96. DIE CHEMISCHE SPEKTRALANALYSE

Die Spektrallinien sind charakteristisch für das Atom; die diskreten Anregungszustände eines Atomes hängen in höchst charakteristischer Weise von dem Bau der Atome ab. Atome mit so ähnlichen chemischen Eigenschaften wie die Alkalien Natrium und Kalium haben zwar ähnliche Spektra hinsichtlich der relativen Lage der Spektrallinien, aber die Frequenzwerte selbst sind sehr verschieden. Die Edelgase Helium, Neon, Argon, die gar keine „chemischen Eigenschaften" haben, sind durch ihre Linienspektra leicht einzeln erkennbar — aber auch in Mischung. Bunsen und Kirchhoff haben schon gezeigt, daß die Emissionsspektra von gemischten Substanzen, etwa von Metall-Legierungen aus den Spektrallinien der einzelnen Komponenten bestehen. Wird Messing etwa im Lichtbogen oder Funken zum Verdampfen und Leuchten gebracht, so besteht das Linienspektrum des Messings aus dem des Kupfers und dem des Zinks. Dabei hängt die Intensität ihrer Spektrallinien von der Konzentration ab. Weiterhin stellten Bunsen und Kirchhoff fest, daß schon unwägbare Mengen — Milliardstel Gramm oder weniger — von Elementen im elektrischen Lichtbogen verdampft, die Spektrallinien in leicht nachweisbarer Intensität liefern, z. B. photographierbar sind. Die Spektrallinien sind ein absolut eindeutiges, unverwechselbares „Reagens" höchster Empfindlichkeit.

Hierauf beruht die wichtige Anwendung der Spektralanalyse als Mittel der chemischen Analyse, insbesondere dann, wenn nur minimale Substanzmengen oder wenn Spuren von Elementen in irgendeinem Körper zu analysieren sind. Die chemische Bindung ist dabei ganz gleichgültig, weil die Temperatur des Lichtbogens so hoch ist, daß alle Moleküle in ihre Atome zerlegt werden.

Diese „chemische Emissionsspektralanalyse" findet vielfältigste Anwendungen; sie ist sehr oft die einzig mögliche Methode zum Nachweis von Spuren von Metallen, welche für metallographische Probleme, für physiologische und pathologische Vorgänge im pflanzlichen und tierischen Organismus, für Wachstumsfragen, Boden- und Erzanalysen neuartige und nur so ermittelbare Kenntnisse brachte. Wichtig wurde auch die spektralanalytische Bestimmung der Zusammensetzung alter Kunstgegenstände und kulturgeschichtlich interessanter Funde — Schmuck, Waffen, Glasperlen —, weil die Methode praktisch „zerstörungsfrei" arbeitet, d. h. es genügen schon kleinste Teilchen, um eine Vollanalyse zu machen.

Daß auch die Röntgenspektrallinien für eine chemische Analyse benützt werden können, ist selbstverständlich. Jedoch ist die Empfindlichkeit lange nicht so groß; aber es gibt Fragen, die zweckmäßig mit ihr bearbeitet werden. —

Die spektrale Analyse der Sonnenatmosphäre wurde schon besprochen: in dem kontinuierlichen Spektrum des Sonnenkernes sind die Fraunhoferschen Absorptionslinien (Teil 75), welche nach Bunsen-Kirchhoff für die Art der absorbierenden Atome in der Sonnenatmosphäre charakteristisch sind; die quantenmäßige Erklärung dieser Erscheinung ist in Teil 92 behandelt. Es gibt aber auch Emissionslinien der Sonne: sie treten vor allem in den Sonneneruptionen und der Corona auf und zeigen vor allem Wasserstoff, den Hauptbaustein der Sonne (— heute noch! s. Teil 61). Manche Sterne zeigen Absorptionslinien — sie sind ähnlich gebaut wie die Sonne —, andere zeigen aber Emissionslinien, besonders des Heliums. So viel die Spektralanalyse über die Sterne uns sagt: diese Mitteilungen werden immer beschränkt bleiben, weil unsere Atmosphäre die höheren Frequenzen nicht hindurchläßt (Teil 98).

97. PROBLEME DER RÖNTGENTECHNIK

Da die Röntgenstrahlen von den „inneren" Elektronen emittiert werden (Teil 89, 90), werden sie auch von den inneren Elektronen absorbiert. Ein Atom wird also um so stärker Röntgenstrahlen absorbieren, je mehr Elektronen es hat, je höher also seine Stellung im periodischen System der Elemente ist. Die Absorption wird ferner mit der Zahl der Atome im Strahlengang der Röntgenstrahlung zunehmen. Da die Absorption somit nur von der Art und der Zahl der Atome abhängt, ist sie ganz unabhängig davon, wie das betreffende Atom chemisch gebunden ist. Ein reines Metall, z. B. ein Kupfer von 1 cm Dicke, hat die gleiche Absorption wie ein Kupfersulfatkristall oder auch irgend eine Kupfer enthaltende Salzlösung, wenn die letzteren nur so dick sind, daß die gleiche Zahl Kupferatome hintereinander liegen wie in dem 1 cm starken Metallblech. Blei ist hinsichtlich Absorptionsvermögen und Billigkeit das technisch zweckmäßigste Abschirmungsmittel gegen Röntgenstrahlen. Aber es hat noch eine hervorragende Eigenschaft: es läßt sich zu einem recht hohen Prozentgehalt in Glas einschmelzen, ohne daß dessen Durchsichtigkeit (wenigstens seine Durchlässigkeit für den mittleren Teil des sichtbaren Spektrums) verlorengeht; dieses „Bleiglas" (schwerer Flint) absorbiert aber die Röntgenstrahlen. Ohne einen solchen Stoff wäre die Röntgendurchleuchtung, die auch auf der atomaren Absorption beruht, nicht möglich.

Zu ihrer Durchführung läßt man Röntgenstrahlen auf einen Fluoreszenzschirm fallen, eine mit einer chemischen Substanz bedeckte Holzplatte, welche die Röntgenquanten in sichtbare Quanten umwandelt (s. Teil 92). Zwischen Röntgenröhre und Schirm setzt man den zu durchleuchtenden Körper; auf der Schicht sieht man dann das „Schatten-

bild": es absorbieren z. B. die Knochen wegen ihres Calciumgehaltes —
Calcium ist ein mittelschweres Atom mit vielen Elektronen — die Röntgenstrahlen stärker als die Muskeln und die Haut, die wesentlich aus
leichten Atomen bestehen, ein etwa im Muskel oder Knochen steckendes
Eisenstück absorbiert noch stärker. Wollte man dieses Schattenbild
betrachten, so würden die Augen durch die noch nicht absorbierten
Strahlen geschädigt. Deshalb setzt man eine *dicke* Bleiglasplatte zwischen
Fluoreszenzschirm und Auge, weil diese die Röntgenstrahlen absorbiert,
das sichtbare Fluoreszenzlicht aber hindurchläßt.

An Stelle des Fluoreszenzschirms kann eine photographische Platte
gesetzt werden, weil die Röntgenstrahlquanten auch chemische Arbeit
(photochemische Wirkung s. Teil 95) leisten können. Damit in ihr eine
genügend starke Absorption (und damit eine genügende Schwärzung)
entsteht, nimmt man sehr dicke Schichten der photographischen
Emulsion.

Die gleiche Anordnung wird zur Materialuntersuchung benützt: innere
Risse, Gußfehler (Lunker) u. a., auch verschiedene Materialdicken werden
an der gegenüber kompakten Stellen erhöhten Durchlässigkeit erkannt.

Die Durchlässigkeit für Röntgenstrahlen hängt nicht nur von der
Atomart und der Dicke ab, sondern auch von der Frequenz der Strahlen:
mit zunehmender Frequenz wird die Absorptionsfähigkeit kleiner. Für
Untersuchungen dicker Schwermetallkörper muß man deshalb die durch
Elektronen hoher Geschwindigkeit erregte kurzwellige („harte") Röntgen-
strahlung benützen.

Auf der photochemischen Wirkung beruht auch die Heilungskraft und
die Gefahr der Röntgenstrahlung für den Organismus (Röntgen„verbrennung", Röntgenkrebs, Vererbungsschäden). Die Wirkung erfolgt
wahrscheinlich nicht primär, sondern über die Auslösung sehr schneller
Elektronen in der Körpersubstanz, ist also eigentlich als photoelektrischer
Effekt zu bezeichnen.

98. NOCHMALS UNSERE ATMOSPHÄRE

Mehrfach haben wir schon auf die physikalischen Bedingungen für die
Existenz unserer Atmosphäre und physikalische Vorgänge in ihr hingewiesen. Mit der Entwicklung der Quantengesetze sind neue Erkenntnisse dazugekommen, so daß erst jetzt verständlich wird, wie die Atmosphäre entstanden und wie weitgehend ihre Zusammensetzung bis in die
höchsten Schichten die Lebensmöglichkeit auf der Erde bedingt.

Aus den Gesetzen der Wärmestrahlung ist bekannt (Teil 76), daß ein
Körper niederer Temperatur bes. langwelliges Ultrarot ausstrahlt. Die

Strahlung der Erde gegen den kalten Weltenraum liegt im Wellenlängenbereich von etwa 3 μ nach langen Wellen mit dem Maximum bei etwa 10 μ. In diesem Bereiche liegt, wie schon in Teil 73 angedeutet, die starke Absorption von Wasserdampf, Kohlensäure und auch von Ozon, während die Hauptgase der Luft, Sauerstoff und Stickstoff für diese Wellen vollständig durchlässig sind. Die Folge dieser Absorption ist, daß ein beträchtlicher Teil des ultraroten Spektrums der Sonne in der Atmosphäre absorbiert und in Wärmeenergie umgewandelt wird, vor allem aber, daß die Ausstrahlung der Erde in den kalten Weltenraum herabgesetzt wird. Während der Nacht erhält die Erde keine Strahlungszufuhr von der Sonne, sie muß sich also durch Ausstrahlung abkühlen; dieser Energieverlust wird durch die Strahlungsabsorption in der Atmosphäre lebenswichtig verkleinert. Der Mond kann wegen seiner kleinen Masse keinen Wasserdampf halten, deshalb kühlt er sich in der zweiwöchentlichen Mondnacht schnell auf sehr tiefe Temperaturen ab.

Der Wasserdampfgehalt unserer Atmosphäre, welcher durch Verdampfung der Meere stets nachgeliefert wird, nimmt mit wachsender Höhe relativ langsam ab. In großen Höhen *muß* aber die Sonnenstrahlung eine ganz andere Zusammensetzung haben als auf der Erde: Dieses folgt wieder aus den Strahlungsgesetzen. Denn das kontinuierliche Spektrum der Sonne hört an der Erdoberfläche bei einer Wellenlänge kurz unterhalb 3000 Å ganz plötzlich auf; es müßte aber als angenäherte schwarze Strahlung wegen der hohen Temperatur bis zu viel kürzeren Wellenlängen gehen. In der Tat ist eine Vergrößerung des ultravioletten Bereichs der Sonnenstrahlung schon bei Ballonaufstiegen bei 25—30 km vor vielen Jahren durch E. Regener festgestellt worden. In hohen Schichten müssen also sehr energiereiche Lichtquanten vorhanden sein und damit die Bedingungen für photochemische Reaktionen (Teil 95) und für die Strahlungsionisation der Luftmoleküle (Teil 86 und 94). Im Laboratorium ist die Herstellung solch kurzer ultravioletter Strahlung recht einfach und damit auch die Untersuchung ihrer chemischen Wirkung.

So wurde gefunden, daß eine Mischung von Wasserdampf (chemische Formel H_2O) und Sauerstoff bei Bestrahlung mit kurzwelligem Licht photochemisch reagiert, wobei aus dem Wasser Wasserstoff frei wird (welcher aus der Atmosphäre entweicht) und außerdem Sauerstoff. Es ist sehr wahrscheinlich, daß der Sauerstoffgehalt unserer Atmosphäre letzten Endes aus dem Wasser stammt. Man darf annehmen, daß in der Atmosphäre der Venus dieser Prozeß noch im Werden ist.

Für die Strahlung bedeutet dieser Vorgang, daß das kurzwellige Ultraviolett in den hohen Schichten (über 60 km) absorbiert wird. Diese Vernichtung von Ultraviolett, welches auf der Erde alle organische Substanz zerstören würde, tritt aber noch durch andere photochemische Vorgänge ein: Aus dem Sauerstoff, chemisch O_2, wird eine andere molekulare Modifikation des Sauerstoffs, das Ozon O_3 gebildet, wieder unter Absorption großer Lichtquanten; das Ozon absorbiert aber selbst wieder ultraviolette Strahlung, wobei es durch eine andere photochemische Reaktion wieder zu normalem O_2 abgebaut wird. Beide Reaktionen gehen nur vor sich, wenn atomarer Sauerstoff vorhanden ist, wie man aus dem Laboratoriumsversuch weiß. Dieser entsteht durch Absorption von Lichtquanten im O_2: *ein* absorbiertes Lichtquant spaltet („dissoziiert") primär *ein* Molekül Sauerstoff in zwei Sauerstoffatome. Das ist die primäre photochemische Reaktion, die nach dem photochemischen Äquivalenzgesetz (Teil 95) verläuft.

Die photochemische Aufspaltung des Ozons hat eine doppelte Folge: einmal schützt sie durch die Absorption unsere Erde vor einem wesentlichen Teil des ultravioletten Lichts; weiterhin zerstört sie wieder das Ozon, welches schon in geringer Konzentration organische Substanz vernichtet, also beim Eindringen in tiefere Atmosphärenschichten durch die vertikale Durchmischung die Substanz der lebenden Organismen zerstören würde. (Ein klarer Beweis hierfür: Gummiballons werden in Höhen über 20 km zerstört, weil in ihr das Ozon schon zu konzentriert ist.)

Schließlich tritt in großen Höhen eine Ionisation der Sauerstoffatome durch Strahlungsabsorption ein, wenn das Lichtquant so groß ist, daß es ein Elektron abspalten kann; es wird sich also durch die Sonnenstrahlung eine Schicht bilden, in welcher Ionen und freie Elektronen vorhanden sind. Wegen der sehr geringen Dichte der Atmosphäre ist die Wahrscheinlichkeit der Wiedervereinigung klein. Dieses ist die *Ionosphäre*, welche wegen ihrer freien elektrischen Ladungen elektromagnetische Wellen reflektiert, eine für die Ausbreitung kurzer „Radiowellen" ganz entscheidende Bedingung.

Sehr viele dieser hier kurz dargestellten Vorgänge sind spektralanalytisch beweisbar, so z. B. durch die Linienspektra des „Nordlichts", welche in den hohen Schichten der Atmosphäre durch den Stoß von Elektronen angeregt werden, die von der Sonne ausgehen und als elektrischer Strom im magnetischen Feld der Erde nach den Polen zu abgelenkt werden (s. Teil 30). Dieser Elektronenstrom macht sich selbst auch wieder magnetisch bemerkbar: die „magnetischen Stürme" bei starken Elektronenausbrüchen aus der Sonne, z. B. bei Sonnenflecken.

99. MATERIALISATION DER STRAHLUNG
ZERSTRAHLUNG DER MATERIE

Der Kreis der atomistischen Betrachtungen schließt sich mit der *Umwandlung von Strahlungsquanten in Materie* — der „Materialisation der

Strahlung" — und *der Umwandlung von Materie in Strahlungsquanten* — der „Zerstrahlung der Materie". Bei der Entwicklung des Begriffes der Atomkernenergie (Teil 53, 60) waren wir auf Grund experimenteller Ergebnisse — das muß stets betont werden — zu der Schlußfolgerung gekommen, daß bei Kernreaktionen ein Teil der Masse sich in Energie umsetzt, daß allgemein bei der Bildung von Atomkernen aus den Elementarteilchen (z. B. Protonen und Neutronen) Bindungsenergie frei wird, deren Äquivalent ein Massenverlust, der „Massendefekt" der Atomgewichte ist. Wir hatten weiterhin bei der Behandlung des Positrons, eines Elementarteilchens mit *positiver* Elektronenladung und Elektronenmasse, bemerkt, daß dieses sich mit einem *negativen* Elektron verbindet, wobei die Ladungen durch Kompensation verschwinden und die Masse der beiden Korpuskel sich in Strahlungsenergie umwandelt: es entsteht eine harte Röntgenstrahlung oder — man kann auch sagen — eine Gammastrahlung.

Nachdem wir nun wissen, daß bei Wechselwirkung von Strahlung und Materie die Strahlungsenergie atomistisch zu betrachten ist, als Energie- oder Strahlungsquant, als Photon der Größe hv, können wir nach der zahlenmäßigen Beziehung jener Zerstrahlung von Materie fragen. Die *Massen* von Elektron und Positron, welche nach dem Experiment einander gleich sind, betragen je $9{,}11 \times 10^{-28}$ g (Teil 41). Nach dem Gesetz der Masse-Energie-Äquivalenz müßte also eine Strahlung des Quants hv entstehen, das zahlenmäßig in *erg* gleich $2 \times 9{,}11 \times 10^{-28} \times 9 \times 10^{20}$ ($9 \times 10^{20} =$ Quadrat der Lichtgeschwindigkeit), also $1{,}64 \times 10^{-6}$ *erg* ist. Dieses Strahlungsquant entspräche somit einer Röntgenbremsstrahlung, welche durch die gleiche Elektronen-(Kathodenstrahl-)Energie emittiert wird, was bei einer Beschleunigungsspannung der Elektronen von $1{,}03$ Millionen Volt geschieht.

Nach dem Experiment entstehen aber *zwei* gleiche Strahlungsquanten der Energie von $0{,}515$ Millionen Elektronenvolt, also *zusammen* in der Tat der berechnete Wert. Das Entstehen von zwei Quanten, die Aufteilung der verschwundenen Masse auf zwei hv ist aber notwendig, wenn der Impulssatz erfüllt sein soll; Positron und Elektron sind bei der Vereinigung praktisch in Ruhe, die emittierten Photonen haben aber Lichtgeschwindigkeit; fliegen sie in entgegengesetzter Richtung auseinander, so heben sich die Impulse auf, der Emissionsschwerpunkt *bleibt* also in Ruhe, wie es das Grundgesetz der Mechanik fordert.

Noch beweisender ist das umgekehrte Experiment. Es wurde beobachtet, daß in Materie, welche mit sehr hochfrequenten Röntgenstrahlen bestrahlt wird, ein besonderer „licht-elektrischer" Effekt entsteht: es wird nicht nur ein Elektron, sondern gleichzeitig auch ein Positron (Teil 62) emittiert; man nennt es die Entstehung eines „Ladungszwilling". Beide elementaren Ladungsteilchen haben die gleiche kinetische Energie, die um so größer ist, je größer das absorbierte Röntgenquant ist. Sie entstehen mit der Geschwindigkeit Null, wenn dieses gerade die Frequenz hat, welche sich, wie oben ausgeführt, aus der Massenenergie von Positron plus Elektron berechnet, also wiederum $h\nu = 2\,\mu \cdot c^2$.

Diese Materialisation der Strahlung entspricht also zahlenmäßig der Zerstrahlung von Materie, wenn die Energie der Strahlung als Energie $h\nu$ der entstehenden bzw. des verschwundenen Photons gesetzt wird.